工业和信息化高职高专"十二五"规划教材立项项目

高等职业教育电子技术技能培养规划教材

Gaodeng Zhiye Jiaoyu Dianzi Jishu Jineng Peiyang Guihua Jiaocai

数字电子技术基础

（第2版）

U0116179

焦素敏 主编　范艳峰　刘林芝 副主编

Fundamentals of Digital Electronic Technology

(2nd Edition)

人民邮电出版社

北　京

图书在版编目（CIP）数据

数字电子技术基础 / 焦素敏主编. -- 2版. -- 北京
: 人民邮电出版社, 2012.8
高等职业教育电子技术技能培养规划教材　工业和信
息化高职高专"十二五"规划教材立项项目
ISBN 978-7-115-27523-3

Ⅰ. ①数… Ⅱ. ①焦… Ⅲ. ①数字电路－电子技术－
高等职业教育－教材 Ⅳ. ①TN79

中国版本图书馆CIP数据核字(2012)第051111号

内 容 提 要

本书是为适应高职高专人才培养的需要，根据国家教育部最新制定的高职高专教育数字电子技术课程教学的基本要求而编写的。在内容的编排上，充分考虑到高职高专教育的特点，并结合了现代数字电子技术的发展趋势。

本书内容共分9章，第1章是数字电子技术理论基础，第2章是逻辑门电路，第3章是组合逻辑电路，第4章是触发器，第5章是时序逻辑电路，第6章是脉冲波形的产生与变换，第7章是数模和模数转换器，第8章是半导体存储器及可编程逻辑器件，第9章是数字电路EDA简介。

本书配有技能训练、读图练习、综合训练、实用资料速查、本章小结、自我检测题及参考答案、思考题与习题等内容，以满足读者练习和实训的需要。

本书可作为电子、电气、通信和计算机等各专业的教材，也可供其他非电专业和成人教育、职业培训等选用。

工业和信息化高职高专"十二五"规划教材立项项目

高等职业教育电子技术技能培养规划教材

数字电子技术基础（第2版）

◆ 主　　编　焦素敏

　　副 主 编　范艳峰　刘林芝

　　责任编辑　赵慧君

◆ 人民邮电出版社出版发行　　北京市崇文区夕照寺街14号

　　邮编　100061　　电子邮件　315@ptpress.com.cn

　　网址　http://www.ptpress.com.cn

　　中国铁道出版印刷厂印刷

◆ 开本：787×1092　1/16

　　印张：16.5　　　　　　　2012年8月第2版

　　字数：407千字　　　　　2012年8月北京第1次印刷

ISBN 978-7-115-27523-3

定价：34.80 元

读者服务热线：(010)67170985　印装质量热线：(010)67129223
反盗版热线：(010)67171154

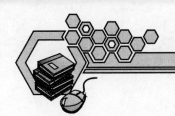

第 2 版前言

　　本书是根据国家教育部最新制定的高职高专教育数字逻辑电路课程教学的基本要求和高职高专人才培养的规格和特点,并结合现代数字电子技术的发展趋势而编写的。

　　本书的主要内容有数字电子技术理论基础、逻辑门电路、组合逻辑电路、触发器、时序逻辑电路、脉冲波形的产生与变换、数模和模数转换器、存储器及可编程逻辑器件和数字电路 EDA 简介等。本书各章还配有本章小结、自我检测题与参考答案、思考题与习题、技能训练、综合训练、实用资料速查、读图练习等内容。

　　本书在内容及章节编排上,充分考虑高职高专教育电子、通信、电气及计算机各专业的需要,以够用和实用为教学改革方向,删去了繁琐的理论推导过程,侧重基本分析方法、设计方法和集成电路芯片的应用。在注重基本概念和基础理论的同时,更强调应用能力的培养,将案例教学融入本书的编写中,每章增加了大量的自我检测题及参考答案、技能训练和实用资料速查、读图练习和综合训练等内容,使读者能够很快地把理论与实际应用紧密结合起来,既能帮助提高读者的理解能力,又能培养读者的学习兴趣。此外,PLD 及数字电路 EDA 的简介,使读者在传统数字电路的基础上,对现代电子技术的发展方向——EDA 技术有一个简单的了解并能够快速入门。全书知识衔接紧凑,叙述通俗易懂,对数字电子技术的相关专业术语给出了英文表示,适合作为高职高专教育电子、通信、电气及计算机等各专业的教材,也适于成人自学和职业技术培训使用。

　　本书由河南工业大学焦素敏编写第 1 章、第 4 章、第 5 章、第 8 章和第 9 章,刘林芝编写第 2 章、第 3 章,范艳峰编写第 6 章、第 7 章。全书由焦素敏组织、统稿和定稿,并担任主编。

　　由于时间仓促加之编者水平有限,书中不妥和错误之处在所难免,恳请读者批评指正。

编　者
2012 年 1 月

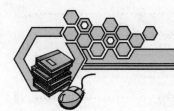

目 录

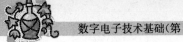

第1章

数字电子技术理论基础

数字电路是以数字量为研究对象的电子电路。本章主要讨论数字电子技术的基础理论知识,包括数制和码制,逻辑代数及其化简。同时,还给出了逻辑函数的概念、表示方法及相互转换。

1.1 数字电路概述

1.1.1 数字信号与数字电路

电子电路中的信号分为两类。一类在时间和幅度上都是连续的,称为模拟信号,如图 1.1 所示,如电压、电流、温度、声音等信号。传送和处理模拟信号的电路称为模拟电路(Analog Gircuit)。另一类在时间和幅度上都是离散的,称为数字信号,如图 1.2 所示,如计时装置的时基信号、灯光闪烁等信号都属于数字信号。传送和处理数字信号的电路称为数字电路(Digital Gircuit)。

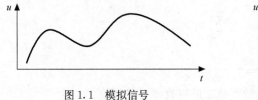

图 1.1 模拟信号

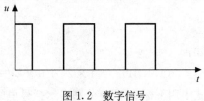

图 1.2 数字信号

1.1.2 数字电路的特点

数字电路与模拟电路相比具有以下特点。

① 数字电路的工作信号是离散的数字信号。数字信号常用 0、1 二元数值表示。

② 数字电路中,半导体器件均工作在开关状态,即工作在截止区和饱和区。

③ 数字电路研究的主要问题是输入、输出之间的逻辑关系。

④ 数字电路的主要分析工具是逻辑代数。

1.2 数制和码制

1.2.1 数制

数制即指计数的方法,日常生活中最常用的是十进制计数,而在数字电路和计算机中最常用的是二进制、八进制和十六进制。

1. 十进制数

在十进制数中,每一位都采用0~9共10个数码中的任何一个来表示,所以十进制的计数基数是10,超过9就必须用多位数来表示。其相邻的低位和高位间的运算关系是"逢十进一",即

$$9+1=10$$

数码处在不同位置时,所代表的数值是不同的。例如:

$$5555 = 5 \times 10^3 + 5 \times 10^2 + 5 \times 10^1 + 5 \times 10^0$$

式中,10^3、10^2、10^1、10^0 称为十进制数各数位的权或位权,都是10的幂。因此,任意一个十进制数都可以表示为各个数位上的数码与其对应的权的乘积之和,称为权展开式,用通式可表示为

$$(N)_{10} = a_{n-1} \times 10^{n-1} + a_{n-2} \times 10^{n-2} + \cdots + a_1 \times 10^1 + a_0 \times 10^0 + a_{-1} \times 10^{-1} + a_{-2} \times 10^{-2} + \cdots + a_{-m} \times 10^{-m} = \sum_{-m}^{n-1} a_i \times 10^i$$

式中,a_i 为0~9中的任一数码;10为进制的基数;10的 i 次幂为第 i 位的权;m、n 为正整数,n 为整数部分的位数,m 为小数部分的位数。

2. 二进制数

二进制计数体制中只有0和1两个数码,其基数是2,运算规律是"逢二进一",即

$$1+1=10$$

二进制数同样也可按权展开,用通式可表示为

$$(N)_2 = \sum_{-m}^{n-1} b_i \times 2^i$$

例如:

$$(101.01)_2 = 1 \times 2^2 + 0 \times 2^1 + 1 \times 2^0 + 0 \times 2^{-1} + 1 \times 2^{-2} = (5.25)_{10}$$

上式中用下标2和10分别表示括号里的数是二进制数和十进制数。

3. 八进制数

八进制数有0~7共8个数码,计数基数是8,运算规律是"逢八进一",即

$$7+1=10$$

八进制数中每个数位的权都是8的幂。例如:

$$(207.04)_8 = 2 \times 8^2 + 0 \times 8^1 + 7 \times 8^0 + 0 \times 8^{-1} + 4 \times 8^{-2} = (135.0625)_{10}$$

4. 十六进制数

二进制数在计算机系统中处理很方便,但当位数较多时,书写及记忆都比较难,为了减少位数,通常将二进制数用十六进制来表示,它是计算机系统中除二进制数之外使用较多的进制。十六进制中有 $0 \sim 9$,A(10),B(11),C(12),D(13),E(14),F(15)共 16 个不同的数码,计数基数是 16,运算规律是"逢十六进一",即

$$F + 1 = 10$$

十六进制数中每个数位的权都是 16 的幂。例如:

$$(D8.A)_{16} = 13 \times 16^1 + 8 \times 16^0 + 10 \times 16^{-1} = (216.625)_{10}$$

1.2.2　数制转换

1. 十进制数与二进制数的相互转换

(1) 二进制数转换成十进制数

二进制数转换成十进制数的方法是按权展开,再求加权系数之和。

【例 1.1】　将二进制数$(1101010)_2$转换成十进制数。

解: $(1101010)_2 = 1 \times 2^6 + 1 \times 2^5 + 0 \times 2^4 + 1 \times 2^3 + 0 \times 2^2 + 1 \times 2^1 + 0 \times 2^0$

　　　　　$= 2^6 + 2^5 + 2^3 + 2^1$

　　　　　$= 64 + 32 + 8 + 2$

　　　　　$= (106)_{10}$

(2)十进制数转换为二进制数

十进制数转换为二进制数时,对整数部分可采用"除 2 取余、逆序排列"法,对小数部分可采用"乘 2 取整、顺序排列"法。

【例 1.2】　将十进制数$(44.375)_{10}$转换成二进制数。

解: 可将$(44.375)_{10}$的整数部分和小数部分分别进行转换,步骤如下:

整数部分

```
2 | 44            余数        低位
2 | 22 ……… 0          ↑
2 | 11 ……… 0          |
2 | 5  ……… 1          |
2 | 2  ……… 1          |
2 | 1  ……… 0          |
    0  ……… 1          高位
```

小数部分

```
   0.375              整数      高位
 ×   2
   0.750 ……… 0
   0.750
 ×   2
   1.500 ……… 1
   0.500
 ×   2
   1.000 ……… 1        ↓
                      低位
```

故 $(44.375)_{10} = (101100.011)_2$

2. 十进制数与其他进制数的相互转换

十进制数和其他进制数的相互转换与十进制数和二进制数的相互转换方法完全类似。

把十进制数转换为其他进制数时,可将十进制数分为整数和小数两部分进行。整数部分的转

换采用"除基取余,逆序排列"法。小数部分的转换采用"乘基取整,顺序排列"法。

把其他进制数转换为十进制数时,可将其他进制数按加权系数展开式展开,求得的和即为相应的十进制数。

3. 二进制数与八进制数的相互转换

(1) 二进制数转换为八进制数

二进制数转换为八进制数时,可将二进制数由小数点开始,整数部分向左,小数部分向右,每3位分成一组,不够3位补零,则每组二进制数便是一位八进制数。

【例1.3】 将二进制数$(1101010.1101)_2$转换为八进制数。

解:$(1101010.1101)_2 = (001,101,010.110,100)_2 = (152.64)_8$

(2) 八进制数转换为二进制数

八进制数转换为二进制数时,只要将每位八进制数用3位二进制数表示即可。

【例1.4】 将八进制数$(207.04)_8$转换为二进制数。

解:$(207.04)_8 = (010,000,111.000,100)_2$

4. 二进制数与十六进制数的相互转换

(1) 二进制数转换为十六进制数

二进制数转换为十六进制数时,只要将二进制数的整数部分自右向左每4位一组,不足4位时在左边补零;小数部分则自左向右每4位一组,最后不足4位时在右边补零。再把每4位二进制数对应的十六进制数写出来即可。

【例1.5】 将二进制数$(1101010.1101)_2$转换为十六进制数。

解:$(1101010.1101)_2 = (0110,1010.1101)_2 = (6A.D)_{16}$

(2) 十六进制数转换为二进制数

十六进制数转换为二进制数时正好与(1)所述相反,只要将每位的十六进制数对应的4位二进制写出来就行了。

在数制使用时,常将各种数制用简码来表示:如十进制(Decimal)数用D表示或省略;二进制(Binary)用B来表示;八进制(Octal)用O来表示;十六进制(Hexadecimal)数用H来表示。如:十制数123表示为123D或者123;二进制数1011表示为1011B;八进制数173表示为173O;十六进制数3A4表示为3A4H。

1.2.3 码制

数码不但可以用来表示数量的大小,还可以用来表示不同的事物。当用数码作为代号表示不同的事物时,称其为代码(Code)。一定的代码有一定的规则,这些规则称为码制。给不同事物赋予一定代码的过程称为编码。

日常生活中,人们习惯于十进制数码,而数字系统只能对二进制代码进行处理,这就需要用4位二进制数来表示一位十进制数,这种用来表示十进制数的4位二进制代码称为二-十进制代码(Binary Coded Decimal),简称BCD码。由于4位二进制数有$2^4 = 16$种组合方式,可任选其中10种来表示0~9这10个数码,因此编码方案很多。常见的BCD码有以下几种。

1. 8421 码

8421 码是 BCD 码中使用最多的一种有权码(每位均有固定权值),其权值由高到低依次为 8 (2^3)、4(2^2)、2(2^1)、1(2^0),故称 8421BCD 码。8421BCD 码的特点是,如果将代码看成是一个 4 位二进制数,则它的数值正好等于它所代表的十进制数的大小。即假设 8421 码为 $a_3a_2a_1a_0$,则其表示的十进制数为

$$8a_3 + 4a_2 + 2a_1 + 1a_0$$

【例 1.6】 将 $(35)_{10}$ 和 $(79.4)_{10}$ 分别用 8421 码表示。

解: $(35)_{10} = (0011\ 0101)_{8421}$

$(79.4)_{10} = (0111\ 1001.0100)_{8421}$

2. 2421 码

2421 码也是一种有权码,其权值由高到低依次为 2、4、2、1,假设 2421 码为 $a_3a_2a_1a_0$,则其表示的十进制数为

$$2a_3 + 4a_2 + 2a_1 + 1a_0$$

3. 5421 码

5421 码也是一种有权码,其权值由高到低依次为 5、4、2、1,假设 5421 码为 $a_3a_2a_1a_0$,则其表示的十进制数为

$$5a_3 + 4a_2 + 2a_1 + 1a_0$$

4. 余 3 码

余 3 码各位没有固定的权值,是一种无权代码。它是对相应的 8421 码加 0011 得到的,因此叫做余 3 码。

5. 格雷(Gray)码

格雷码也叫循环码,它也是一种无权码。格雷码的特点是,任何两个相邻的代码只有一位不同,其他位都相同。这样,在代码转换过程中就不会产生过渡"噪声"。

上述几种常用的二-十进制编码如表 1.1 所示。

表 1.1 　　　　　　　　　　　　　几种常用的二-十进制编码

十 进 制 数	8421 码	2421 码	5421 码	余 3 码	格 雷 码
0	0000	0000	0000	0011	0010
1	0001	0001	0001	0100	0110
2	0010	0010	0010	0101	0111
3	0011	0011	0011	0110	0101
4	0100	0100	0100	0111	0100
5	0101	1011	1000	1000	1100

续表

十 进 制 数	8421 码	2421 码	5421 码	余 3 码	格 雷 码
6	0110	1100	1001	1001	1101
7	0111	1101	1010	1010	1111
8	1000	1110	1011	1011	1110
9	1001	1111	1100	1100	1010

此外,国际上还有一些专门处理字母、数字字符的二进制代码,如 ASCII 等。读者可参阅有关书籍。

1.3 逻辑函数及其表示方法

1.3.1 逻辑代数

逻辑代数(Logic Algebra)又叫布尔代数或开关代数,是由英国数学家乔治·布尔于 1847 年创立的。逻辑代数与普通代数都由字母来代替变量,但逻辑代数与普通代数的概念不同,它不表示数量大小之间的关系,而是描述客观事物之间逻辑关系的一种数学方法。逻辑变量的取值只有两种,即逻辑 0 和逻辑 1,它们并不表示数量的大小,而是表示两种对立的逻辑状态,如开关的通与断、电位的高与低、灯的亮与灭等。0 和 1 称为逻辑常量。

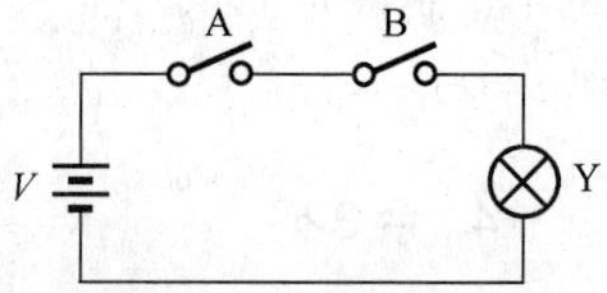

例如,在图 1.3 所示的指示灯控制电路中,我们用字母 Y 表示指示灯,用 A、B 表示两个开关。指示灯 Y 的亮与灭两种状态取决于开关 A、B 的通断状态。我们将 A、B 称为输入逻辑变量,将 Y 称为输出逻辑变量。

图 1.3 指示灯控制电路

逻辑代数有两种逻辑体制,其中,正逻辑体制规定,高电平为逻辑 1,低电平为逻辑 0;负逻辑体制规定,低电平为逻辑 1,高电平为逻辑 0。

1.3.2 3 种基本逻辑运算

在逻辑代数中有 3 种基本的逻辑运算:与运算、或运算、非运算。

1. 与运算

只有当决定一件事情的所有条件都具备时,这件事情才会发生,这种因果关系称为"与"(and)逻辑运算。例如,在图 1.3 所示电路中,两个开关串联控制一个指示灯。显然,只有当两个开关都接通时,灯才能亮,否则,灯灭。该电路的与逻辑关系如表 1.2 所示。

如果用 1 表示开关闭合和灯亮,用 0 表示开关断开和灯灭;则电路中指示灯 Y 和开关 A、B 之间的关系如表 1.3 所示,这种反映逻辑关系的表格称为逻辑真值表。

表 1.2	与逻辑关系表			表 1.3	与逻辑真值表	
开关 A	开关 B	灯 Y		A	B	Y
断	断	灭		0	0	0
断	通	灭		0	1	0
通	断	灭		1	0	0
通	通	亮		1	1	1

在逻辑代数中,与逻辑运算又叫逻辑乘,两变量的与运算可用逻辑表达式表示为

$$Y = A \cdot B$$

读做"Y 等于 A 与 B"。意思是:若 A、B 均为 1,则 Y 为 1;否则 Y 为 0。与运算规则可以归纳为"有 0 出 0,全 1 为 1"。

在数字电路中,实现与逻辑关系的逻辑电路称为与门,其逻辑电路符号如图 1.4 所示,其中(a)图是国际惯用符号、(b)图是国标符号。本书以后采用国际惯用符号。

2. 或运算

当决定事件发生的条件具备一个或一个以上时,事件就发生;只有当所有条件均不具备时,事件才不会发生。这种因果之间的关系就是"或"(or)逻辑的运算关系。例如,在图 1.5 所示的电路中,只要开关 A、B 中任意一个接通或者两个都接通,灯就亮;只有当开关 A、B 均断开时,灯才不亮。由此可得或逻辑关系表如表 1.4 所示,或逻辑真值表如表 1.5 所示。

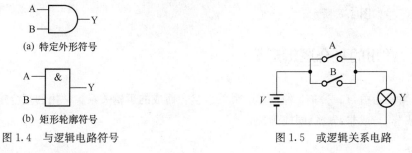

(a) 特定外形符号

(b) 矩形轮廓符号

图 1.4　与逻辑电路符号

图 1.5　或逻辑关系电路

表 1.4	或逻辑关系表			表 1.5	或逻辑真值表	
开关 A	开关 B	灯 Y		A	B	Y
断	断	灭		0	0	0
断	通	亮		0	1	1
通	断	亮		1	0	1
通	通	亮		1	1	1

在逻辑代数中,或逻辑运算又叫逻辑加,两变量的或运算可用逻辑表达式表示为

$$Y = A + B$$

读做"Y 等于 A 或 B",意思是:若 A、B 均为 0,则 Y 为 0;否则 Y 为 1。或运算规则可以归纳为"全 0 出 0,有 1 为 1"。

在数字电路中,实现或逻辑关系的逻辑电路称为或门,其逻辑电路符号如图 1.6 所示。

3. 非运算

非(not)运算关系是,当条件具备时,事件不发生;当条件不具备时,事件能发生。即某事件发

生与否,仅取决于一个条件,而且是对该条件的否定。

例如,在图 1.7 所示电路中,当开关 A 接通时,灯 Y 不亮;而当开关 A 断开时,灯 Y 亮。由此可得非逻辑关系表和非逻辑真值表,如表 1.6 和表 1.7 所示。

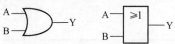

(a) 特定外形符号　　(b) 矩形轮廓符号

图 1.6　或逻辑电路符号

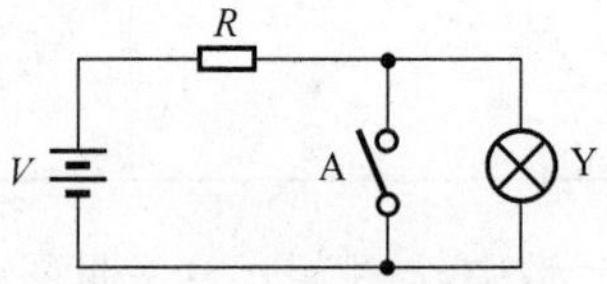

图 1.7　非逻辑关系电路

表 1.6	非逻辑关系表
开关 A	灯 Y
断	亮
通	灭

表 1.7	非逻辑真值表
A	Y
0	1
1	0

在逻辑代数中,非逻辑运算又称逻辑反。非逻辑关系的表达式为

$$Y = \overline{A}$$

读做"Y 等于 A 非",意思是:若 A 为 0,则 Y 为 1;若 A 为 1,则 Y 为 0。非逻辑运算规则可以归纳为"有 0 出 1,是 1 为 0"。非逻辑电路符号如图 1.8 所示。

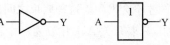

(a) 特定外形符号　　(b) 矩形轮廓符号

图 1.8　非逻辑电路符号

1.3.3　常用的复合逻辑运算

复合逻辑是指由与、或、非 3 种基本逻辑关系组合而成的逻辑关系。常用的复合逻辑运算主要包括与非、或非、与或非、异或、同或等。

1. 与非

与非逻辑运算是由与、非两种基本运算按照"先与后非"的顺序复合而成的。两变量与非逻辑的逻辑表达式为

$$Y = \overline{A \cdot B}$$

两变量与非逻辑真值表如表 1.8 所示,与非逻辑符号如图 1.9 所示。对于与非逻辑,只有当其全部输入为 1 时,输出才为 0。

表 1.8	与非逻辑真值表	
A	B	Y
0	0	1
0	1	1
1	0	1
1	1	0

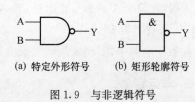

(a) 特定外形符号　　(b) 矩形轮廓符号

图 1.9　与非逻辑符号

2. 或非

或非逻辑运算是由或、非两种基本运算按照"先或后非"的顺序复合而成的。两变量或非逻辑的逻辑表达式为

$$Y = \overline{A+B}$$

两变量或非逻辑真值表如表 1.9 所示,或非逻辑符号如图 1.10 所示。对于或非逻辑,只有当其全部输入为 0 时,输出才为 1。

表 1.9　　　　或非逻辑真值表

A	B	Y
0	0	1
0	1	0
1	0	0
1	1	0

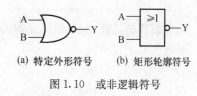

(a) 特定外形符号　　(b) 矩形轮廓符号

图 1.10　或非逻辑符号

3. 与或非

与或非逻辑运算是由与、或、非 3 种基本运算按照"先与后或再非"的顺序复合而成的。有 4 个输入端的与或非逻辑表达式为

$$Y = \overline{AB+CD}$$

与或非逻辑符号如图 1.11 所示。

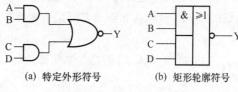

(a) 特定外形符号　　　(b) 矩形轮廓符号

图 1.11　与或非逻辑符号

4. 异或

异或(Exclusive－OR)是一种二变量逻辑运算,当两个变量不同时,输出为 1;当两个变量相同时,输出为 0,即"不同为 1,相同为 0"。异或逻辑的表达式为

$$Y = A\overline{B} + \overline{A}B = A \oplus B$$

其中,"$\oplus$"是异或逻辑的运算符号,读作"异或"。

异或逻辑运算的真值表如表 1.10 所示,异或逻辑符号如图 1.12 所示。

表 1.10　　　　异或逻辑真值表

A	B	Y
0	0	0
0	1	1
1	0	1
1	1	0

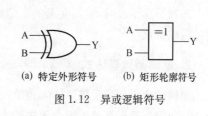

(a) 特定外形符号　　(b) 矩形轮廓符号

图 1.12　异或逻辑符号

5. 同或

同或也是一种二变量逻辑运算,当两个变量相同时,输出为 1;当两个变量不同时,输出为 0,即"相同为 1,不同为 0"。同或逻辑的表达式为

$$Y = AB + \overline{A}\,\overline{B} = A \odot B$$

其中,"$\odot$"是同或逻辑的运算符号,读作"同或"。

同或逻辑运算的真值表如表 1.11 所示,同或逻辑符号如图 1.13 所示。

表 1.11		同或逻辑真值表
A	B	Y
0	0	1
0	1	0
1	0	0
1	1	1

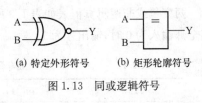

(a) 特定外形符号   (b) 矩形轮廓符号

图 1.13   同或逻辑符号

由异或逻辑运算、同或逻辑运算的真值表不难发现,在相同的输入下,二者的输出正好相反,即二者互为非逻辑关系,即

$$A \odot B = \overline{A \oplus B}$$

因此,同或也经常称作异或非。

1.3.4   逻辑函数的表示方法及相互转换

从以上几种逻辑关系可以看出,当输入变量 A、B、C、D 的取值确定之后,输出变量 Y 的取值也就随之而定,故输入和输出之间是一种函数关系,这种函数关系被称为逻辑函数,并表示为

$$Y = F(A, B, C, D, \cdots)$$

如果将 A、B、C、D 称之为原变量,则 $\overline{A}$、$\overline{B}$、$\overline{C}$、$\overline{D}$ 称之为反变量;将函数 Y 称为原函数,则 $\overline{Y}$ 称为反函数。

逻辑函数常用的表示方法有 5 种:逻辑真值表、逻辑函数表达式、逻辑图、波形图和卡诺图下面先介绍前 4 种,卡诺图到后面再介绍。

1. 逻辑真值表

逻辑真值表是将输入变量的各种可能取值和相应的函数值排列在一个表格中,一个确定的逻辑函数只有一个逻辑真值表,具有唯一性。

逻辑真值表能够直观明了地反映变量取值和函数值的对应关系,但输入变量较多时,列写起来比较烦琐,它是将实际问题抽象为逻辑问题的首选描述方法。

在列写真值表时,输入变量的取值组合按照二进制递增或递减的顺序排列较好,因为这样不易遗漏或重复。

2. 逻辑函数表达式

逻辑函数表达式是描述输入逻辑变量与输出逻辑变量之间逻辑函数关系的代数式,是一种用与、或、非等逻辑运算符号组合起来的表达式。逻辑函数的表达式不是唯一的,可以有多种形式,并且能互相转换。逻辑函数的特点是简洁、抽象,便于化简和转换。

3. 逻辑图

将逻辑函数表达式中各变量间的与、或、非等运算关系用相应的逻辑符号表示出来,就是函数的逻辑图。例如,异或逻辑关系也可用如图 1.14 所示的逻辑图来表示。

逻辑图表示法的优点是逻辑图与数字电路的器件有明显的对应关系,便于制作实际电路。缺点是不能直接进行逻辑推演和变换。

4. 波形图

反映输入和输出波形变化规律的图形,称为波形图,也称为时序图。异或逻辑关系中,当给定 A、B 的输入波形后,可画出函数 Y 的波形,如图 1.15 所示。

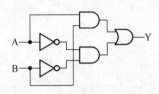

图 1.14　异或逻辑关系的逻辑图

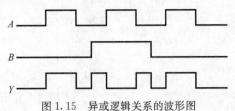

图 1.15　异或逻辑关系的波形图

波形图的优点是能直观反映变量与时间的关系和函数值变化的规律,它与实际电路中的电压波形相对应。

5. 各种表示方法之间的相互转换

同一逻辑函数可以用几种不同的方式来表示,这几种表示方法之间必然可以相互转换,下面举例来说明。

【例 1.7】 已知逻辑函数 $Y = A \cdot B + \overline{A} \cdot \overline{B}$,画出相应逻辑图及波形图。

解:将逻辑函数表达式转换成相应的逻辑图,只需要用逻辑符号逐一代替逻辑式中的运算符号,并依据运算的先后顺序进行连接。本例中的逻辑关系需要用两个非门、两个与门和一个或门组成,其逻辑图如图 1.16 所示。

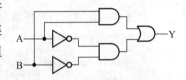

图 1.16　例 1.7 的逻辑图

画波形图时,要把给定的输入变量的不同取值组合代入逻辑函数表达式中进行计算,然后根据计算结果画出输出波形。本例逻辑函数的波形图如图 1.17 所示。

【例 1.8】 写出如图 1.18 所示逻辑图的逻辑函数表达式。

图 1.17　例 1.7 的波形图

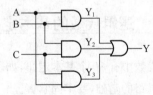

图 1.18　例 1.8 的逻辑图

解:由输入到输出逐级写出各逻辑符号对应的逻辑表达式,就可得到与逻辑图对应的逻辑表达式。本例中

$$Y_1 = A \cdot B, Y_2 = B \cdot C, Y_3 = A \cdot C$$

因此

$$Y = Y_1 + Y_2 + Y_3 = A \cdot B + B \cdot C + A \cdot C$$

【例 1.9】 已知逻辑函数的表达式为 $Y = A \cdot B \cdot C + \overline{A} \cdot \overline{B} \cdot \overline{C}$,求其真值表。

解: 由逻辑函数转换为真值表时,先列出输入变量的所有状态,将输入变量的各种取值逐个代入函数式中进行计算,求出相应的输出状态的取值即可。本例函数 Y 的真值表如表 1.12 所示。

【例 1.10】 已知一个逻辑函数的真值表如表 1.13 所示,试写出它的逻辑函数式。

表 1.12	例 1.9 的真值表		
A	B	C	Y
0	0	0	1
0	0	1	0
0	1	0	0
0	1	1	0
1	0	0	0
1	0	1	0
1	1	0	0
1	1	1	1

表 1.13	例 1.10 的真值表		
A	B	C	Y
0	0	0	0
0	0	1	0
0	1	0	0
0	1	1	1
1	0	0	0
1	0	1	1
1	1	0	1
1	1	1	0

解: 由真值表的变化规律可知,当 A、B、C 中有两个同时为 1 时,输出 Y 为 1,否则 Y 为 0,而

$$A = 0, B = 1, C = 1 \text{ 时,有 } \overline{A}BC = 1;$$
$$A = 1, B = 0, C = 1 \text{ 时,有 } A\overline{B}C = 1;$$
$$A = 1, B = 1, C = 0 \text{ 时,有 } AB\overline{C} = 1;$$

故 Y 的逻辑函数为上述 3 个乘积项之和。即

$$Y = \overline{A}BC + A\overline{B}C + AB\overline{C}$$

根据本例总结出由真值表写出逻辑函数的一般步骤如下。

① 找出真值表中使输出 $Y=1$ 的那些输入变量的组合。

② 每组输入变量的取值组合对应一个乘积项,其中变量取值为 1 的用原变量表示,取值为 0 的用反变量表示。

③ 将这些乘积项相加,得到的即为真值表对应的逻辑函数表达式。

1.4 逻辑代数的基本定律和规则

1.4.1 逻辑代数的基本定律

逻辑代数中有 10 个基本定律,如表 1.14 所示。逻辑运算的基本规律是化简逻辑函数、分析和设计逻辑电路的基础,要牢固掌握。

表 1.14	逻辑代数的基本定律	
定 律 名 称	定 律 1	定 律 2
0-1 律	$A \cdot 0 = 0$	$A + 1 = 1$
自等律	$A \cdot 1 = A$	$A + 0 = A$
重叠律	$A \cdot A = A$	$A + A = A$
互补律	$A \cdot \overline{A} = 0$	$A + \overline{A} = 1$

续表

定 律 名 称	定 律 1	定 律 2
交换律	$A \cdot B = B \cdot A$	$A + B = B + A$
结合律	$A \cdot (B \cdot C) = (A \cdot B) \cdot C$	$A + (B + C) = (A + B) + C$
分配律	$A \cdot (B + C) = AB + AC$	$A + (B \cdot C) = (A + B) \cdot (A + C)$
吸收律	$A(A + B) = A$	$A + AB = A$
反演律	$\overline{AB} = \overline{A} + \overline{B}$	$\overline{A + B} = \overline{A} \cdot \overline{B}$
还原律	$\overline{\overline{A}} = A$	

其中,反演律也叫摩根(Morgon)定律,是数字逻辑变换中经常要用到的定律,应重点掌握。反演律说明了如何利用非运算实现与、或运算之间的变换,该定律还可以推广为多变量的形式,如

$$\overline{ABCD} = \overline{A} + \overline{B} + \overline{C} + \overline{D}$$
$$\overline{A + B + C + D} = \overline{A}\,\overline{B}\,\overline{C}\,\overline{D}$$

以上各定律可以采用列真值表的方法予以证明。只要在输入变量的各种取值组合下,等号两边的函数值相等,等式就成立。

1.4.2　逻辑代数的基本规则

逻辑代数有 3 个重要的规则:代入规则、对偶规则和反演规则。

1. 代入规则

在任何一个逻辑等式中,如果以某个逻辑变量或逻辑函数同时取代等式两端的任何一个逻辑变量,则等式依然成立。这个规则称为代入规则。例如,在反演律中用 BC 去代替等式中的 B,则新的等式仍成立。即

$$\overline{ABC} = \overline{A} + \overline{BC} = \overline{A} + \overline{B} + \overline{C}$$

2. 对偶规则

若将逻辑函数 Y 中的"$\cdot$"变为"$+$","$+$"变为"$\cdot$";"0"变为"1","1"变为"0";而变量保持不变,那么得到的新逻辑函数表达式称为函数 Y 的对偶式,用 Y' 表示,也可以说 Y 和 Y' 互为对偶式。

对偶规则的内容是:如果两个逻辑函数表达式相等,它们的对偶式也一定相等。

表 1.14 基本定律中的定律 1 和定律 2 就互为对偶式。

3. 反演规则

如果将逻辑函数表达式 Y 中的"$\cdot$"变为"$+$","$+$"变为"$\cdot$";"0"变为"1","1"变为"0";原变量变为反变量,反变量变为原变量,那么新得到的逻辑函数表达式就是函数 Y 的反函数 $\overline{Y}$,这一规则称为反演规则。利用反演规则可以方便地求得一个函数的反函数。

【例 1.11】　已知函数 $Y = \overline{A}C + B\overline{D}$,求 $\overline{Y}$。

解:利用反演规则可得

$$\overline{Y} = (A + \overline{C}) \cdot (\overline{B} + D)$$

使用反演规则时,应注意以下两点。

① 要保持原函数中的运算符号的优先顺序不变,即要先括号,然后与,最后或。

② 不属于单个变量上的非号要保留不变。

1.5 逻辑函数的公式化简法

1.5.1 逻辑函数的不同表达方式

同一逻辑函数可以有多种不同的表达方式,它们之间能互相转换。例如:

$$Y = AB + \overline{A}C \qquad\qquad\qquad \text{与或表达式}$$
$$= \overline{\overline{AB} \cdot \overline{\overline{A}C}} \qquad\qquad\qquad \text{与非与非表达式}$$
$$= \overline{A\,\overline{B} + \overline{A}\,\overline{C}} \qquad\qquad\qquad \text{与或非表达式}$$
$$= (\overline{A} + B)(A + C) \qquad\qquad \text{或与表达式}$$
$$= \overline{\overline{A + B} + \overline{A + C}} \qquad\qquad \text{或非或非表达式}$$

与或表达式是逻辑函数的最基本表达形式,这是因为从真值表直接得到的就是一个与或表达式,且与或表达式也比较容易转换成其他表达式。

1.5.2 逻辑函数的公式化简法

在逻辑电路设计中,对逻辑函数化简具有十分重要的意义。逻辑函数表达式越简单,实现该函数所用的逻辑元件就越少,电路的可靠性就越高。一般情况下,都将逻辑函数化为最简与或表达式。最简与或表达式应遵循乘积项最少,且每个乘积项的变量数最少的原则。常用的公式化简方法如表 1.15 所示。

表 1.15　　　　　　　　　　　　　常用公式化简法

名　称	所用公式	方法说明
并项法	$AB + A\overline{B} = A$	将两项合并成一项,且消去一个因子
吸收法	$A + AB = A$	将多余的乘积项 AB 吸收掉
消因子法	$A + \overline{A}B = A + B$	消去乘积项中多余的因子
消项法	$AB + \overline{A}C + BC = AB + \overline{A}C$ $AB + \overline{A}C + BCD = AB + \overline{A}C$	消去多余的乘积项
配项法	$A + A = A$ $A + \overline{A} = 1$	重复写入某项,再与其他项配合进行化简可将一项拆成两项,再与其他项配合进行化简

下面通过几个例子对上述方法加以说明。

【例 1.12】 将下列逻辑函数化成最简与或表达式。

$$Y_1 = A\overline{B} + \overline{A}\,\overline{B} + ACD + \overline{A}CD$$

$$Y_2 = A + \overline{\overline{A} \cdot \overline{BD}}(A + \overline{B}\,\overline{C} + D) + BD$$

$$Y_3 = AB + AC + \overline{B}C$$

$$Y_4 = \overline{A\overline{C}B} + \overline{A\overline{C}} + B + BC$$

$$Y_5 = A\overline{B} + B\overline{C} + \overline{A}B + AC$$

解： $Y_1 = A\overline{B} + \overline{A}\,\overline{B} + ACD + \overline{A}CD$

$\qquad = (A + \overline{A})\overline{B} + (A + \overline{A})CD$

$\qquad = 1 \cdot \overline{B} + 1 \cdot CD$

$\qquad = \overline{B} + CD$ 　　　　　　　　　　　　　　　　并项

$Y_2 = A + \overline{\overline{A} \cdot \overline{BD}}(A + \overline{B\overline{C}} + D) + BD$

$\qquad = (A + BD) + \overline{\overline{A} \cdot \overline{BD}}(A + \overline{B\overline{C}} + D)$

$\qquad = (A + BD) + (A + BD)(A + \overline{B\overline{C}} + D)$

$\qquad = (A + BD)$ 　　　　　　　　　　　　　　　　吸收

$Y_3 = AB + AC + \overline{B}C$

$\qquad = BA + \overline{B}C + AC$

$\qquad = BA + \overline{B}C$ 　　　　　　　　　　　　　　　消项

$Y_4 = \overline{A\overline{C}B} + \overline{A\overline{C}} + B + BC$

$\qquad = \overline{A}\,\overline{C}B + \overline{A}\,\overline{C}\,\overline{B} + BC$

$\qquad = \overline{A}\,\overline{C}(B + \overline{B}) + BC$ 　　　　　　　　　　消因子

$\qquad = \overline{A}\,\overline{C} + BC$

$\qquad = \overline{A} + C + BC$

$\qquad = \overline{A} + C(1 + B)$ 　　　　　　　　　　　　吸收

$\qquad = \overline{A} + C$

$Y_5 = A\overline{B} + B\overline{C} + \overline{A}B + AC$

$\qquad = A\overline{B} + B\overline{C} + \overline{A}B + AC + A\overline{C}$ 　　　　配项

$\qquad = A\overline{B} + B\overline{C} + \overline{A}B + A$ 　　　　　　　吸收

$\qquad = A + B\overline{C} + \overline{A}B$ 　　　　　　　　　　　消因子

$\qquad = A + B + B\overline{C}$ 　　　　　　　　　　　　　吸收

$\qquad = A + B$

对逻辑函数用公式化简时，没有固定的方法可遵循，有时要灵活、综合甚至重复地使用某些公式，才能将函数化为最简的形式。能否尽快地将函数化为最简形式，取决于对公式的熟练程度及应用技巧。

1.6　逻辑函数的卡诺图化简法

在应用公式法对逻辑函数进行化简时，不仅要求对公式能熟练应用，而且对最后结果是不是最简要进行判断，遇到较复杂的逻辑函数时，此方法有一定难度。下面介绍的卡诺图化简法，只要掌握了其要领，化简逻辑函数非常方便。

1.6.1　逻辑函数的最小项及其表达式

1. 最小项的定义与性质

在 n 变量的逻辑函数中，若其与或表达式的每个乘积项都包含有 n 个因子，而且每个因子仅以

原变量或反变量的形式在该乘积项中出现一次,这样的乘积项称为 n 变量逻辑函数的最小项。每个乘积项都是最小项形式的表达式称为逻辑函数的最小项表达式。

例如,A、B、C 3 个逻辑变量构成的最小项有 $\overline{A}\,\overline{B}\,\overline{C}$,$\overline{A}\,\overline{B}C$,$\overline{A}B\overline{C}$,$\overline{A}BC$,$A\overline{B}\,\overline{C}$,$A\overline{B}C$,$AB\overline{C}$ 和 ABC 共 8 个,即三变量共有 2^3 个最小项。通常,n 变量共有 2^n 个最小项。

为了方便起见,最小项常用 m_i 的形式来表示。其中,m 代表最小项,i 表示最小项的编号。i 是 n 变量取值组合排成二进制所对应的十进制数,变量以原变量出现视为 1,以反变量出现视为 0。例如,$\overline{A}\,\overline{B}C$ 记为 m_1,$\overline{A}BC$ 记为 m_3 等。

三变量所有最小项的真值表如表 1.16 所示。

表 1.16 三变量所有最小项的真值表

变量	m_0	m_1	m_2	m_3	m_4	m_5	m_6	m_7
ABC	$\overline{A}\,\overline{B}\,\overline{C}$	$\overline{A}\,\overline{B}C$	$\overline{A}B\overline{C}$	$\overline{A}BC$	$A\overline{B}\,\overline{C}$	$A\overline{B}C$	$AB\overline{C}$	ABC
000	1	0	0	0	0	0	0	0
001	0	1	0	0	0	0	0	0
010	0	0	1	0	0	0	0	0
011	0	0	0	1	0	0	0	0
100	0	0	0	0	1	0	0	0
101	0	0	0	0	0	1	0	0
110	0	0	0	0	0	0	1	0
111	0	0	0	0	0	0	0	1

由表 1.16 可以归纳出最小项的性质。

(1) 对于输入变量的任何一组取值,有且只有一个最小项的值为 1。

(2) 对于变量的任一组取值,任意两个最小项的乘积为 0。

(3) 全体最小项之和为 1。

注意:不说明变量数目的最小项是没有意义的,例如对于三变量逻辑函数而言,ABC 的组合是一个最小项,而对于四变量的逻辑函数来说,ABC 就不是最小项。

2. 逻辑函数的最小项表达式

任何一个逻辑函数表达式都可以转化为最小项之和的形式。方法是,先将逻辑函数写成与或表达式,然后在不是最小项的乘积项中乘以 $(X+\overline{X})$ 补齐所缺变量因子即可。

【例 1.13】 将逻辑函数 $Y(A,B,C)=AB+\overline{A}C$ 转换成最小项表达式。

解:$Y(A,B,C)=AB+\overline{A}C=AB(C+\overline{C})+\overline{A}C(B+\overline{B})$

$$=ABC+AB\overline{C}+\overline{A}BC+\overline{A}\,\overline{B}C$$

$$=m_7+m_6+m_3+m_1$$

【例 1.14】 将逻辑函数 $Y=AB+\overline{\overline{A}B}+\overline{A}\,\overline{B}+\overline{C}$ 转换成最小项表达式。

解:$Y=AB+\overline{\overline{A}B}\cdot\overline{A}\,\overline{B}\cdot C=AB+(\overline{A}+\overline{B})(A+B)C=AB+\overline{A}BC+A\overline{B}C$

$$=AB(C+\overline{C})+\overline{A}BC+A\overline{B}C=ABC+AB\overline{C}+\overline{A}BC+A\overline{B}C$$

$$=m_7+m_6+m_3+m_5$$

$$=\sum m(3,5,6,7)$$

1.6.2　逻辑函数的卡诺图表示法

1. 最小项的卡诺图

如果两个最小项只有一个变量不同，这两个最小项就称为逻辑相邻项。例如三变量 A、B、C 的两个最小项 $AB\overline{C}$ 与 $A\overline{B}\overline{C}$ 就是逻辑相邻的。逻辑相邻项可以合并消去不相同的变量，如

$$AB\overline{C}+A\overline{B}\overline{C}=A\overline{C}(B+\overline{B})=A\overline{C}$$

卡诺图是逻辑函数的图形表示法，最早是由美国工程师卡诺提出来的，故称为卡诺图(Karnauph Map)。卡诺图把 n 变量的全部最小项各用一个小方格表示出来，并使具有逻辑相邻性的最小项在几何位置上也相邻地排列起来，因此卡诺图也叫最小项方格图。

二变量的卡诺图如图 1.19 所示。图中第一行表示 $\overline{A}$，第二行表示 A；第一列表示 $\overline{B}$，第二列表示 B。这样 4 个小方格就由 4 个最小项分别对号占有，行、列符号的与逻辑形式就是相交的最小项。

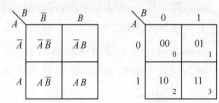

A \ B	$\overline{B}$	B
$\overline{A}$	$\overline{A}\overline{B}$	$\overline{A}B$
A	$A\overline{B}$	AB

(a) 方格内是最小项表达式

A \ B	0	1
0	00 (0)	01 (1)
1	10 (2)	11 (3)

(b) 方格内是最小项的序号

图 1.19　二变量的卡诺图

三变量和四变量的卡诺图分别如图 1.20 和图 1.21 所示。

A \ BC	$\overline{B}\overline{C}$	$\overline{B}C$	BC	$B\overline{C}$
$\overline{A}$	$\overline{A}\overline{B}\overline{C}$	$\overline{A}\overline{B}C$	$\overline{A}BC$	$\overline{A}B\overline{C}$
A	$A\overline{B}\overline{C}$	$A\overline{B}C$	ABC	$AB\overline{C}$

(a) 方格内是最小项表达式

A \ BC	00	01	11	10
0	000 (0)	001 (1)	011 (3)	010 (2)
1	100 (4)	101 (5)	111 (7)	110 (6)

(b) 方格内是最小项的序号

图 1.20　三变量的卡诺图

掌握卡诺图的构成特点，就能方便地从标注在表格旁边的 AB、CD 的"0"、"1"值直接写出某个小方格对应的最小项内容。例如在四变量卡诺图中，第四行第二列相交的小方格。表格第四行的"AB"标为"10"，应记为 $A\overline{B}$，第二列的"CD"标为"01"，记为 $\overline{C}D$，所以该小方格对应的最小项为 $A\overline{B}\overline{C}D$。

AB \ CD	00	01	11	10
00	000 (0)	0001 (1)	0011 (3)	0010 (2)
01	0100 (4)	0101 (5)	0111 (7)	0110 (6)
11	1100 (12)	1101 (13)	1111 (15)	1110 (14)
10	1000 (8)	1001 (9)	1011 (11)	1010 (10)

图 1.21　四变量的卡诺图

注意：为了确保卡诺图中小方格所表示的最小项在几何上相邻时，在逻辑上也有相邻性，两侧标注的数码不能从小到大依次排列。

除几何相邻的最小项有逻辑相邻的性质外，图中每一行或每一列两端的最小项也具有逻辑相邻性，因此，卡诺图可看成是一个上下左右闭合的图形。

卡诺图形象、直观地反映了最小项之间的逻辑相邻关系，但变量增多时，卡诺图会变得更为复杂。当变量的个数在 5 个或 5 个

以上时,就不能仅用二维空间的几何相邻来代表其逻辑相邻,故一般较少使用。

2. 逻辑函数的卡诺图表示

既然任何逻辑函数式都可以表达成最小项形式,而最小项又可以表示在卡诺图中,故逻辑函数可用卡诺图表示。方法是把逻辑函数式转换成最小项表达式,然后在卡诺图上与这些最小项对应的方格内填1,其余填0(也可以不填),就得到了表示这个逻辑函数的卡诺图。任一逻辑函数的卡诺图是唯一的。

【例1.15】 用卡诺图表示三变量逻辑函数 $Y = AB + \overline{A}BC + A\overline{B}C$。

解:Y 是三变量函数,先将 Y 展开成最小项表达式:

$$Y = AB + \overline{A}BC + A\overline{B}C = AB(C+\overline{C}) + \overline{A}BC + A\overline{B}C$$

$$= ABC + AB\overline{C} + \overline{A}BC + A\overline{B}C = \sum m(3,5,6,7)$$

而后再画出三变量卡诺图,在逻辑函数 Y 包含的最小项方格中填1,其他方格填0或不填,如图1.22所示。

如果已知一个逻辑函数的真值表,也可直接填出该函数的卡诺图。只要把真值表中输出为1的那些最小项填上1就行了。真值表中输出为0的那些最小项可以填上0,也可以不填。

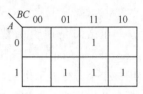

图1.22 例1.15逻辑
函数卡诺图

1.6.3 用卡诺图化简逻辑函数

1. 化简依据

由于卡诺图中几何相邻的最小项在逻辑上也有相邻性,而逻辑相邻的两个最小项只有一个因子不同,根据互补律 $A + \overline{A} = 1$ 可知,将它们合并,可以消去互补因子,留下公共因子。这就是卡诺图化简法的依据。

相邻最小项的合并规律是:两个相邻的最小项可合并为一项,消去一个变量;4个相邻的最小项可合并为一项,消去两个变量;8个相邻的最小项可合并为一项,并消去3个变量。消去的是包围圈中发生过变化的变量,而保留下的是包围圈内保持不变的变量,如图1.23所示。

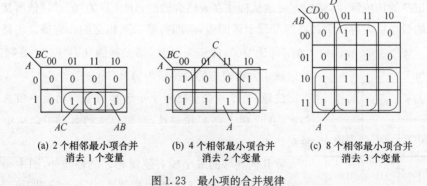

(a) 2个相邻最小项合并　　　(b) 4个相邻最小项合并　　　(c) 8个相邻最小项合并
消去1个变量　　　　　　　消去2个变量　　　　　　　消去3个变量

图1.23 最小项的合并规律

2. 化简步骤

用卡诺图化简逻辑函数的步骤如下。

① 将逻辑函数化成最小项之和的形式(有时可以跳过)。

② 用卡诺图表示逻辑函数。

③ 对可以合并的相邻最小项(填 1 的方格)画出包围圈。

④ 消去互补因子,保留公共因子,写出每个包围圈合并后所得的乘积项。

用卡诺图化简时,为了保证结果的最简化和正确性,在选取可合并的最小项即画包围圈时,应遵循以下几个原则。

① 每个包围圈只能包含 2^n 个填 1 的小方格,而且必须是矩形或正方形。

② 包围圈能大勿小。包围圈越大,消去的变量就越多,对应乘积项的因子就越少,化简的结果越简单。

③ 包围圈个数越少越好。因个数越少,乘积项就越少,化简后的结果就越简单。

④ 画包围圈时,最小项可以被重复包围,但每个包围圈中至少应有一个最小项是单独属于自己的,以保证该化简项的独立性。

⑤ 包围圈应把函数的所有最小项都圈完。

3. 举例

用卡诺图化简逻辑函数比公式法形象、直观,便于掌握。所以,对逻辑变量较少(五变量以下)的逻辑函数化简时,用卡诺图法较为容易。下面,结合例题介绍一些化简技巧。

【例 1.16】　化简逻辑函数 $Y(A,B,C,D)=\sum m(2,5,9,11,12,13,14,15)$

解:Y 给出的是最小项之和的形式,可以直接填写卡诺图,画包围圈时可按以下步骤进行。

① 先圈孤立的最小项。

② 依次将只有一种画法的最小项圈出来。

③ 最后用尽可能大的圈覆盖未被圈过的最小项。

化简过程如图 1.24 所示。这样,总共画出了 4 个包围圈,原来是 8 个最小项之和的逻辑函数 Y,现在就合并成了 4 项,写出每个包围圈合并后的乘积项,得最简与或式为

$$Y = AB + AD + B\overline{C}D + \overline{A}\,B\,C\,\overline{D}$$

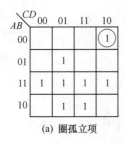
(a) 圈孤立项

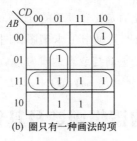
(b) 圈只有一种画法的项

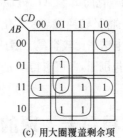
(c) 用大圈覆盖剩余项

图 1.24　例 1.16 的卡诺图

【例 1.17】　化简逻辑函数 $Y = A\overline{B} + ABC + \overline{A}\,CD + \overline{A}\,BD$。

解:① 先将函数化为如下最小项之和的形式:

$$Y = A\overline{B} + ABC + \overline{A}\,CD + \overline{A}\,BD$$

$$= A\,\overline{B}CD + A\,\overline{B}C\,\overline{D} + AB\,\overline{C}D + ABC\,\overline{D} + ABCD + \overline{A}\,B\,\overline{C}D + \overline{A}\,B\,C\,D + \overline{A}\,BCD$$

$$= \sum m(1,\ 2,\ 5,\ 8,\ 9,\ 10,\ 11,\ 14,\ 15)$$

② 画出四变量函数的卡诺图,并填入最小项。如图 1.25 所示。

③ 正确画出包围圈,如图 1.25 所示。

④ 合并最小项,写出函数的最简与或式:$Y = A\overline{B} + AC + \overline{B}D + \overline{A}BD$。

【例 1.18】 化简逻辑函数 $Y = A\overline{B} + B\overline{C} + BC + \overline{A}B$。

解:将逻辑函数转换为最小项表达式比较烦琐,这里给出由逻辑函数的与或式直接填写卡诺图的方法。因为 Y 的 4 个乘积项中只要有一项为 1,Y 就等于 1。其中 $A\overline{B} = 1$ 的条件是:只要 $AB=10$,而与 C 无关。因此,在卡诺图中,凡是 $A=1$,同时 $B=0$ 的小方格内都应填入 1。其他乘积项也按类似方法处理,可得到 Y 的卡诺图。画出包围圈,如图 1.26(a)所示,合并最小项,可写出函数的最简与或式为

$$Y = A\overline{B} + B\overline{C} + \overline{A}C$$

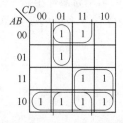

图 1.25　例 1.17 的卡诺图

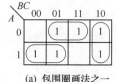
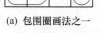
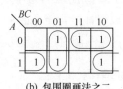

(a) 包围圈画法之一　　　　(b) 包围圈画法之二

图 1.26　例 1.18 的卡诺图

包围圈画法也可以如图 1.26(b)所示,则逻辑函数的最简与或式为

$$Y = A\overline{C} + \overline{B}C + \overline{A}B$$

本例说明,逻辑函数的最简表达式可能不是唯一的,那么实现这一函数的逻辑电路也同样不是唯一的。

对于逻辑函数 Y 的任一组变量取值,如果 $Y=1$,则 $\overline{Y}=0$;若 $Y=0$,则 $\overline{Y}=1$。显然 $\overline{Y}$ 的卡诺图就是将 Y 的卡诺图中的 1 变为 0,0 变为 1。所以,直接对 Y 卡诺图中的 0 画包围圈,可以求得 $\overline{Y}$ 的最简表达式;反之,对 $\overline{Y}$ 卡诺图中的 0 画包围圈,可以求得 Y 的最简表达式。

【例 1.19】 化简 $Y = \overline{A\overline{C} + BD + \overline{A}BC}$。

解:如果先将 Y 转换成与或式化简是比较烦琐的,而填写 $\overline{Y} = A\overline{C} + BD + \overline{A}BC$ 的卡诺图比较容易。因此,先画出 $\overline{Y}$ 卡诺图如图 1.27 所示,对其中的 0 画包围圈,即可求得 Y 的最简与或表达式为

图 1.27　例 1.19 的卡诺图

$$Y = \overline{A}\overline{B} + \overline{A}\overline{C}\overline{D} + AC\overline{D} + \overline{B}\overline{C}$$

1.7　具有无关项的逻辑函数及其化简

1.7.1　逻辑函数中的约束项

在有些逻辑函数中,输入变量的取值不是任意的,对某些取值要加以限制。例如,电动机的正转、反转和停止可用 A、B、C 3 个变量来表示,并规定 $A=1$ 表示电动机正转,$B=1$ 表示电动机反转,$C=1$ 表示电动机不转,则 $\overline{A}B\overline{C}$,$\overline{A}BC$,$A\overline{B}C$,$AB\overline{C}$ 和 ABC 这 5 个最小项根本不可能出现。这种主观上不允许出现或客观上不会出现的变量取值组合所对应的最小项称为约束项

（ConstraintTerm）。

另一种情况是，对于输入变量的某些取值，函数值为 1 或为 0 均可，不影响电路的功能。例如，在用二进制码来表示十进制数时，$ABCD=0000\sim1001$ 代表 $0\sim9$，而 $ABCD=1010\sim1111$ 没有采用，当 $ABCD$ 的取值一旦为 $1010\sim1111$ 时，人们对函数值为 1 还是为 0 并不关心，这种对电路功能无影响的最小项称为任意项。

约束项和任意项统称为无关项。无关是指这些最小项对函数的最终结果无关紧要，可以写入逻辑函数，也可以不写入。无关项在真值表或卡诺图中用×（或 d，φ）表示，无关项在表达式中一般采用全体无关项的和恒为零的形式来表示。例如上述两例的无关项可表示为

$$\sum m_d(0,3,5,6,7)=0 \text{ 或 } \sum m_\times(0,3,5,6,7)=0$$

1.7.2　利用无关项化简逻辑函数

由于无关项要么不在逻辑函数中出现，要么出现时取值是 1 还是为 0 对逻辑函数的结果没有影响，因此对具有无关项的逻辑函数化简时，无关项既可取 0，也可取 1，化简时的具体步骤如下。

（1）将函数式中最小项在卡诺图对应的小方格内填 1，无关项在对应的小方格内填×，其余位置补 0 或空着。

（2）画包围圈时，无关项看成是 1 还是 0，以使包围圈的个数最少、圈最大为原则。

（3）圈中必须至少有一个有效的最小项，不能全是无关项。

【例 1.20】　化简 $Y=\overline{A}B\overline{C}+A\overline{B}\,\overline{C}+AB\overline{C}$，约束项是 $\overline{A}BC$ 和 ABC。

解：填写 Y 的卡诺图，并在对应于无关项的位置填×，如图 1.28 所示。

如果只对 1 画包围圈，化简的结果为

$$Y=A\overline{C}+B\overline{C}$$

对 1 和×同时画包围圈，则化简的结果为 $y=A\overline{C}+B$。

显然，y 比 Y 更简单，这两个函数是否相等呢？可以把 Y 和 y 的真值表列在一起比较一下，发现只有涂阴影的两行，Y 和 y 的函数值是不同的，如表 1.17 所示。而这两组正是无关项对应的取值，其他都一样。这就是说，只要 A、B、C 遵守约束的话（即不出现 001 和 110），Y 和 y 是一样的。

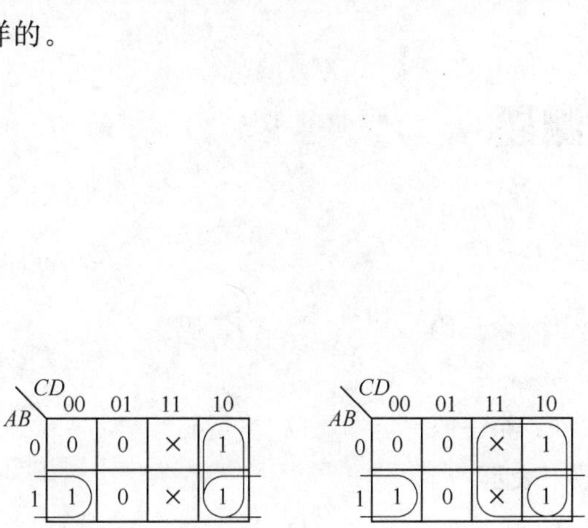

图 1.28　例 1.20 的卡诺图

表 1.17		例 1.20 的真值表		
A	B	C	Y	y
0	0	0	0	0
0	0	1	0	0
0	1	0	1	1
0	1	1	1	0
1	0	0	1	1
1	0	1	0	1
1	1	0	1	1
1	1	1	1	0

（a）只对 1 画包围圈　　（b）对 1 和×同时画包围圈

【**例 1.21**】 化简 $Y = \sum m(3,6,7,9) + \sum m_d(10,11,12,13,14,15)$。

解:填写卡诺图如图 1.29 所示。合并最小项时,并不一定把所有的"×"都圈起来,需要时就圈,不需要时就不圈。合并化简得:

$$Y = AD + BC + CD$$

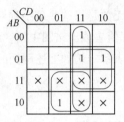

图 1.29 例 1.21 的卡诺图

本 章 小 结

1. 数字电路的工作信号是一种突变的离散信号。数字电路中主要采用二进制数,二进制代码不仅可以表示数值的大小,还可以表示文字和符号。

2. 逻辑代数是分析和设计逻辑电路的重要工具。与、或、非是 3 种基本的逻辑运算,常用的复合逻辑运算有与非、或非、与或非以及异或和同或。逻辑代数中的基本定律与公式是逻辑代数运算的基础,熟练掌握它们可提高运算速度。

3. 逻辑函数有真值表、逻辑代数表达式、卡诺图和逻辑图等多种表示方法。知道其中任何一种形式,都能将它转换为其他形式。

4. 逻辑函数的化简有公式化简法和卡诺图化简法,公式化简法无固定的规律可循,技巧性较强,必须在实际练习中逐渐掌握。卡诺图化简法有固定的规律和步骤,且直观简单。只要按已给的步骤进行,就能在实践中较快地寻找到规律。卡诺图化简法对五变量以下的逻辑函数化简非常方便。利用函数中的无关项可使逻辑函数化得更简单。

自我检测题

一、选择题

1. 以下代码中为无权码的是_____。

  A. 8421BCD 码   B. 2421BCD 码   C. 余三码   D. 格雷码

2. 以下代码中为恒权码的为_____。

  A. 8421BCD 码   B. 2421BCD 码   C. 余三码   D. 格雷码

3. 一位十六进制数可以用_____位二进制数来表示。

  A. 1   B. 2   C. 4   D. 16

4. 十进制数 25 用 8421BCD 码表示为_____。

  A. 10 101   B. 0010 0101   C. 100101   D. 10101

5. 在一个8位的存储单元中,能够存储的最大无符号整数是_____。

    A. $(256)_{10}$ B. $(127)_{10}$ C. $(FF)_{16}$ D. $(255)_{10}$

6. 与十进制数$(53.5)_{10}$等值的数或代码为_____。

    A. $(0101\ 0011.0101)_{8421BCD}$ B. $(35.8)_{16}$

    C. $(110101.1)_2$ D. $(65.4)_8$

7. 与八进制数$(47.3)_8$等值的数为_____。

    A. $(100111.011)_2$ B. $(27.6)_{16}$ C. $(27.3)_{16}$ D. $(100111.11)_2$

8. 以下表达式中符合逻辑运算法则的是_____。

    A. $C \cdot C = C^2$ B. $1+1=10$ C. $0<1$ D. $A+1=1$

9. 逻辑变量的取值1和0可以表示_____。

    A. 开关的闭合、断开   B. 电位的高、低   C. 真与假   D. 电流的有、无

10. 当逻辑函数有n个变量时,共有_____个变量取值组合?

    A. n B. $2n$ C. n^2 D. 2^n

11. 逻辑函数的表示方法中具有唯一性的是_____。

    A. 真值表   B. 表达式   C. 逻辑图   D. 卡诺图

12. $F = A\bar{B} + BD + CDE + \bar{A}D =$ _____。

    A. $A\bar{B}+D$ B. $(A+\bar{B})D$ C. $(A+D)(\bar{B}+D)$ D. $(A+D)(B+\bar{D})$

13. 逻辑函数 $F=A \oplus (A \oplus B) =$ _____。

    A. B B. A C. $A \oplus B$ D. $\overline{A \oplus B}$

14. 求一个逻辑函数F的对偶式,可将F中的_____。

    A. "$\cdot$"换成"$+$","$+$"换成"$\cdot$"   B. 原变量换成反变量,反变量换成原变量

    C. 变量不变   D. 常数中"0"换成"1","1"换成"0" E. 常数不变

15. $A+BC =$ _____。

    A. $A+B$ B. $A+C$ C. $(A+B)(A+C)$ D. $B+C$

16. 在何种输入情况下,"与非"运算的结果是逻辑0?_____。

    A. 全部输入是0   B. 任一输入是0   C. 仅一输入是0   D. 全部输入是1

17. 在何种输入情况下,"或非"运算的结果是逻辑0?_____。

    A. 全部输入是0   B. 全部输入是1

    C. 任一输入为0,其他输入为1   D. 任一输入为1

二、判断题(正确打√,错误的打×)

1. 8421码 1001 比 0001 大。   (　　)

2. 数字电路中用"1"和"0"分别表示两种状态,二者无大小之分。   (　　)

3. 格雷码具有任何相邻码只有一位码元不同的特性。   (　　)

4. 八进制数$(17)_8$比十进制数$(17)_{10}$小。   (　　)

5. 十进制数$(9)_{10}$比十六进制数$(9)_{16}$小。   (　　)

6. 逻辑变量的取值,1比0大。   (　　)

7. 异或函数与同或函数在逻辑上互为反函数。   (　　)

8. 若两个函数具有相同的真值表,则两个逻辑函数必然相等。   (　　)

9. 因为逻辑表达式$A+B+AB=A+B$成立,所以$AB=0$成立。   (　　)

10. 若两个函数具有不同的真值表,则两个逻辑函数必然不相等。   (   )

11. 若两个函数具有不同的逻辑函数式,则两个逻辑函数必然不相等。   (   )

12. 逻辑函数两次求反则还原,逻辑函数的对偶式再作对偶变换也还原为它本身。   (   )

13. 逻辑函数 $Y = A\bar{B} + \bar{A}B + \bar{B}C + B\bar{C}$ 已是最简与或表达式。   (   )

14. 因为逻辑表达式 $A\bar{B} + \bar{A}B + AB = A + B + AB$ 成立,所以 $A\bar{B} + \bar{A}B = A + B$ 成立。

(   )

15. 对逻辑函数 $Y = A\bar{B} + \bar{A}B + \bar{B}C + B\bar{C}$ 利用代入规则,令 $A = BC$ 代入,得 $Y = BC\bar{B} + \overline{BC}$
$B + \bar{B}C + B\bar{C} = \bar{B}C + B\bar{C}$ 成立。   (   )

三、填空题

1. 数字信号的特点是在_____上和_____上都是断续变化的,其高电平和低电平常用__
_____和_____来表示。

2. 分析数字电路的主要工具是_____,数字电路又称作_____。

3. 在数字电路中,常用的计数制除十进制外,还有_____、_____、_____。

4. 常用的 BCD 码有_____、_____、_____、_____等。

5. $(10110010.1011)_2 = ($ $)_8 = ($ $)_{16}$

6. $(35.4)_8 = ($ $)_2 = ($ $)_{10} = ($ $)_{16} = ($ $)_{8421BCD}$

7. $(39.75)_{10} = ($ $)_2 = ($ $)_8 = ($ $)_{16}$

8. $(5E.C)_{16} = ($ $)_2 = ($ $)_8 = ($ $)_{10} = ($ $)_{8421BCD}$

9. $(01111000)_{8421BCD} = ($ $)_2 = ($ $)_8 = ($ $)_{10} = ($ $)_{16}$

习   题

1. 什么是数字信号? 数字电路有什么特点?

2. 写出下列各数的按权展开式。

(1) $(3408)_{10}$ (2) $(927)_{10}$ (3) $(1101)_2$

(4) $(110110)_2$ (5) $(276)_8$ (6) $(4BE7)_{16}$

3. 将下列十进制数转换为二进制数。

(1) 36   (2) 127   (3) 128.8

4. 将下列二进制数转换为十进制数。

(1) $(10011)_2$ (2) $(10101)_2$ (3) $(11010.11)_2$

5. 将下列各数转换为等值的二进制数。

(1) $(19.77)_{10}$ (2) $(175)_8$ (3) $(EC4)_{16}$

6. 将下面的 8421BCD 码和十进制数互相转换。

(1) $(19.7)_{10}$ (2) $(316)_{10}$ (3) $(100101111000)_{8421BCD}$

(4) $(011001010000)_{8421BCD}$

7. 一个电路有 3 个输入端 A、B、C,当其中有两个输入端有 1 信号时,输出 Y 有信号,试列出真值表,写出 Y 的函数式。

8. 用真值表证明下列恒等式。

(1) $A\bar{B} + \bar{A}B = (\bar{A} + \bar{B})(A + B)$

(2) $A \oplus 0 = A$

(3) $A \oplus 1 = \overline{A}$

(4) $(A \oplus B) \oplus C = A \oplus (B \oplus C)$

9. 利用基本定律和运算规则证明下列恒等式。

(1) $ABC + A\overline{B}C + AB\overline{C} = AB + AC$

(2) $AB\overline{D} + A\overline{B}\overline{D} + AB\overline{C} = A\overline{D} + AB\overline{C}$

(3) $\overline{AB + \overline{A}C} = A\overline{B} + \overline{A}C$

(4) $(A + B + C)(\overline{A} + \overline{B} + C) = A\overline{B} + \overline{A}C + B\overline{C}$

10. 写出下列函数的对偶式及反函数。

(1) $Y = A(B + C)$

(2) $Y = AB + \overline{C + D}$

(3) $Y = A\overline{B} + B\overline{C} + C(\overline{A} + D)$

(4) $Y = A + \overline{\overline{B + CD} + \overline{ADB}}$

11. 利用公式法化简下列逻辑函数。

(1) $Y = A\overline{B} + \overline{A}B + A$

(2) $Y = AB + \overline{A}B + AC + B\overline{C}$

(3) $Y = ABCD + \overline{A}BC\overline{D} + B\overline{C}D$

(4) $Y = (\overline{A} + B)(\overline{B} + C)(\overline{C} + D)(\overline{D} + A)$

(5) $Y = \overline{A \oplus B}(B \oplus \overline{C})$

(6) $Y = \overline{AB + \overline{B}C + AC}$

(7) $Y = \overline{\overline{AC} + B \cdot \overline{CD} + \overline{C}D}$

12. 将下列各函数式化为最小项之和的形式。

(1) $Y = A\overline{B}C + B\overline{C} + AC$

(2) $Y = \overline{A}B\overline{C}D + A\overline{B}D + \overline{A}D$

(3) $Y = (A + B)(AC + \overline{D})$

(4) $Y = BC + \overline{AB + (\overline{C} + \overline{D})}$

(5) $Y = A\overline{B} + B\overline{C} + \overline{A}C$

13. 用卡诺图化简法将下列函数化为最简与或表达式。

(1) $Y = ABC + ABD + \overline{C}\overline{D} + A\overline{B}C + \overline{A}C\overline{D} + A\overline{C}D$

(2) $Y = A\overline{B} + \overline{A}C + BC + \overline{C}D$

(3) $Y = \overline{A}\overline{B} + B\overline{C} + \overline{A} + \overline{B} + ABC$

(4) $Y = A\overline{B}\overline{C} + \overline{A}\overline{B} + \overline{A}D + C + BD$

(5) $Y(A, B, C) = \sum (m_1, m_2, m_4, m_5, m_6, m_7)$

(6) $Y(A, B, C) = \sum (m_1, m_3, m_5, m_7)$

(7) $Y(A, B, C, D) = \sum (m_0, m_1, m_2, m_3, m_4, m_6, m_8, m_{10}, m_{12}, m_{14})$

(8) $Y(A, B, C, D) = \sum (m_0, m_1, m_2, m_5, m_8, m_9, m_{10}, m_{12}, m_{13})$

14. 化简下列逻辑函数(方法不限,最简逻辑式形式不限)。

(1) $Y = A\overline{B} + \overline{A}C + \overline{C}D + D$

(2) $Y = \overline{A}(C\overline{D} + \overline{C}D) + B\overline{C}D + A\overline{C}D + \overline{A}C\overline{D}$

(3) $Y = \overline{(\overline{A} + \overline{B})D} + (\overline{A}\,\overline{B} + BD)\overline{C} + \overline{A}\overline{C}DB + \overline{D}$

(4) $Y = A\overline{B}D + \overline{A}\,\overline{B}\,\overline{C}D + \overline{B}CD + \overline{(A\overline{B} + C)}(B + D)$

(5) $Y = \overline{A\,\overline{B}\,\overline{C}D + A\overline{C}DE + \overline{B}D\overline{E} + A\overline{C}\,\overline{DE}}$

15. 用卡诺图将下列具有约束项的逻辑函数化为最简与或表达式。

(1) $Y_1(A,B,C,D) = \sum m(0,1,2,3,6,8) + \sum m_d(10,11,12,13,14,15)$

(2) $Y_2(A,B,C,D) = \sum m(3,6,8,9,11,12) + \sum m_d(0,1,2,13,14,15)$

(3) $Y_3(A,B,C,D) = \sum m(0,2,4,5,7,13) + \sum m_d(8,9,10,11,14,15)$

(4) $Y_4(A,B,C,D) = \sum m(2,4,6,7,12,15) + \sum m_d(0,1,3,8,9,11)$

(5) $Y_5(A,B,C,D) = AB\overline{C} + \overline{A}BD$,约束条件为：$A\overline{B} + AC = 0$

第2章

逻辑门电路

本章系统地讲述数字电路的基本逻辑单元——门(Gate)电路。在这一章里,将介绍几种通用的集成逻辑门电路,如 BJT-BJT 逻辑门电路(TTL)、射极耦合逻辑门电路(ECL)和金属-氧化物-半导体互补对称逻辑门电路(CMOS)。

为了掌握上述各种电路的逻辑功能和特性,首先必须熟悉开关器件的开关特性,这是门电路的工作基础。在分析门电路时,着重它们的逻辑功能和外特性,对其内部电路,只作一般介绍。

2.1 二极管和三极管的开关特性

用以实现基本逻辑运算和复合逻辑运算的单元电路称为门电路。在电子电路中,用高低电平分别表示二值逻辑 0 和 1 两种状态。获得高、低电平采用开关电路。

用来接通或断开电路的开关器件应具有两种工作状态:一种是接通(要求其阻抗很小,相当于短路),另一种是断开(要求其阻抗很大,相当于开路)。

在数字电路中,二极管和三极管大多数工作在开关状态。它们在脉冲信号的作用下,时而导通,时而截止,相当于开关的开通和关断。因此二极管和三极管可以作为开关元件使用。

2.1.1 二极管的开关特性

1. 静态特性

由图 2.1 可以看出,二极管加正向电压时导通,伏安特性很陡、压降很小(硅管为 0.7V,锗管为 0.2V),可以近似看作是一个闭合的开关。二极管加反向电压时截止,截止后的伏安特性具有饱和特性,即反向电流几乎不随反向电压的增大而增大,且反向电流很小(nA级),可以近似看作是一个断开的开关。在数字电路的分析与估算过程中,常把 $u_D < U_T =$

0.5 V看成是硅二极管的截止条件,截止之后,近似认为 $i_D \approx 0$,如同断开的开关。

2. 动态特性

在低速脉冲电路中,二极管开关由接通到断开,或由断开到接通所需要的转换时间通常是可以忽略的。然而在数字电路中,二极管开关经常工作在高速通断状态。由于 PN 结中存储电荷的存在,二极管开关状态的转换不能瞬间完成,需经历一个过程。二极管开关的转换过程如图 2.2 所示。当输入电压 u_i 为正时,二极管导通;u_i 为负时,二极管截止。当 u_i 由正值突变为负值时,二极

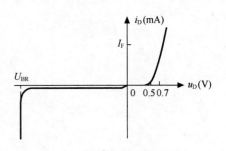

图 2.1　二极管伏安特性曲线

管并不是立即截止,而是在外加反向电压 U_R 的作用下,形成较大的反向电流 I_R($I_R \approx U_R/R$),此电流维持一段时间 t_s 之后开始下降,再经 t_f 时间二极管才进入截止状态。我们称 t_s 为存储时间,t_f 为下降时间,并把 $t_{re} = t_s + t_f$ 叫做反向恢复时间。该现象说明,二极管在输入负跳变电压作用下,开始仍然是导通的,只有经过一段反向恢复时间 t_{re} 之后,才能进入截止状态。由此看出,由于 t_{re} 的存在,限制了二极管的开关速度,t_{re} 越长,二极管的开关速度越低,当脉冲电路的输入信号频率非常高乃至其负半周的宽度小于 t_{re} 的时候,则电路的输出波形将近似于输入波形,二极管失去了开关作用。

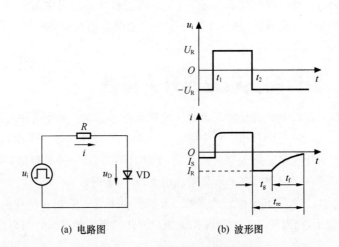

(a) 电路图　　　　　　　(b) 波形图

图 2.2　二极管开关的转换过程

2.1.2　三极管的开关特性

由三极管的工作原理可知,三极管的输出特性可划分为 3 个区域:截止区、放大区和饱和区。三极管在输入信号的作用下稳定地处于饱和区时就相当于开关接通;处于截止区时相当于开关断开。例如在图 2.3 所示的电路中,当电压 $u_i = 0$ 时三极管截止,$u_o \approx V_{CC}$ 。u_i 跳变到 5V 时饱和导通,$u_o \approx U_{CES}$,因此三极管的开关条件及其在开关状态下的工作特点是我们特别关心的问题。

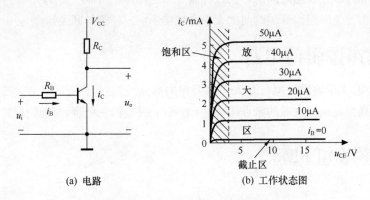

(a) 电路　　　　　　　　(b) 工作状态图

图 2.3　三极管工作状态的转换

1. 饱和导通条件及饱和时的特点

(1) 饱和导通条件

三极管临界饱和导通时，$u_{CE} = U_{CES}$、$i_C = I_{CS}$、$i_B = I_{BS}$，根据图 2.3 所示电路可得

$$I_{CS} = \frac{V_{CC} - U_{CES}}{R_C} \approx \frac{V_{CC}}{R_C}$$

$$I_{BS} = \frac{I_{CS}}{\beta} \approx \frac{V_{CC}}{\beta R_C}$$

在三极管工作过程中，若基极电流 i_B 大于临界饱和时的数值 I_{BS}，则一定饱和导通。即若

$$i_B > I_{BS} \approx \frac{V_{CC}}{\beta R_C}$$

则三极管饱和。

(2) 饱和时的特点

对硅管来说，饱和导通以后，$u_{BE} \approx 0.7\,\text{V}$，$u_{CE} = U_{CES} \approx 0.3\,\text{V}$，如同闭合了的开关。

2. 截止条件及截止时的特点

(1) 截止条件

由三极管的输入特性可知，当 $u_{BE} < 0.5\,\text{V}$ 时，管子基本上是截止的，因此在数字电路的分析估算中，把 $u_{BE} < 0.5\,\text{V}$ 作为三极管的截止条件，即 $u_{BE} < U_T = 0.5\,\text{V}$（$U_T$ 是硅管发射结的死区电压）。

(2) 截止时的特点

三极管截止时，$i_B \approx 0$、$i_C \approx 0$，$i_e \approx 0$，如同断开了的开关。

3. 动态特性

晶体三极管在截止状态和饱和状态之间转换时的过渡特性称为三极管的动态特性。

假如在三极管基极输入一个理想的矩形波，而集电极电流 i_C 的波形却不是理想的矩形波，如图 2.4 所示，其上升沿和下降沿变化缓慢，而且上升部分和下降部分与输入波形相比都有时间延迟。

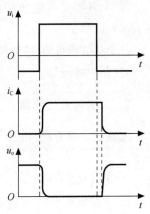

图 2.4　三极管的开关特性

这说明三极管饱和与截止状态之间的转换过程需要一定的时间才能完成,即三极管开关在动态情况下也存在一定的开关时间。开关时间的大小将直接影响三极管的开关速度。

2.2 基本逻辑门电路

在数字系统中,大量地运用执行基本逻辑操作的电路,这些电路被称为基本逻辑电路或门电路。早期的门电路主要由继电器的触点构成,后来采用二极管、三极管,目前则广泛应用集成电路。

2.2.1 3种基本门电路

1. 二极管与门电路

实现"与"逻辑关系的电路叫做与门电路。由二极管组成的与门电路如图 2.5(a)所示,图 2.5(b)所示为其逻辑符号。图中 A、B 为信号的输入端,Y 为信号的输出端。

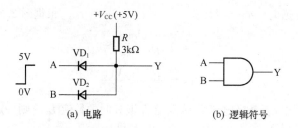

(a) 电路　　　　　　　　(b) 逻辑符号

图 2.5　二极管与门

对二极管组成的与门电路分析如下。

① A、B 都是低电平,$u_A = u_B = 0V$,二极管 VD_1 和二极管 VD_2 都导通,则 Y 输出为低电平。二极管正向导通压降为 0.7V,则 $u_Y = 0.7V$。

② A 是低电平,B 是高电平,$u_A = 0V$,$u_B = 3V$,二极管 VD_1 导通,二极管 VD_2 截止,则 Y 输出为低电平,$u_Y = 0.7V$。

③ A 是高电平,B 是低电平,$u_A = 3V$,$u_B = 0V$,二极管 VD_2 导通,二极管 VD_1 截止,则 Y 输出为低电平。$u_Y \approx 0.7V$。

④ A、B 都是高电平,$u_A = u_B = 3V$,二极管 VD_1 和二极管 VD_2 都截止,则 Y 输出为高电平,$u_Y \approx 3.7V$。

从上述分析可知,该电路实现的是与逻辑关系,即"输入有低,输出为低;输入全高,输出为高",所以,它是一种与门。

2. 二极管或门电路

实现或逻辑关系的电路叫做或门电路。由二极管组成的或门电路如图 2.6 所示,其功能分析如下。

① A、B 都是低电平,$u_A = u_B = 0V$,二极管 VD_1 和二极管 VD_2 都截止,则 Y 输出为低电平,$u_Y = 0V$。

② A 是低电平,B 是高电平,$u_A = 0V$,$u_B = 3V$,二极管 VD_2 导通,二极管 VD_1 截止,则 Y 输出为高电平,$u_Y \approx 2.3V$。

③ A 是高电平，B 是低电平，$u_A=3V$，$u_B=0V$，二极管 VD_1 导通，二极管 VD_2 截止，则 Y 输出为高电平，$u_Y≈2.3V$。

④ A、B 都是高电平，$u_A=u_B=3V$，二极管 VD_1 和二极管 VD_2 都导通，则 Y 输出为高电平，$u_Y≈2.3V$。

通过上述分析，该电路实现的是或逻辑关系，即"输入有高，输出为高；输入全低，输出为低"，所以，它是一种或门。

3. 三极管非门

实现非逻辑关系的电路叫做非门电路。因为它的输入与输出之间是反相关系，故又称为反相器，其电路如图 2.7 所示。

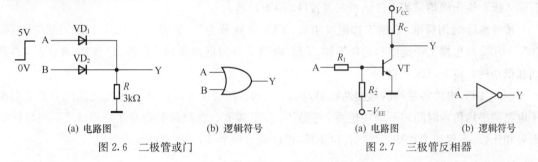

(a) 电路图　　　　　(b) 逻辑符号　　　　　　(a) 电路图　　　　　(b) 逻辑符号

图 2.6　二极管或门　　　　　　　　　　　　　　图 2.7　三极管反相器

当输入信号为低电平，即 $u_A=0V$ 时，三极管 VT 在基极偏置电源 $-V_{EE}$ 的作用下，发射结处于反向偏置，三极管充分截止，$i_B=0$，$i_C=0$，输出电压 $u_Y=V_{CC}=5V$，输出为高电平；当输入信号为高电平，即 $u_A=3V$ 时，它与基极偏置电源 $-V_{EE}$ 共同作用，产生足够的基极电流，使三极管饱和导通，$u_Y=U_{CES}=0.3V$，输出低电平，实现了非逻辑关系。

2.2.2　DTL 与非门

采用二极管门电路和三极管反相器，可组成与非门和或非门，这种电路应用非常广泛。

DTL 与非门电路是由二极管与门和三极管反相器串联而成的，其电路图及逻辑符号分别如图 2.8(a) 和图 2.8(b) 所示。

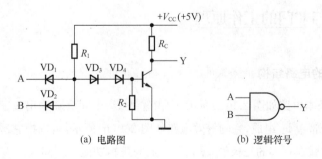

(a) 电路图　　　　　　　　　(b) 逻辑符号

图 2.8　DTL 与非门

当输入端 A、B 都是高电平时，VD_1、VD_2 均截止，而 VD_3、VD_4 和三极管导通，注入三极管的基极电流足够大,三极管饱和导通,输出低电平,$u_Y \approx 0V$,在两个输入端 A、B 中有一个为低电平时,VD_3、VD_4 和三极管均截止,输出高电平,$u_Y = V_{CC}$。可见此逻辑门能实现与非逻辑关系。

从电路中可以看出,在二极管与门及非门之间串联了 VD_3 和 VD_4,这是为了提高三极管导通时的基极电平而加入的。当输入端有一个处于低电平时,如果没有 VD_3、VD_4,三极管也处于导通状态,这是绝对不允许的。加入 VD_3、VD_4 以后,三极管可靠截止,输入端的干扰信号不易反映到三极管的基极,从而提高了电路的抗干扰能力,保证了该电路可靠地实现与非逻辑功能。

2.3 TTL 逻辑门电路

TTL 门电路是晶体管-晶体管逻辑(Transistor-Transistor Logic)门电路的简称,这种电路由于其输入级和输出级均采用双极结型三极管(BJT)而得名。

按照国际通用标准,根据工作温度不同,TTL 电路分为 54 系列($-55℃ \sim 125℃$)和 74 系列($0℃ \sim 70℃$);根据工作速度和功耗不同,TTL 电路又分为标准系列、高速(H)系列、肖特基(S)系列和低功耗肖特基(LS)系列。

国产 TTL 电路各系列的典型性能如表 2.1 所示。从表中可以看出,各系列之间的主要差别在于电路的平均传输时间和平均功耗两个参数不同,而其他电参数和引脚彼此兼容;LS 系列与标准系列相比较,不仅速度较高而且功耗也很低,现已成为整个 TTL 电路的发展方向。

表 2.1　　国产 TTL 电路各系列的典型性能表

系　列	主　要　参　数		
	平均传输延迟时间 t_{pd}/ns	平均功耗 P_D/mW	最高工作频率 f_{osc}/MHz
54/74	10	10	35
54/74H	6	22	50
54/74S	3	19	125
54/74/LS	5	2	45

上述 TTL 电路的各个系列中都包含了各类门电路、各类触发器等小规模集成电路,以及计数器、寄存器、译码器、运算器等中、大规模集成电路。其中,与非门电路是基础和核心。

2.3.1　TTL 与非门的工作原理

1. TTL 与非门的电路结构

TTL 与非门的基本电路如图 2.9(a)所示,它由输入级、中间级和输出级三部分组成。输入级电路由多输入端三极管 VT_1 组成,它的等效电路如图 2.9(b)所示,可以把它看作是发射极独立而基极和集电极分别并联在一起的三极管,输入级完成与逻辑功能。中间级由 VT_2 和 VT_3 组成,它是输出级的驱动电路,可将单端输入信号转变为互补的双端输出信号。输出级由 VT_4 和 VT_5 组成。

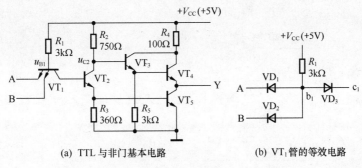

(a) TTL 与非门基本电路　　　　(b) VT$_1$ 管的等效电路

图 2.9　基本 TTL 与非门电路及 VT$_1$ 管的等效电路

2. TTL 与非门的工作原理

① 当 A、B 两端有一个输入为低电平 0.3V 时，VT$_1$ 的发射结导通，其基极电压等于输入低电平加上发射结正向压降，即

$$u_{B1} = 0.3 + 0.7 = 1.0V$$

此时 u_{B1} 作用于 VT$_1$ 的集电结和 VT$_2$、VT$_5$ 的发射结上，所以 VT$_2$、VT$_5$ 都截止。由于 VT$_2$ 截止，V_{CC} 通过 R_2 向 VT$_3$ 提供基极电流，使 VT$_3$ 和 VT$_4$ 导通，其电流流入负载。输出电压为

$$u_o \approx V_{CC} - u_{BE3} - u_{BE4} = 5 - 0.7 - 0.7 = 3.6V$$

实现了"输入有低，输出为高"的逻辑关系。

② 当 A、B 两端均输入高电平 3.6V 时，电源 V_{CC} 通过 R_1 和 VT$_1$ 集电结向 VT$_2$、VT$_5$ 提供基极电流，使 VT$_2$、VT$_5$ 饱和导通，输出为低电平，即

$$u_o \approx U_{CES} \approx 0.3V$$

此时，$u_{B1} = u_{BC1} + u_{BE2} + u_{BE5} = 0.7 + 0.7 + 0.7 = 2.1V$，显然，这时 VT$_1$ 的发射结处于反向偏置，而集电结处于正向偏置。所以，VT$_1$ 处于发射结和集电结倒置使用的放大状态。由于 VT$_2$、VT$_5$ 饱和，输出 $U_{CES} = 0.3V$，故可估算出 u_{C2} 的值为

$$u_{C2} = U_{CES2} + u_{B5} = 0.3 + 0.7 = 1.0V$$

由于 $u_{B3} = u_{C2} = 1.0V$，

所以，VT$_3$ 和 VT$_4$ 均截止，输出 $u_o = U_{CES5} = 0.3V$ 此时，电路实现了"输入全高，输出为低"的逻辑关系。

2.3.2　TTL 与非门的外特性及有关参数

要正确地选择和使用门电路，必须掌握它的外部特性及反映门电路性能的有关参数。

1. 电压传输特性及有关参数

电压传输特性是指门电路输出电压 u_o 随输入电压 u_i 变化的特性，通常用电压传输特性曲线来表示，如图 2.10 所示。

由图 2.10 可见，随着 u_i 从 0 逐渐增大，u_o 的变化过程可分为 4 个阶段。

（1）截止区（AB 段）

当 $0V \leqslant u_i < 0.6V$ 时，VT$_1$ 深饱和，VT$_2$、VT$_5$ 截止，VT$_3$、VT$_4$ 导通，电路输出高电平，$U_{OH} = 3.6V$。

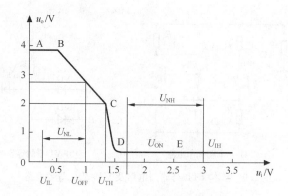

图 2.10 基本 TTL 与非门的电压传输特性曲线

（2）线性区（BC 段）

当 $0.6V \leqslant u_i < 1.3V$ 时，则有 $0.7V \leqslant u_{B2} < 1.4V$，$VT_2$ 开始导通且处于放大状态，而 VT_5 仍然截止，随着 u_i 上升，u_{C2} 相应下降。由于 VT_3、VT_4 处于发射极输出状态，因此 u_o 基本上随着 u_i 的增加而线性地减少。

（3）转折区（CD 段）

当 $1.3V \leqslant u_i < 1.4V$ 时，$u_{B2} > 1.4V$，VT_5 开始导通，VT_2 趋于饱和，u_{C2} 下降，VT_3、VT_4 趋于截止；VT_2、VT_5 迅速进入饱和状态，输出电压 u_o 下降非常快。

转折区所对应的输入电压（准确地说是转折区中点所对应的输入电压）可以认为是输出管 VT_5 截止与导通的分界线。我们把这个电压称为阈值电压，用 U_{TH} 表示。

（4）饱和区（DE 段）

$u_i > 1.4V$ 以后，即使 u_i 进一步增加，也只能加深 VT_5 的饱和程度，而 u_o 基本不变。这时，VT_1 为倒置工作状态，VT_2、VT_5 饱和，$u_o = U_{OL} = 0.3 V$。

2. 阈值电压、关门电平、开门电平和输入信号噪声容限

从图 2.10 所示的电压传输特性上，不仅可以知道 TTL 与非门输出高电平 U_{OH} 和低电平 U_{OL} 的值，而且还可以求出阈值电压、关门电平、开门电平和输入信号噪声容限。

（1）阈值电压 U_{TH}

在图 2.10 中，$U_{TH} = 1.4V$。这是一个很重要的参数，在近似分析估算中，当 $u_i \geqslant U_{TH}$ 时，就认为与非门饱和，输出低电平；当 $u_i < U_{TH}$ 时，就认为与非门截止，输出为高电平。

（2）关门电平和开门电平

在保证输出至少为额定高电平的 90% 时，允许输入的最大输入低电平值称为关门电平 U_{OFF}。在图 2.10 中，$U_{OFF} \approx 1.1V$。

在保证输出为低电平时，所允许输入的最小高电平值称为开门电平 U_{ON}。在图 2.10 中，$U_{ON} \approx 1.6V$。

（3）输入信号噪声容限

在保证输出高电平不低于额定值的 90% 的前提下，允许叠加在输入高电平的最大噪声电压称为低电平噪声容限 U_{NL}。由图 2.10 可知

$$U_{NL} = U_{OFF} - U_{IL}$$

当 $U_{OFF} = 1.1V$、$U_{IL} = 0.3V$ 时，$U_{NH} = 0.8V$。

在保证输出为低电平的前提下，所允许叠加在输入高电平上的最大噪声电压称为高电平噪声

容限 U_{NH}。由图 2.10 可知

$$U_{NH} = U_{IH} - U_{ON}$$

当 $U_{ON}=1.6V$、$U_{IH}=3V$ 时，$U_{NH}=1.4V$。

输入噪声容限示意图如图 2.11 所示。

3. 输入特性及有关参数

输入特性是门电路输入电流和输入电压之间的关系。它反映电路对前级信号源的影响并关系到如何正确地进行门电路之间以及门电路与其他电路之间的连接问题。

（1）输入伏安特性

基本 TTL 与非门的输入伏安特性如图 2.12 所示，输入电流以流入输入端为正。

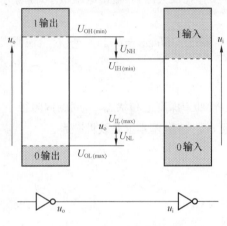

图 2.11　输入噪声容限示意图

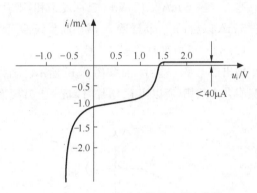

图 2.12　TTL 与非门的输入伏安特性

① 输入短路电流 I_{IS}。$u_i=0$ 时的输入电流称为输入短路电流。测试时，被测的输入端接地，其他输入端悬空。I_{IS} 的典型值为 1.5mA 左右，不得大于 2.2mA。

② 输入漏电流 I_{IH}。与非门一个输入端为高电平，其余输入端接地时，流入高电平输入端的电流称为输入漏电流。I_{IH} 的典型值为 $10\mu A$，不得超过 $70\mu A$。

（2）输入负载特性

输入负载特性指当输入端接上电阻 R_P 时，u_i 随 R_P 变化的关系。在具体使用门电路时，往往需要在输入端与地之间或者输入端与信号之间接入电阻，TTL 门电路输入端接电阻时的等效电路如图 2.13 所示。TTL 与非门的输入端负载特性如图 2.14 所示。

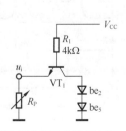

图 2.13　TTL 门电路输入端接电阻时的等效电路

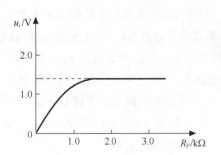

图 2.14　TTL 与非门输入端的负载特性

由图 2.14 可见,当 R_P 较小时,u_i 较小。输出为高电平的 90% 时,所允许的 R_P 的最大值叫做关门电阻,用 R_{OFF} 表示,约为 0.8kΩ。随着 R_P 的增加,u_i 上升,当 $u_i = 1.4V$ 时,输出转换为低电平,即使 R_P 继续增加,因为 U_{b1} 已被钳位在 2.1V,所以 u_i 保持 1.4V 不变。保持输出为低电平时 R_P 的最小值称为开门电阻 R_{ON},约为 2kΩ。由此可见,输入端外接电阻的大小,可以影响门电路的工作状态。

4. 输出特性及有关参数

所谓输出特性是指门电路输出电压与输入电流之间的关系。

(1) 输出高电平时的输出特性

与非门输出为高电平 U_{OH} 时,其输出特性如图 2.15 所示。

当 $i_L > -5\,mA$ 时,VT_3、VT_4 所组成的射极输出器工作在放大区,其输出电阻很小,随着 i_L 增大,u_{OH} 基本上恒定。

当 $i_L < -5\,mA$ 以后,VT_3 已深度饱和,则有 $u_{OH} \approx V_{CC} - (U_{CES3} + U_{BE4}) - i_L R_5$,说明当 $i_L < -5\,mA$ 以后,u_{OH} 将随着 i_L 减小而呈线性下降。

(2) 输出低电平时的输出特性

输出低电平时输出特性如图 2.16 所示。因为 VT_5 管处于深度饱和状态,ce 间的内阻很小,一般只有几十欧姆,所以当 i_L 增加时,u_{OL} 上升缓慢,而且 u_{OL} 与 i_L 基本上是线性关系。

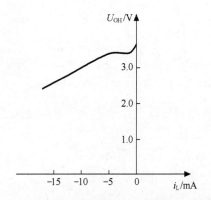

图 2.15 与非门输出高电平时的输出特性曲线

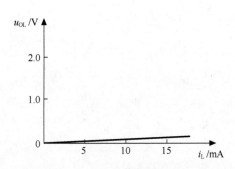

图 2.16 与非门输出低电平时的输出特性

5. 瞬时特性及有关参数

(1) 瞬时特性波形

瞬时特性是指若在门电路的输入端加一个理想的矩形波,实验和理论分析都证明,在输出端得到的脉冲不但要比输入脉冲滞后,而且波形的边沿也要变坏。这是因为在 TTL 电路中,二极管和三极管的状态转换都需要一定的时间,而且还有二极管和三极管以及电阻等元件的寄生电容存在。TTL 与非门的传输时间波形如图 2.17 所示。

(2) 平均传输延迟时间 t_{PD}

通常规定,把从输入电压正跳变开始到输出电压下降

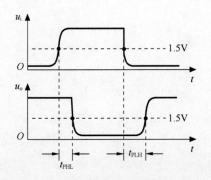

图 2.17 TTL 与非门的传输时间波形

为 1.5V 这一段时间称为导通传输时间 t_{PHL}；从输入电压负跳变开始到输出电压上升到 1.5V 这一段时间叫做截止传输时间 t_{PLH}。平均传输延迟时间 t_{PD} 为

$$t_{PD} = \frac{t_{PHL} + t_{PLH}}{2}$$

电路的 t_{PD} 越小，说明它的工作速度越快，TTL 与非门的 t_{PD} 大约在 30 ns 左右。

6. TTL 与非门的扇出系数和电源电流

（1）扇出系数 N_o。

N_o 表示同一型号的与非门作为负载时，一个与非门能够驱动同类与非门的最大数目。它表示门电路带负载的能力。一般希望 N_o 越大越好，典型的数值 $N_o \geqslant 8$。

（2）电源电流 I_{CC}

与非门的逻辑状态不同，电源所供给的电流也不同。I_{CCL} 是指门电路输出为低电平 U_{OL} 时电源所提供的电流。I_{CCH} 是指门电路输出为高电平 U_{OH} 时电源所提供的电流。

表 2.2 列出了 TTL 与非门主要指标的一组典型数据。这组数据所对应的电路如图 2.9 所示。

表 2.2   TTL 与非门的主要指标

参数名称	符 号	单 位	测 试 条 件	指 标
导通电源电流	I_{CCL}	mA	输入悬空，空载，$V_{CC}=5V$	$\leqslant 10$
截止电源电流	I_{CCH}	mA	$u_i=0$，空载，$V_{CC}=5V$	$\leqslant 5$
输出高电平	U_{OH}	V	$u_i=0.8V$，空载，$V_{CC}=5V$	$\geqslant 3.0$
输出低电平	U_{OL}	V	$u_i=1.8V$，$I_L=12.8mA$，$V_{CC}=5V$	$\leqslant 0.35$
输入短路电流	I_{IS}	mA	$u_i=0$，$V_{CC}=5V$	$\leqslant 2.2$
输入漏电流	I_{IH}	μA	$u_i=5V$，其他输入端接地，$V_{CC}=5V$	$\leqslant 70$
开门电平	U_{ON}	V	$U_{OL}=0.35V$，$I_L=12.8mA$，$V_{CC}=5V$	$\leqslant 1.8$
关门电平	U_{OFF}	V	$U_{OH}=2.7V$，空载，$V_{CC}=5V$	$\geqslant 0.8$
扇出系数	N_o		$u_i=1.8V$，$U_{OL}\leqslant 0.35V$，$V_{CC}=5V$	$\geqslant 8$
平均传输时间	t_{PD}	ns	信号频率 $f=2MHz$，$N_o=8$，$V_{CC}=5V$	$\leqslant 30$

由于 TTL 与非门的产品种类繁多，所以不同型号的产品，乃至同一型号而不同产地的产品，在主要指标上都有一定的差异，使用时应以生产单位的产品说明为准。

2.4   其他类型的 TTL 门电路

在工程实践中，往往需要将两个门的输出端并联以实现与逻辑的功能，我们把这种连接方式称为"线与"。如果将两个门电路的输出端连接在一起，如图 2.18 所示。当一个门的输出处于高电平，而另一个门的输出为低电平时，将会产生很大的电流，有可能导致器件损坏，无法形成有用的线与逻辑关系。这一问题可以采用集电极开路与非门（OC 门）来解决。

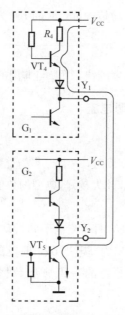

图 2.18 推拉式输出级并联的情况

2.4.1 集电极开路与非门(OC门)

集电极开路与非门是将推拉式输出级改为集电极开路的三极管结构,做成集电极开路输出的门电路(Open Collector Gate),简称为 OC 门,其电路如图 2.19(a)所示。

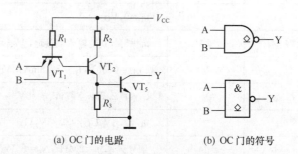

(a) OC 门的电路   (b) OC 门的符号

图 2.19 OC 与非门的电路和图形符号

将 OC 门输出连在一起时,再通过一个电阻接外电源,这样可以实现"线与"逻辑关系。只要电阻的阻值和外电源电压的数值选择得当,就能做到既保证输出的高、低电平符合要求,而且输出三极管的负载电流又不至于过大。两个 OC 门并联时的连接方式如图 2.20 所示。

下面讨论外接负载电阻 R_L 的选择问题。在图 2.21 中表示出"线与"电路中 OC 门输出高电平的情况,假定 n 个 OC 门连接成"线与"逻辑,带 m 个与非门负载。

当所有 OC 门都处于截止状态时,"线与"后输出为高电平。为了保证输出高电平不低于规定值, R_L 不能选得太大,其最大值为

$$R_{Lmax} = \frac{V'_{CC} - U_{OH}}{nI_{OH} + mI_{IH}}$$

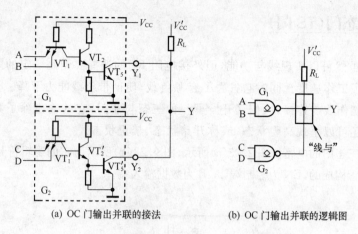

(a) OC 门输出并联的接法　　　　　(b) OC 门输出并联的逻辑图

图 2.20　OC 门输出并联的接法及逻辑图

式中，U_{OH} 为 OC 门输出高电平的额定值，I_{OH} 为 OC 门输出管截止时的漏电流；I_{IH} 为负载门每个输入端高电平时的输入漏电流，m 为负载门的输入端数。

当 OC 门中有一个门处于导通状态时，"线与"输出为低电平，所有负载门的电流全部流入唯一导通的门，图 2.22 中表示出"线与"电路中 OC 门输出低电平时的情况，这时输出低电平应低于规定值，R_L 不能选得太小，其最小值为

$$R_{Lmin} = \frac{V'_{CC} - U_{OL}}{I_{LM} - m'I_{IL}}$$

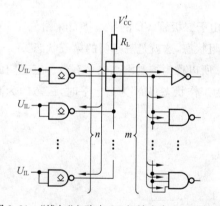

图 2.21　"线与"电路中 OC 门输出高电平的情况

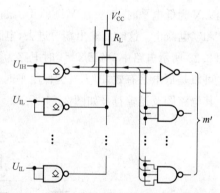

图 2.22　"线与"电路中 OC 门输出低电平的情况

式中，I_{LM} 为每一个 OC 门所允许的最大负载电流；I_{IL} 即 I_{IS} 为每一个负载门的输入短路电流；m' 为负载门的个数。

最后选定的 R_L 值，应当在 R_{Lmax} 和 R_{Lmin} 之间。

其他类型的 TTL 门电路同样可以做成集电极开路的形式，不管是哪种门电路，只要输出级三极管的集电极是开路的，就都允许接成"线与"形式，并按上述公式决定 R_L 的值。

OC 门除了可以实现多门的线与逻辑关系外，还可用于直接驱动较大电流的负载，如继电器、脉冲变压器、指示灯等，也可以用来改变 TTL 电路输出的逻辑电平，以便与逻辑电平不同的其他逻辑电路相连接。

2.4.2 三态门(TS门)

利用 OC 门虽然可以实现线与功能,但外接电阻 R_L 的选择要受到一定的限制而不能取得太小,因此影响了工作速度。同时它省去了有源负载,使得带负载能力下降。为保持推拉式输出级的优点,还能作线与连接,人们又开发了一种三态与非门,它的输出除了具有一般与非门的两种状态外,还可以呈现高阻状态,或称开路状态、禁止状态。

一个简单的三态门的电路如图 2.23(a)所示,图 2.23(b)所示为它的逻辑符号,它是由一个与非门和一个二极管构成的,EN 为控制端,A、B 为数据输入端。

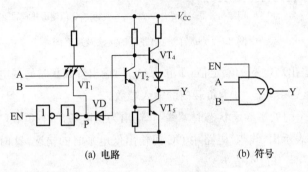

(a) 电路　　　　　　　　　(b) 符号

图 2.23　三态与非门电路

当 EN 为高电平时,二极管 VD 截止,三态门的输出状态完全取决于数据输入端,$Y = \overline{A \cdot B}$,这种状态称为三态门的工作状态。

当 EN 为低电平时,三极管 VT_2、VT_5 截止,同时,由于二极管 VD 的导通将 U_{B4} 钳位在 1V 左右,使 VT_4 也截止。这时从输出端看进去,电路处于高阻状态,这就是三态门的第三状态。

图 2.23 所示电路中,当 EN=1 时电路为工作状态,所以称为控制端高电平有效。三态门的控制端也可以是低电平有效,即 EN 为低电平时,三态门为工作状态;EN 为高电平时,三态门为高阻状态。其电路图及逻辑符号如图 2.24 所示。

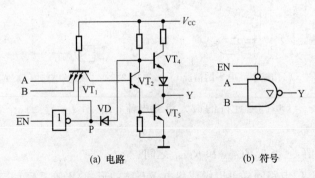

(a) 电路　　　　　　　　　(b) 符号

图 2.24　控制端为低电平有效的三态门

三态门的应用比较广泛,下面举例说明三态门的三种应用。电路图如图 2.25 所示。

(1) 作多路开关

在图 2.25(a)中,当 $\overline{E}=0$ 时,门 G_1 使能,G_2 禁止,$Y=A$;当 $\overline{E}=1$ 时,门 G_2 使能,G_1 禁止,$Y=B$。

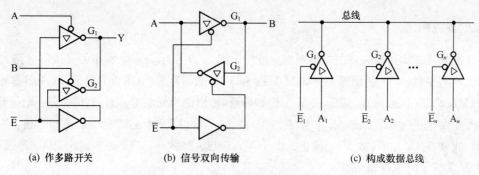

(a) 作多路开关　　　　(b) 信号双向传输　　　　(c) 构成数据总线

图 2.25　三态门三种应用的连接方式

（2）信号双向传输

在图 2.25(b)中，当 $\overline{E}=0$ 时，信号向右传送，$B=A$；当 $\overline{E}=1$ 时，信号向左传送，$A=B$。

（3）构成数据总线

在图 2.25(c)中，让各门的控制端轮流处于低电平，即任何时刻只让一个 TS 门处于工作状态，而其余 TS 门均处于高阻状态，这样总线就会轮流接受各 TS 门的输出。

2.4.3　TTL 与或非门和异或门

前面我们着重讨论了 TTL 电路中的与非门、OC 门、三态门。除此之外，TTL 电路还有或非门、与或非门、与门、或门、异或门、同或门等。下面再简单介绍一下与或非门和异或门。

1. 与或非门

与或非门的电路及其符号如图 2.26 所示。

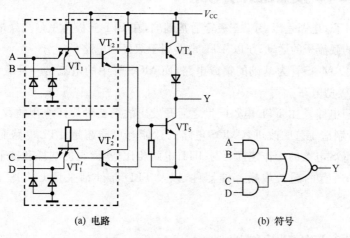

(a) 电路　　　　　　　(b) 符号

图 2.26　TTL 与或非门电路

A 和 B 都为高电平(VT_2 导通)，或 C 和 D 都为高电平（VT_2' 导通）时，VT_5 饱和导通、VT_4 截止，输出 $Y=0$。

A 和 B 不全为高电平，并且 C 和 D 也不全为高电平（VT_2 和 VT_2' 同时截止）时，VT_5 截止、

VT$_4$ 饱和导通,输出 $Y=1$。实现了与或非的逻辑关系,即 $Y = \overline{AB + CD}$。

2. 异或门

实现异或逻辑运算关系的电路叫做异或门。图 2.27 所示为一个实用的异或门电路。当 A、B 都输入高电平时,VT$_1$ 为倒置工作状态,VT$_6$ 和 VT$_9$ 饱和导通,输出为低电平;当 A、B 都输入低电平时,VT$_4$、VT$_5$ 同时截止,VT$_7$ 和 VT$_9$ 饱和导通,输出仍为低电平。当 A、B 中有一个是低电平而另一个是高电平时,VT$_1$ 正向饱和导通,VT$_6$ 截止;VT$_4$、VT$_5$ 中必然有一个饱和导通,使 VT$_7$ 基级电位钳制在 1V 左右,故 VT$_7$ 截止。由于 VT$_6$、VT$_7$ 都截止,VT$_9$ 必然截止,VT$_8$ 导通,输出为高电平,实现了异或逻辑关系。

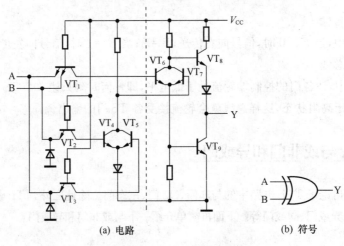

(a) 电路　　　　　　　　　　　(b) 符号

图 2.27　TTL 异或门电路

2.5　CMOS 反相器门电路

前面讨论的 TTL 电路是以 BJT 三极管为基础的,在 BJT 三极管里参与导电的载流子是电子和空穴两种极性的载流子的运动,所以 TTL 电路属于双极型电路。

MOS 电路是以 MOS 管为基础的集成电路,而 MOS 管中的电流是一种载流子的运动,所以 MOS 电路属于单极型电路。

CMOS 逻辑门电路是在 TTL 电路问世之后开发出的第二种广泛应用的数字集成器件,从发展趋势来看,由于制造工艺的改进,CMOS 电路的性能有可能超越 TTL 电路而成为占主导地位的逻辑器件。CMOS 电路的工作速度可与 TTL 电路相比较,而它的功耗和抗干扰能力则远优于 TTL。此外,几乎所有的超大规模存储器件,以及 PLD 器件都采用 CMOS 工艺制造,且费用较低。

2.5.1　MOS 管的开关特性

MOS 管有 P 沟道与 N 沟道之分,按其工作特性又可分为增强型和耗尽型两类。CMOS 电路中只使用增强型 MOS 管,下面先来讨论这类 MOS 管及其工作在开关状态时的情况。

N 沟道增强型 MOS 管和 P 沟道增强型 MOS 管的符号如图 2.28 所示。符号中表示出管子的

3 个电极:源极 S、漏极 D 和栅极 G。箭头方向说明了管子的沟道类型。N 沟道箭头向里,P 沟道箭头向外。

图 2.29(a)表示一个 N 沟道增强型 MOS 管基本开关电路。

当 $u_i < U_T$(开启电压)时,漏极和源极之间没有形成导电沟道,MOS 管截止,漏极和源极之间的沟道电阻约为 $10^{10} \Omega$,相当于开关断开,如图 2.29(b)所示。当 $u_i > U_T$ 时,漏极和源极之间开始导通。一般 N 沟道增强型 MOS 管的 U_T 约为 1.5~2V,当 u_i 比 U_T 大得多时,MOS 管完全导通,相当于开关闭合,如图 2.29(c)所示。这时漏极和源极之间的沟道电阻最小,约为 $1k\Omega$。

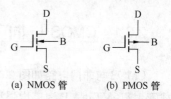

(a) NMOS 管   (b) PMOS 管

图 2.28 增强型 MOS 管符号

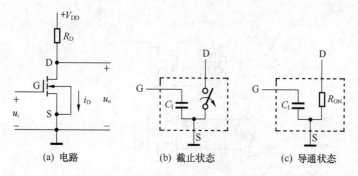

(a) 电路   (b) 截止状态   (c) 导通状态

图 2.29 MOS 管的基本开关电路及其开关等效电路

由此可见,我们可以把 MOS 管的漏极 D 和源极 S 当作一个受栅极电压控制的开关使用,即当 $u_i > U_T$ 时,相当于开关闭合;当 $u_i < U_T$ 时,相当于开关断开。增强型 PMOS 管的开关分析过程与 NMOS 管相类似。不过必须注意,此时 u_i 和 u_o 均为负值,当 $|u_i| > |U_T|$ 时,P 沟道形成,管子导通;当 $|u_i| < |U_T|$ 时,P 沟道消失,管子截止。

2.5.2 CMOS 反相器

CMOS 反相器逻辑电路如图 2.30 所示。其中驱动管 VT_2 为 N 沟道增强型,而负载管 VT_1 为 P 沟道增强型。VT_1 和 VT_2 的栅极接在一起作为反相器的输入端,漏极连在一起作为输出端,工作时 VT_1 的源极接电源的正端,VT_2 的源极接地。一般取 $V_{DD} > |U_{T1}| + U_{T2}$($U_{T1}$、$U_{T2}$ 分别为 VT_1 和 VT_2 的开启电压)。

当输入信号 u_i 为高电平 V_{DD} 时,对 VT_1 管而言,栅极和源极之间的电压 $U_{GS} = 0$ V,所以 VT_1 截止,源极与漏极之间呈高阻状态;对 VT_2 管而言,$U_{GS2} = +V_{DD}$,VT_2 导通,漏极和源极之间呈低阻状态,所以输出为低电平,即 $u_o \approx 0$V。当输入信号为低电平,即 $u_i = 0$V 时,$U_{GS1} = -V_{DD}$,P 沟道 MOS 管 VT_1 导通,VT_2 的 $U_{GS2} = 0$ V,VT_2 截止,所以输出为高电平,即 $u_o \approx V_{DD}$。上述反相器所实现的逻辑关系为逻辑非,即 $Y = \overline{A}$。

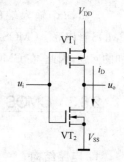

图 2.30 CMOS 反相器

可见,在 CMOS 反相器中,无论电路处于哪一种工作状态,总有一个管子导通,另一个管子截止,因此静态电流近似为零,电路的功耗很小。

2.6 其他 CMOS 门电路

2.6.1 CMOS 与非门

CMOS 与非门电路如图 2.31 所示。两个驱动管 VT_2、VT_4 是 N 沟道增强型 MOS 管,两个负载管 VT_1、VT_3 是 P 沟道增强型 MOS 管。驱动管串联,负载管并联。当输入端 A、B 中有一个为低电平时,该输入端对应的 PMOS 管导通,NMOS 管截止,输出为高电平;只有当输入端 A、B 都是高电平时,两个 NMOS 管都导通,两个 PMOS 管都截止,输出为低电平。电路具有与非的逻辑功能,即 $Y = \overline{A \cdot B}$。

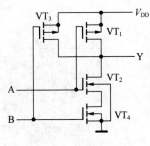

图 2.31　CMOS 与非门

2.6.2 CMOS 或非门

由 CMOS 反相器增加一个串联的 PMOS 负载管和一个并联的 NMOS 驱动管就构成了 CMOS 或非门。其电路如图 2.32 所示。当输入端 A、B 只要有一个为高电平时,该输入端所对应的 NMOS 管导通,PMOS 管截止,输出为低电平;只有当 A、B 全为低电平时,两个并联的 NMOS 管都截止,两个串联的 PMOS 管都导通,输出为高电平。因此,该电路具有或非逻辑功能。

显然,n 个输入端的或非门必须有 n 个 NMOS 管并联和 n 个 PMOS 管串联。CMOS 或非门不存在输出低电平随输入端数目而增加的问题,因此,在 CMOS 电路中或非门结构用得最多。

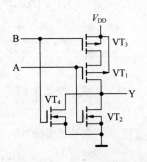

图 2.32　CMOS 或非门

2.6.3 CMOS 传输门(TG 门)

1. 电路结构

CMOS 传输门也是 CMOS 电路的基本单元,是一种传输信号的可控开关,它由一个 P 沟道和一个 N 沟道增强型 MOS 管并联而成。图 2.33 所示为 CMOS 传输门的电路和符号。VT_1 为 NMOS 管,VT_2 为 PMOS 管,它们的源极接在一起作为传输门的输入端,漏极接到一起作为传输门的输出端。PMOS 管的衬底接正电源 V_{DD}，NMOS 管的衬底接地。两个栅极分别接极性相反、幅度相等的一对控制信号 C 和 $\overline{C}$。

2. 工作原理

设 VT_1、VT_2 开启电压 $|V_T| = 3$ V，控制信号的高、低电平分别为 10V 和 0V，$+V_{DD} = 10$ V。

（1）导通状态

当 VT_1 栅极（C 端）加高电平，VT_2 栅极（$\overline{C}$ 端）加低电平时，传输门为导通状态，可以使输入信号通过。

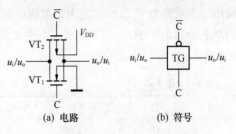

图 2.33　CMOS 传输门

若 $u_i/u_o = 10V$、$U_{GS1} = 0$ V，则 VT_1 截止，而 $U_{GS2} = -10$ V，$U_{GS2} > |V_T|$，VT_2 导通，$u_o/u_i = u_i/u_o - 10V$。若 $u_i/u_o = 0V$、$U_{GS1} = 10$ V，VT_1 导通，$U_{GS2} = 0$ V，VT_2 截止，则 $u_o/u_i = u_i/u_o = 0V$。而且 u_i/u_o 在 0~7V 范围内变化时，VT_1 导通，$u_o/u_i = u_i/u_o$；u_i/u_o 在 3~10V 范围内变化时，VT_2 导通，$u_o/u_i = u_i/u_o$。

因此，只要 $C = 1$，$\overline{C} = 0$，u_i/u_o 在 0~V_{DD} 之间变化时，传输门中至少有一个管子导通，导通时电阻为几百欧姆，相当于开关闭合，输入信号由输入端传送到输出端。

CMOS 传输门可以传输数字信号，也可以传输模拟信号。

（2）截止状态

当 C 端加低电平，$\overline{C}$ 端加高电平时，u_i/u_o 在 0~V_{DD} 之间变化，VT_1 和 VT_2 都截止，相当于开关断开，输入信号无法传送到输出端。

由于 MOS 管结构对称，漏极、源极可以互换，因此 CMOS 传输门具有双向性，也称双向开关。

传输门和逻辑门组合在一起可以构成各种复杂的 CMOS 逻辑电路，例如触发器、计数器、移位寄存器、存储器等。

3. CMOS 与 TTL 电路性能比较

两类电路在功耗和速度上有很大差别。CMOS 电路所消耗的功率约为相应的 TTL 电路的十万分之一，而 TTL 电路的速度比 CMOS 电路快 5 倍。在高速信号处理和许多接口应用中，TTL 电路仍占有重要地位，而 CMOS 电路则能够很好地与微处理器相连。

CMOS 电路需要的输入电流几乎可以忽略，因为输入信号所驱动的是绝缘栅极；而一个典型的 TTL 门电路，在输入信号为 0 态时，需要 1.6mA 左右的输入电流。另一方面，CMOS 电路不能给出太大的输出电流；而一个 TTL 电路的输出端却可以吸收 16mA 的电流。

CMOS 电路所用的电源电压范围很大，3~18V 均可工作，与经常工作在 12~15V 的模拟电路相接十分方便。如果将电源电压加倍，例如由 5V 变为 10V，CMOS 门电路的工作速度会提高，传输时间仅为 TTL 电路的两倍左右。

2.7　正负逻辑问题

1. 正负逻辑的规定

在逻辑电路中，输入和输出一般都用电平来表示。若用 H 和 L 分别表示高、低电平，则门电路的功能可用表 2.3 所示的电平表来描述。但是,这个门体现了什么逻辑关系尚不清楚,因为还未确切说明电平与逻辑状态之间的隶属关系,这种关系可由人们任意地加以规定。用 1 表示高电平 H,而用 0 表示低电平 L,则称之为正逻辑体制,于是得到正与非门的真值表如表 2.4 所示;与此相反,用 0 表示高电平 H,而用 1 表示低电平 L,则称之为负逻辑体制,可以得到负或非门的真值表如表 2.5 所示。

表 2.3　电平表

A	B	Y
L	L	H
L	H	H
H	L	H
H	H	L

表 2.4　正与非逻辑真值表

A	B	Y
0	0	1
0	1	1
1	0	1
1	1	0

表 2.5　负或非逻辑真值表

A	B	Y
0	0	1
0	1	1
1	0	1
1	1	0

对于同一电路,可以采用正逻辑,也可以采用负逻辑。正逻辑和负逻辑两种体制不牵涉到逻辑电路本身的结构问题,但根据所选正负逻辑的不同,即使同一电路也具有不同的逻辑功能。本书如无特殊说明,一律采用正逻辑体制。

2. 正负逻辑的等效变换

一般用正逻辑函数来描述电路,在过渡到负逻辑时,只需按下列方式互换各种运算:

$$与非 \Leftrightarrow 或非$$
$$与 \Leftrightarrow 或$$
$$非 \Leftrightarrow 非$$

2.8　门电路在实际应用中应注意的问题

这一节介绍门电路在使用中应注意的问题,包括门电路多余输入端的处理、门电路外接负载以及不同门电路之间的接口电路。

2.8.1　多余输入端的处理

在使用集成门电路时,如果输入信号数小于门的输入端数,就有多余输入端。一般不让多余的输入端悬空,以防止干扰信号引入。对多余输入端的处理,以不改变电路工作状态及稳定可靠为原则。

对于 TTL 与非门,通常将多余输入端通过 $1k\Omega$ 的电阻 R 与电源 $+V_{CC}$ 相连;也可以将多余输入端与另一接有输入信号的输入端连接。这两种方法如图 2.34 所示。TTL 与门多余输入端的处理方法和与非门完全相同。

对于 TTL 或非门,则应该把多余输入端接地,或把多余输入端与另一个接有输入信号的输入端相接。这两种方法如图 2.35 所示。TTL 或门多余输入端的处理方法和或非门完全相同。

对于 CMOS 电路,多余的输入端必须依据相应电路的逻辑功能决定是接在正电源 V_{DD} 上(与门、与非门)或是与地相接(或门、或非门)。一般不宜与使用的输入端并联使用,因为输入端并联时将使前级的负载电容增加,工作速度下降,动态功耗增加。

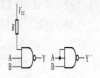

图 2.34 TTL 与非门多余输入端的处理方法

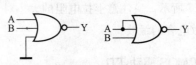

图 2.35 TTL 或非门多余输入端的处理方法

2.8.2 TTL 和 CMOS 电路外接负载问题

在许多实际应用场合,往往需要用 TTL 或 CMOS 电路去驱动指示灯、发光二极管 LED 及其他显示器等负载。图 2.36 表示出几个实例。

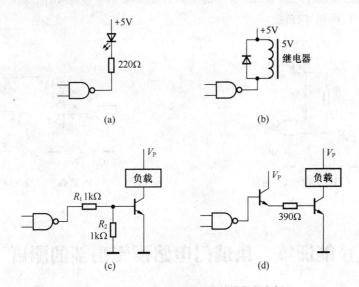

图 2.36 TTL 或 CMOS 电路外接负载实例

图 2.36(a)表示 TTL 电路驱动 LED 的标准接法。由于 TTL 具有较大的灌电流负载能力,LED 直接接+5V 电源。图 2.36(b)表示 TTL 直接驱动 5V 低电压继电器,二极管 VD 起保护作用,用以防止产生过电压。图 3.36(c)表示在 TTL 或 CMOS 电路的输出端,接一个 NPN 三极管以加强灌电流负载能力。如果需要更大的负载电流,则可采用图 2.36(d)的电路。

2.8.3 TTL 与 CMOS 电路的接口技术

1. 由 TTL 驱动 CMOS

如果 CMOS 电路的电源也为+5V,那么 TTL 与 CMOS 之间的电平配合很容易解决。由于 TTL 电路输出高电平的最小值为 2.4V,而电源电压 5V 时 CMOS 电路的输入高电平应大于 3.5V,因此,只要在 TTL 电路的输出端与电源之间接入一个电阻 R(例如 3.3kΩ),TTL 输出级的负载处于截止状态,这样流过 R 中的电流极小,因此可以把 TTL 输出的高电平提升到 CMOS 输入高电平的容限之内,解决它们之间的接口问题。

如果 CMOS 电路的电源较高,TTL 的输出仍可接一个上拉电阻,但 TTL 电路应使用 OC 门,如图 2.37 所示。应注意上拉电阻的大小对工作速度有一定影响,这是由于门电路的输入和输出均存在杂散电容的缘故。

2. CMOS 驱动 TTL

CMOS 驱动 TTL 电路时,逻辑电平相容,若 CMOS 电路由+5V 电源供电,它能直接驱动一个 TTL(74L 系列)门负载。当负载门数目增多时,应采用专用接口器件,例如 CC4050(六缓冲器)能直接驱动两个 TTL(74L 系列)门负载。漏极开路(OD)缓冲器,如 CC40107,能驱动 10 个 TTL(74L 系列)门负载。

当 CMOS 电路的电源电压较高时,可采用如图 2.38 所示的方法。图中 CC4050 作为专用接口器件,它的输入端允许超过电源电压。将它的 V_{DD}引脚接到+5V,其输出电压在 0~+5V 之间,能驱动两个 TTL(74L 系列)门负载。

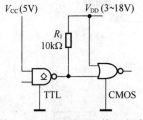

图 2.37　TTL-CMOS 接口电路

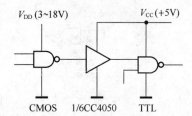

图 2.38　CMOS 驱动 TTL 采用专用接口器件

技能训练　集成门电路逻辑功能的测试

1. 技能训练目的

① 熟悉数字电路实验台的结构、基本功能和使用方法。

② 掌握常用与门、与非门、或门的逻辑功能、测试方法及使用方法。

2. 技能训练器材

① 直流稳压电源、数字电路实验台

② 元器件:74LS00 74LS08 74LS32 各一块

③ 导线若干

3. 有关说明

① 数字电路实验台提供 5V 的直流电源供用户使用。

② 连接导线时,最好先测量导线的好坏,为了便于区别,最好用不同颜色的导线区分电源和地线,一般用红色导线接电源,用黑色导线接地。

③ 实验台"16 位逻辑电平输出"模块由 16 个开关组成,开关往上拨时,对应的输出插孔输出高电平"1";开关往下拨时,输出低电平"0"。

④ 实验台"16 位逻辑电平输入"模块提供 16 位逻辑电平 LED 显示器,可用于测试门电路逻辑电平的高低,LED 亮表示"1",灭表示"0"。

4. 技能训练内容和步骤

① 查询集成门电路相关资料,了解 74LS00(与非)、74LS08(与门)、74LS32(或门)的管脚排列和每个门的功能。

② 测试 74LS00、74LS08、74LS32 的逻辑功能

将集成门电路正确插入实验台的面板上,注意识别 1 脚位置,查管脚图,分清集成门电路的输入和输出端以及接地、电源端。按表 2.6 要求输入高、低电平信号,测出相应的输出逻辑电平。

表 2.6　　　　　　　　　　　逻辑功能测试表

芯片名称	输　　入		输　　出
	A	B	Y
74LS00	0	0	
	0	1	
	1	0	
	1	1	
74LS08	0	0	
	0	1	
	1	0	
	1	1	
74LS32	0	0	
	0	1	
	1	0	
	1	1	

5. 技能训练报告要求

① 整理实验结果,填入相应表格中,并写出逻辑表达式。

② 总结实验心得体会。

实用资料速查:集成门电路相关资料

1. 四 2 输入与门

54/7408、54/74S08、54/74LS08

4081、14081

$Y = A \cdot B$

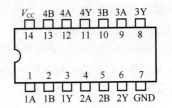

2. 六2输入与门

54/74AS808、54/74ALS808、

54/74HC808

$$Y = A \cdot B$$

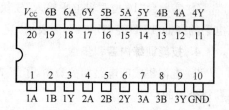

3. 三3输入与门

54/7411、54/74S11、54/74LS11、

54/74HC11

$$Y = A \cdot B \cdot C$$

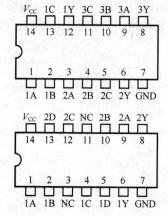

4. 双4输入与门

54/7421、54/74H21、54/74LS21、

54/74HC21

$$Y = A \cdot B \cdot C \cdot D$$

5. 四2输入或门

54/7432、54/74S32、54/74LS32、

54/74ALS32、54/74F32、

54/74HC(T)32

$$Y = A + B$$

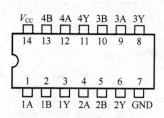

6. 三3输入或门

54/74HCT4075、4075、14075

$$Y = A + B + C$$

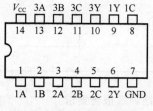

7. 双4输入或门

4072、14072

$$Y = A + B + C + D$$

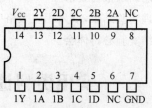

8. 8输入或/或非门

54/74HC4078、4078、14078

$$Y = A + B + C + D + E + F + G + H$$
$$\overline{Y} = \overline{A + B + C + D + E + F + G + H}$$

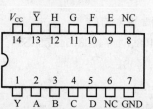

9. 六非门

54/7404、54/74S04、54/74LS04、

54/74ALS04、54/74F04、

54/74HC(T)04、4069、14069

$Y = \overline{A}$

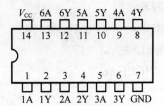

10. 四 2 输入与非门

54/7400、54/74H00、54/74S00、

54/74LS00、54/74ALS00、54/74F00、

54/74HC(T)00、4011、14011

$Y = \overline{A \cdot B}$

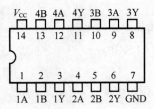

11. 六 2 输入与非门驱动器

54/74AS804、54/74ALS804、

54/74HC804

$Y = \overline{A \cdot B}$

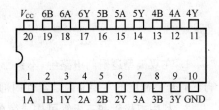

12. 三 3 输入与非门

54/7410、54/74S10、54/74LS10、

54/74HC10、4023、14023

$Y = \overline{A \cdot B \cdot C}$

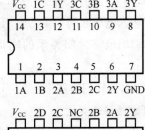

13. 双 4 输入与非门

54/7420、54/74H20、54/74LS20、

54/74HC(T)20、4012、14012

$Y = \overline{A \cdot B \cdot C \cdot D}$

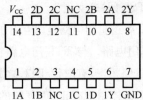

14. 四 2 输入或非门

54/7402、54/74S02、54/74LS02、

54/74ALS02、54/74F02、

54/74HC(T)02、4001、1400

$Y = \overline{A + B}$

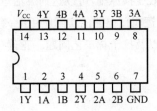

15. 双 4-4 输入与或非门

54/74L55、54/74LS55

$Y = \overline{A \cdot B \cdot C \cdot D + E \cdot F \cdot G \cdot H}$

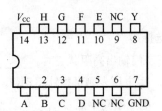

16. 四异或门

54/7486、54/74S86、54/74LS86、

54/74ALS86、54/74F86

54/74HC(T)86

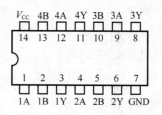

$$Y = A \oplus B = \overline{A} \cdot B + A \cdot \overline{B}$$

17. 四异或非门

54/74ALS810

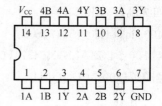

$$Y = \overline{A \oplus B} = A \cdot B + \overline{A} \cdot \overline{B}$$

本章小结

1. 在双极型逻辑门电路中,不论哪一种逻辑门电路,其中的关键器件是二极管和三极管。影响它们开关速度的主要原因是器件内部的电荷存储和消散的时间。

2. 利用二极管和三极管可构成简单的逻辑与、或、非门电路。

3. TTL 与非门的外特性是 TTL 与非门在外部所表现出来的电压和电流关系。其中有表示输出电压和输入电压之间关系的电压传输特性,表示输入电压和输入电流之间的输入特性和表示输出电压和输出电流之间关系的输出特性。只有掌握了这几个特性,才能正确地使用 TTL 与非门。

4. 在 TTL 逻辑门电路中,为了实现"线与"的逻辑功能,可以采用集电极开路与非门(OC 门)或三态门(TSL 门)来实现。

5. CMOS 逻辑门电路是由互补的增强型 N 沟道和 P 沟道 MOS 管构成,是目前应用较广泛的另一种逻辑门电路。与 TTL 门电路相比,它的优点是功耗低,扇出系数大,噪声容限也大,开关速度比 TTL 电路稍慢,有取代 TTL 之趋势。

6. 在逻辑体制中有正、负逻辑的规定,本书主要采用正逻辑。同样一个逻辑门电路,利用正、负逻辑等效变换原则,可以达到灵活运用的目的。

7. 在逻辑门电路的实际应用中,有可能遇到不同类型门电路之间,门电路与负载之间的接口技术问题以及抗干扰工艺问题。正确分析与解决这些问题,是数字电路设计工作者应当掌握的基本功。

自我检测题

一、选择题

1. 三态门输出高阻状态时,_____是正确的说法。

    A. 用电压表测量指针不动　　B. 相当于悬空

    C. 电压不高不低　　D. 测量电阻指针不动

2. 以下电路中可以实现"线与"功能的有_____。
    A. 与非门　　　　　　　　　B. 三态输出门
    C. 集电极开路门　　　　　　D. 漏极开路门

3. 以下电路中常用于总线应用的有_____。
    A. TSL 门　　　　B. OC 门　　　　C. 漏极开路门　　　　D. CMOS 与非门

4. 逻辑表达式 $Y=AB$ 可以用_____实现。
    A. 正或门　　　　B. 正非门　　　　C. 正与门　　　　D. 负或门

5. TTL 电路在正逻辑系统中,以下各种输入中_____相当于输入逻辑"1"。
    A. 悬空　　　　　　　　　B. 通过电阻 2.7kΩ 接电源
    C. 通过电阻 2.7kΩ 接地　　D. 通过电阻 510Ω 接地

6. 对于 TTL 与非门闲置输入端的处理,可以_____。
    A. 接电源　　　　　　　　B. 通过电阻 3kΩ 接电源
    C. 接地　　　　　　　　　D. 与有用输入端并联

7. 要使 TTL 与非门工作在转折区,可使输入端对地外接电阻 R_1 _____。
    A. $>R_{ON}$　　　B. $<R_{OFF}$　　　C. $R_{OFF}<R_1<R_{ON}$　　D. $>R_{OFF}$

8. CMOS 数字集成电路与 TTL 数字集成电路相比突出的优点是_____。
    A. 微功耗　　　　B. 高速度　　　　C. 高抗干扰能力　　　D. 电源范围宽

二、判断题(正确的打√,错误的打×)

1. TTL 与非门的多余输入端可以接固定高电平。　　　　　　　　　　(　　)
2. 当 TTL 与非门的输入端悬空时相当于输入为逻辑1。　　　　　　　(　　)
3. 普通的逻辑门电路的输出端不可以并联在一起,否则可能会损坏器件。(　　)
4. 两输入端四与非门器件 74LS00 与 7400 的逻辑功能完全相同。　　(　　)
5. CMOS 或非门与 TTL 或非门的逻辑功能完全相同。　　　　　　　(　　)
6. 三态门的三种状态分别为高电平、低电平、不高不低的电压。　　　(　　)
7. TTL 集电极开路门输出为 1 时由外接电源和电阻提供输出电流。　(　　)
8. 一般 TTL 门电路的输出端可以直接相连,实现线与。　　　　　　(　　)
9. CMOS OD 门(漏极开路门)的输出端可以直接相连,实现线与。　(　　)
10. TTL OC 门(集电极开路门)的输出端可以直接相连,实现线与。　(　　)

三、填空题

1. 集电极开路门的英文缩写为_____门,工作时必须外加_____和_____。
2. OC 门称为_____门,多个 OC 门输出端并联到一起可实现_____功能。
3. TTL 与非门电压传输特性曲线分为_____区、_____区、_____区、_____区。
4. 国产 TTL 电路_____相当于国际 SN54/74LS 系列,其中 LS 表示_____。

习　　题

1. 什么是晶体二极管的静态特性和动态特性?
2. 晶体二极管作开关时,同理想开关相比有哪些主要不同?
3. 描述晶体三极管开关特性有哪些时间参数? 它们是怎样形成的?

4. TTL 逻辑器件的输入端悬空时,可看作输入何种电平? CMOS 器件呢?

5. 灌电流负载能力和拉电流负载能力与哪些电路参数有关? 这些参数对反相器工作速度有何影响?

6. 为什么 TTL 与非门电路的输入端悬空时,可看作高电平输入? 不用的输入端应如何处理?

7. 普通输出的 TTL 逻辑器件(或 CMOS 器件),它们的输出端能否直接相连? 为什么?

8. 试作出用 OC 门驱动发光二极管(LED)的电路图。

9. 对于硅 NPN 三极管,你能否从结的偏置、电流关系、电位高低 3 个方面来描述放大、饱和与截止 3 种状态?

10. 图 2.39 表示二极管与门带同类与门负载的情况,若门的级数越多,则每级门的输出电压 u_o 变化趋势如何?

11. 设用一个 74LS00 驱动两个 7404 反相器和 4 个 74LS00。

(1) 问驱动门是否超载?

(2) 若超载,试提出一改进方案;若未超载,问还可增加几个 74LS00?

12. 求图 2.40 所示电路的输出表达式。

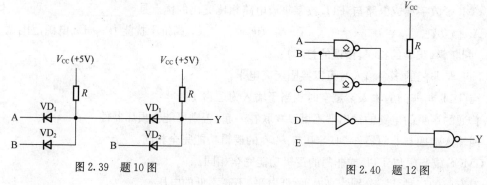

图 2.39 题 10 图   图 2.40 题 12 图

13. 分别求图 2.41(a)、(b)所示电路的输出表达式。

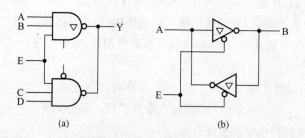

(a)   (b)

图 2.41 题 13 图

第3章

组合逻辑电路

数字系统中常用的各种数字器件,就其结构和工作原理而言可分为两大类,即组合逻辑电路和时序逻辑电路。本章将介绍组合逻辑电路的分析方法和设计方法,加法器、编码器、译码器等中规模集成电路的逻辑功能和使用方法。

3.1 组合逻辑电路的分析方法和设计方法

3.1.1 组合逻辑电路的基本概念

1. 组合逻辑电路的定义

组合逻辑电路(Combinational Logic Circuit)是指在任一时刻,电路的输出状态仅取决于该时刻各输入状态的组合,而与电路的原状态无关的逻辑电路。其特点是输出状态与输入状态呈即时性,电路无记忆功能。

2. 组合逻辑电路的描述方法

组合逻辑电路模型如图 3.1 所示。组合逻辑电路可以有若干个输入变量和若干个输出变量,每个输出变量是输入变量的逻辑函数,每个时刻输出变量的状态仅与当时的输入变量状态有关,而与本输出的原来状态及输入的原状态无关,也就是输入状态的变化立即反映在输出状态的变化上。电路无记忆功能。

其输出函数的逻辑表达式为

$$\begin{cases} Y_0 = f_0(I_0, I_1, \cdots, I_{n-1}) \\ Y_1 = f_1(I_0, I_1, \cdots, I_{n-1}) \\ \cdots \\ Y_{m-1} = f_0(I_0, I_1, \cdots, I_{n-1}) \end{cases} \tag{3-1}$$

式中,I_0,I_1,$\cdots$,I_{n-1} 为输入逻辑变量。

图 3.1　组合逻辑电路的一般框图

3.1.2　组合逻辑电路的分析方法

组合逻辑电路的分析一般是根据已知逻辑电路图求出其逻辑功能的过程,实际上就是根据逻辑图写出其逻辑表达式、真值表,并归纳出其逻辑功能。

1. 组合逻辑电路的分析步骤

(1) 写出逻辑函数表达式

根据给定的逻辑电路图写出每一级输出端对应的逻辑关系表达式,并逐级向下写,直至写出最终输出端的表达式。

(2) 化简逻辑函数式

如果步骤(1)所得逻辑函数表达式不是最简表达式,可采用公式法或卡诺图法将其化简成最简表达式。

(3) 列真值表

列出输入状态与输出状态的真值表。

(4) 说明功能

根据真值表或表达式分析出逻辑电路的功能。如有必要,可用文字将逻辑表达式所表示的逻辑功能叙述出来。

2. 组合逻辑电路分析举例

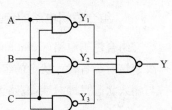

【例 3.1】　分析图 3.2 所示电路的逻辑功能。

解:写出逻辑表达式

$$Y_1 = \overline{AB} \qquad Y_2 = \overline{BC} \qquad Y_3 = \overline{CA}$$

$$Y = \overline{Y_1 Y_2 Y_3} = \overline{\overline{AB}\ \overline{BC}\ \overline{AC}}$$

图 3.2　例 3.1 逻辑图

利用反演律将上式进行逻辑化简,可得最简与或表达式为

$$Y = AB + BC + CA$$

列出逻辑函数的真值表如表 3.1 所示。

表 3.1　　　　　　　　　　　　　　　　　　　例 3.1 真值表

A	B	C	Y
0	0	0	0
0	0	1	0
0	1	0	0

续表

A	B	C	Y
0	1	1	1
1	0	0	0
1	0	1	1
1	1	0	1
1	1	1	1

说明电路的逻辑功能

当输入 A、B、C 中有 2 个或 3 个为 1 时,输出 Y 为 1,否则输出 Y 为 0。所以这个电路实际上是一种 3 人表决用的组合电路,只要有 2 票或 3 票同意,表决就通过。

【例 3.2】 分析图 3.3 所示电路的逻辑功能。

解: 写出逻辑表达式为

$$Y_1 = \overline{A+B+C} \qquad Y_2 = \overline{A+\overline{B}} \qquad Y_3 = \overline{Y_1+Y_2+\overline{B}}$$

$$Y = \overline{Y_3} = Y_1 + Y_2 + \overline{B} = \overline{A+B+C} + \overline{A+\overline{B}} + \overline{B}$$

化简可得最简与或表达式

$$Y = \overline{A}\,\overline{B}\,\overline{C} + \overline{A}B + \overline{B} = \overline{A}B + \overline{B} = \overline{A} + \overline{B}$$

最后列出真值表见表 3.2 所示。

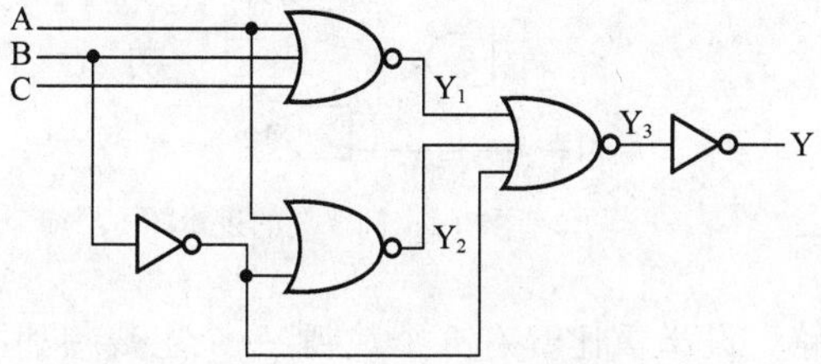

表 3.2　　　　例 3.2 真值表

A	B	C	Y
0	0	0	1
0	0	1	1
0	1	0	1
0	1	1	1
1	0	0	1
1	0	1	1
1	1	0	0
1	1	1	0

图 3.3　例 3.2 的逻辑图

电路的逻辑功能为,电路的输出 Y 只与输入 A、B 有关,而与输入 C 无关。Y 和 A、B 的逻辑关系为:A、B 中只要一个为 0,$Y=1$;A、B 全为 1 时,$Y=0$。所以 Y 和 A、B 的逻辑关系为与非运算的关系。

3.1.3　组合逻辑电路的设计方法

组合逻辑电路设计主要是将客户的具体设计要求用逻辑函数加以描述,再用具体的电路加以实现的过程。组合逻辑电路的设计可分为小规模集成电路、中规模集成电路、定制或半定制集成电路的设计,这里主要讲解用小规模集成电路(即用逻辑门电路)来实现组合逻辑电路的功能。

1. 组合逻辑电路设计步骤

① 列真值表。根据电路功能的文字描述,将其输入与输出的逻辑关系用真值表的形式列出。

② 写表达式,并化简。通过逻辑化简,根据真值表写出最简的逻辑函数表达式。

③ 选择合适的门器件,把最简的表达式转换为相应的表达式。

④ 根据表达式画出该电路的逻辑电路图。

2. 组合逻辑电路设计举例

【例 3.3】 设计一个楼上、楼下开关的控制逻辑电路来控制楼梯上的路灯,使之在上楼前,用楼下开关打开电灯,上楼后,用楼上开关关灭电灯;或者在下楼前,用楼上开关打开电灯,下楼后,用楼下开关关灭电灯。

解: 设楼上开关为 A,楼下开关为 B,灯泡为 Y。并设 A、B 闭合时为 1,断开时为 0;灯亮时 Y 为 1,灯灭时 Y 为 0。根据逻辑要求列出真值表,如表 3.3 所示。

根据真值表可写出最简与或表达式为

$$Y = \overline{A}B + A\overline{B}$$

若要求用与非门实现,则需将上式转换为

$$Y = \overline{\overline{A}B \cdot \overline{A\overline{B}}}$$

根据该式画出逻辑图如图 3.4 所示。

表 3.3   例 3.3 的真值表

A	B	Y
0	0	0
0	1	1
1	0	1
1	1	0

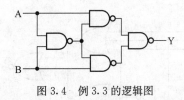

图 3.4   例 3.3 的逻辑图

【例 3.4】 用与非门设计一个举重裁判表决电路。设举重比赛有 3 个裁判,一个主裁判和两个副裁判。杠铃是否举起由每一个裁判按一下自己面前的按钮来确定。只有当两个或两个以上裁判判明成功,并且其中有一个为主裁判时,表明成功的灯才亮。

解: 设主裁判为变量 A,副裁判分别为 B 和 C;表示成功与否的灯为 Y,根据逻辑要求列出真值表,如表 3.4 所示。

根据真值表可写出表达式为

$$Y = m_5 + m_6 + m_7 = A\overline{B}C + AB\overline{C} + ABC$$

化简可得最简与或表达式

$$Y = AB + AC$$

要求用与非门实现,故将上式转换为与非一与非表达式

$$Y = \overline{\overline{AB} \cdot \overline{AC}}$$

画出逻辑图如图 3.5 所示。

表 3.4　　例 3.4 的真值表

A	B	C	Y
0	0	0	0
0	0	1	0
0	1	0	0
0	1	1	0
1	0	0	0
1	0	1	1
1	1	0	1
1	1	1	1

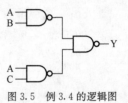

图 3.5　例 3.4 的逻辑图

3.2　编码器

3.2.1　编码器的原理和分类

把若干位二进制数码 0 和 1,按一定的规律进行编排,组成不同的代码,并且赋予每组代码以特定的含义,叫做编码。实现编码操作的电路称为编码器。

1. 二进制编码器

实现用 n 位二进制数码对 N($N = 2^n$)个输入信号进行编码的电路叫做二进制编码电路。其特点是任一时刻只能对一个输入信号进行编码,即只允许一个输入信号为有效电平,而其余信号均为无效电平。

图 3.6 所示电路是实现由 3 位二进制代码对 8 个输入信号进行编码的二进制编码器,这种编码器有 8 根输入线,3 根输出线,常称为 8/3 线编码器。

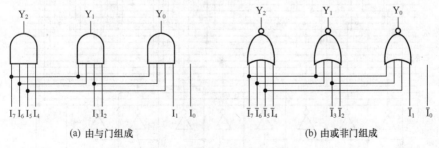

图 3.6　3 位二进制编码器逻辑图

采用组合逻辑电路分析的方法对图 3.6 进行逻辑分析,可列出各输出逻辑表达式如下。

$$
\left.
\begin{aligned}
Y_2 &= I_4\ I_5\ I_6\ I_7 \\
Y_1 &= I_2\ I_3\ I_6\ I_7 \\
Y_0 &= I_1\ I_3\ I_5\ I_7
\end{aligned}
\right\}
\tag{3-2}
$$

由式 3-2 可列出真值表如表 3.5 所示。

表 3.5　　　　　　　　　　　　3 位二进制编码器真值表

输　入								输　出		
I_7	I_6	I_5	I_4	I_3	I_2	I_1	I_0	Y_2	Y_1	Y_0
0	0	0	0	0	0	0	1	0	0	0
0	0	0	0	0	0	1	0	0	0	1
0	0	0	0	0	1	0	0	0	1	0
0	0	0	0	1	0	0	0	0	1	1
0	0	0	1	0	0	0	0	1	0	0
0	0	1	0	0	0	0	0	1	0	1
0	1	0	0	0	0	0	0	1	1	0
1	0	0	0	0	0	0	0	1	1	1

表中逻辑 1 为有效电平,逻辑 0 为无效电平。例如当 I_5 为有效输入"1",而其他输入均为无效输入"0"时,则所得输出编码为 $Y_2Y_1Y_0 = 101$。

应注意,在这种普通编码器中,任何时刻只允许输入一个编码信号,否则输出将发生混乱。

2. 二-十进制编码器

实现用四位二进制代码对一位十进制数码进行编码的数字电路叫做二-十进制编码器,简称为 BCD 码编码器。BCD 码有多种,所以 BCD 码编码器也有多种。最常见的 BCD 码编码器是 8421BCD 码编码器,它有 10 根输入线,4 根输出线,常称为 10/4 线编码器。其特点也是任一时刻只允许对一个输入信号进行编码。

图 3.7 所示就是 8421BCD 编码器,图中 $I_0 \sim I_9$ 代表 0～9 共 10 个十进制数信号。

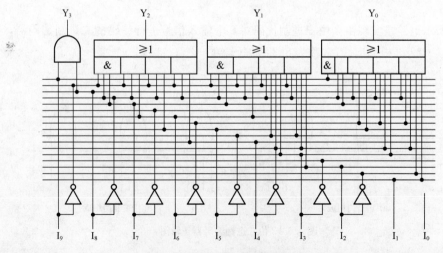

图 3.7　8424BCD 码编码器的逻辑图

表 3.6 所示为 8421BCD 码编码器真值表。表中逻辑 1 为有效电平;逻辑 0 为无效电平。例如 I_5 位有效输入"1",而其他输入均为无效输入"0"时,所得输出编码为 $Y_3Y_2Y_1Y_0 = 0101$,对应十进制数 5,其他类同。

表 3.6   8421BCD 码编码器真值表

输 入										输 出			
I_9	I_8	I_7	I_6	I_5	I_4	I_3	I_2	I_1	I_0	Y_3	Y_2	Y_1	Y_0
1	0	0	0	0	0	0	0	0	0	1	0	0	1
0	1	0	0	0	0	0	0	0	0	1	0	0	0
0	0	1	0	0	0	0	0	0	0	0	1	1	1
0	0	0	1	0	0	0	0	0	0	0	1	1	0
0	0	0	0	1	0	0	0	0	0	0	1	0	1
0	0	0	0	0	1	0	0	0	0	0	1	0	0
0	0	0	0	0	0	1	0	0	0	0	0	1	1
0	0	0	0	0	0	0	1	0	0	0	0	1	0
0	0	0	0	0	0	0	0	1	0	0	0	0	1
0	0	0	0	0	0	0	0	0	1	0	0	0	0

3. 优先编码器

优先编码器在多个信息同时输入时只对输入中优先级别最高的信号进行编码,编码具有唯一性。优先级别是由编码者事先规定好的。显然,优先编码器改变了上述两种编码器任一时刻只允许一个输入有效的输入方式,而采用了允许多个输入同时有效的输入方式,这正是优先编码器的特点,也是它的优点所在。

表 3.7 所示为 3 位二进制优先编码器的真值表。表中 I_7 的优先级别最高,I_6 次之,I_0 的优先级别最低。

表 3.7   3 位二进制优先编码器真值表

输 入								输 出		
I_7	I_6	I_5	I_4	I_3	I_2	I_1	I_0	Y_2	Y_1	Y_0
1	×	×	×	×	×	×	×	1	1	1
0	1	×	×	×	×	×	×	1	1	0
0	0	1	×	×	×	×	×	1	0	1
0	0	0	1	×	×	×	×	1	0	0
0	0	0	0	1	×	×	×	0	1	1
0	0	0	0	0	1	×	×	0	1	0
0	0	0	0	0	0	1	×	0	0	1
0	0	0	0	0	0	0	1	0	0	0

在优先编码器中优先级别高的信号排斥级别低的,即具有单方面排斥的特性。设 I_7 的优先级别最高,I_6 次之,依此类推,I_0 最低。图 3.8 所示为 3 位二进制优先编码器的逻辑图。

如果要求输出、输入均为反变量,则只要在图中的每一个输出端和输入端都加上反相器就可以了。

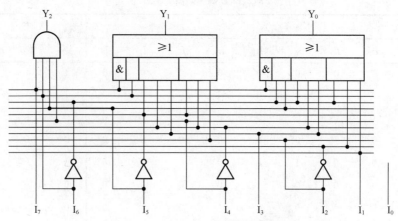

图 3.8 3 位二进制优先编码器的逻辑图

3.2.2 集成编码器

1. 集成 3 位二进制优先编码器(8/3 线)148

148 主要包括 TTL 系列中的 54/74148、54/74LS148、54/74F148 和 CMOS 系列中的 54/74HC148、40H148 等。其外引脚排列图如图 3.9 所示。表 3.8 所示为 148 的逻辑功能表。

$\bar{S}$ 为使能输入端,低电平有效,即只有当 $\bar{S} = 0$ 时,编码器才工作。Y_S 为使能输出端,当 $\bar{S} = 0$ 允许工作时,如果 $Y_S = 0$ 则表示无输入信号,$Y_S = 1$ 表示有输入信号,有编码输出。$\bar{Y}_{EX}$ 为扩展输出端,当 $\bar{S} = 0$ 时,只要有编码信号输入,则 $\bar{Y}_{EX} = 0$,说明有编码信号输入,输出信号是编码输出;或无编码信号输入,则 $\bar{Y}_{EX} = 1$ 表示不是编码输出。

图 3.9 3 位二进制优先编码器 148 外引脚排列图

表 3.8 **3 位二进制优先编码器 148 的逻辑功能表**

| 输　　入 | | | | | | | | 输　　出 | | | | |
$\bar{S}$	$\bar{I}_7$	$\bar{I}_6$	$\bar{I}_5$	$\bar{I}_4$	$\bar{I}_3$	$\bar{I}_2$	$\bar{I}_1$	$\bar{I}_0$	$\bar{Y}_2$	$\bar{Y}_1$	$\bar{Y}_0$	$\bar{Y}_{EX}$	Y_S
1	×	×	×	×	×	×	×	×	1	1	1	1	1
0	1	1	1	1	1	1	1	1	1	1	1	1	0
0	0	×	×	×	×	×	×	×	0	0	0	0	1
0	1	0	×	×	×	×	×	×	0	0	1	0	1
0	1	1	0	×	×	×	×	×	0	1	0	0	1
0	1	1	1	0	×	×	×	×	0	1	1	0	1
0	1	1	1	1	0	×	×	×	1	0	0	0	1
0	1	1	1	1	1	0	×	×	1	0	1	0	1
0	1	1	1	1	1	1	0	×	1	1	0	0	1
0	1	1	1	1	1	1	1	0	1	1	1	0	1

由表 3.8 可知，$\bar{I}_7$ 优先级别最高，$\bar{I}_0$ 优先级别最低，输入低电平有效，输出反码。

Y_S 和 $\bar{S}$ 配合可以实现多级编码器之间优先级别的控制。图 3.10 所示为利用 2 片集成 3 位二进制优先编码器 74LS148 实现一个 16/4 线优先编码器的接线图。

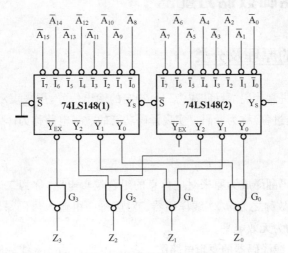

图 3.10　用 2 片 74LS148 组成实现一个 16/4 线优先编码器接线示意图

高位芯片 74LS148(1) 始终处于有效状态，当高位片有信号输入时，$\bar{Y}_{EX} = 0$，$Z_3 = 1$，编码输出的范围为 1000～1111，同时，其 $Y_S = 1$，使得低位片 74LS148(2) 处于禁止状态。实现了高位片和低位片优先级别的控制。

当高位片无信号输入时，$Y_S = 0$，使得低位片 74LS148(2) 处于允许工作状态，同时，$\bar{Y}_{EX} = 1$，$Z_3 = 0$。若低位片有信号输入，则低位片工作，编码输出的范围为 0000～0111。

2. 集成二-十进制优先编码器（10/4 线）147

147 主要包括 TTL 系列中的 54/74147、54/74LS147 和 CMOS 系列中的 54/74HC147、54/74HCT147 和 40H147 等。其外引脚排列图如图 3.11 所示。147 的逻辑功能表如表 3.9 所示。

图 3.11　二-十进制优先编码器
147 外引脚排列图

表 3.9　　　　逻辑功能表二-十进制优先编码器 147

输　　　　入									输　　出			
$\bar{I}_9$	$\bar{I}_8$	$\bar{I}_7$	$\bar{I}_6$	$\bar{I}_5$	$\bar{I}_4$	$\bar{I}_3$	$\bar{I}_2$	$\bar{I}_1$	$\bar{Y}_3$	$\bar{Y}_2$	$\bar{Y}_1$	$\bar{Y}_0$
0	×	×	×	×	×	×	×	×	0	1	1	0
1	0	×	×	×	×	×	×	×	0	1	1	1
1	1	0	×	×	×	×	×	×	1	0	0	0
1	1	1	0	×	×	×	×	×	1	0	0	1
1	1	1	1	0	×	×	×	×	1	0	1	0
1	1	1	1	1	0	×	×	×	1	0	1	1
1	1	1	1	1	1	0	×	×	1	1	0	0
1	1	1	1	1	1	1	0	×	1	1	0	1
1	1	1	1	1	1	1	1	0	1	1	1	0

由表可以看出,147 是采用 8421BCD 码进行编码的。应注意的是,147 的输出和输入是以反码的形式出现的,即"0"为有效电平,"1"为无效电平。输入端和输出端都是低电平有效。

3.3 译码器和数据分配器

3.3.1 译码器的原理及分类

将每一组输入的二进制代码"翻译"成为一个特定的输出信号,用来表示该组代码原来所代表的信息的过程(编码的逆过程)称为译码。实现译码功能的数字电路称为译码器。

1. 二进制译码器

将输入的二进制代码翻译成为原来对应信息的组合逻辑电路,称为二进制译码器。它具有 n 个输入端,2^n 个输出端,故称之为 $n/2^n$ 线译码器。对应每一组输入代码,只有其中一个输出端为有效电平,其余输出端均为无效电平。

图 3.12 所示为 3/8 线译码器的逻辑电路图。表 3.10 所示为 3/8 线译码器的真值表。它有 3 个输入端,8 个输出端。对应于该电路的输出端的逻辑表达式为

$$
\begin{cases}
Y_0 = \overline{A_2}\,\overline{A_1}\,\overline{A_0} = m_0 & Y_1 = \overline{A_2}\,\overline{A_1}\,A_0 = m_1 \\
Y_2 = \overline{A_2}\,A_1\,\overline{A_0} = m_2 & Y_3 = \overline{A_2}\,A_1\,A_0 = m_3 \\
Y_4 = A_2\,\overline{A_1}\,\overline{A_0} = m_4 & Y_5 = A_2\,\overline{A_1}\,A_0 = m_5 \\
Y_6 = A_2\,A_1\,\overline{A_0} = m_6 & Y_0 = A_2\,A_1\,A_0 = m_7
\end{cases}
$$

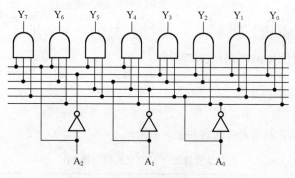

图 3.12　3/8 线译码器逻辑图

表 3.10　　　　　　　　　　　　　　　　　3/8 线译码器真值表

输 入			输 出							
A_2	A_1	A_0	Y_0	Y_1	Y_2	Y_3	Y_4	Y_5	Y_6	Y_7
0	0	0	1	0	0	0	0	0	0	0
0	0	1	0	1	0	0	0	0	0	0
0	1	0	0	0	1	0	0	0	0	0
0	1	1	0	0	0	1	0	0	0	0
1	0	0	0	0	0	0	1	0	0	0

续表

输　入			输　出							
A_2	A_1	A_0	Y_0	Y_1	Y_2	Y_3	Y_4	Y_5	Y_6	Y_7
1	0	1	0	0	0	0	0	1	0	0
1	1	0	0	0	0	0	0	0	1	0
1	1	1	0	0	0	0	0	0	0	1

2. 二-十进制译码器

二-十进制译码器(又称为 BCD 码译码器)是将输入的每一组 4 位二进制码翻译成对应的 1 位十进制数。因编码过程不同,即编码时采用的 BCD 码不同,所以相应的译码过程也不同,故 BCD 码译码器有多种。但此种译码器都有 4 个输入端,10 个输出端,常称之为 4/10 线译码器。

8421BCD 码译码器是最常用的 BCD 码译码器,图 3.13 所示为其逻辑图,表 3.11 所示为其真值表。

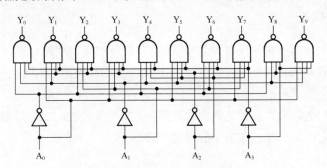

图 3.13　8421BCD 码译码器逻辑图

表 3.11　　　　　　　　　　　　　　　　8421BCD 码译码器真值表

对应十进制数	输　入				输　出									
	A_3	A_2	A_1	A_0	Y_0	Y_1	Y_2	Y_3	Y_4	Y_5	Y_6	Y_7	Y_8	Y_9
0	0	0	0	0	0	1	1	1	1	1	1	1	1	1
1	0	0	0	1	1	0	1	1	1	1	1	1	1	1
2	0	0	1	0	1	1	0	1	1	1	1	1	1	1
3	0	0	1	1	1	1	1	0	1	1	1	1	1	1
4	0	1	0	0	1	1	1	1	0	1	1	1	1	1
5	0	1	0	1	1	1	1	1	1	0	1	1	1	1
6	0	1	1	0	1	1	1	1	1	1	0	1	1	1
7	0	1	1	1	1	1	1	1	1	1	1	0	1	1
8	1	0	0	0	1	1	1	1	1	1	1	1	0	1
9	1	0	0	1	1	1	1	1	1	1	1	1	1	0
伪码	1	0	1	0	1	1	1	1	1	1	1	1	1	1
	1	0	1	1	1	1	1	1	1	1	1	1	1	1
	1	1	0	0	1	1	1	1	1	1	1	1	1	1
	1	1	0	1	1	1	1	1	1	1	1	1	1	1
	1	1	1	0	1	1	1	1	1	1	1	1	1	1
	1	1	1	1	1	1	1	1	1	1	1	1	1	1

表中输出逻辑 0 为有效电平,逻辑 1 为无效电平。

图 3.13 所示 8421BCD 码译码器各输出端的输出逻辑表达式为

$$
\begin{cases}
Y_0 = \overline{\overline{A_3}\,\overline{A_2}\,\overline{A_1}\,\overline{A_0}} \quad & Y_1 = \overline{\overline{A_3}\,\overline{A_2}\,\overline{A_1}\,A_0} \\
Y_2 = \overline{\overline{A_3}\,\overline{A_2}\,A_1\,\overline{A_0}} \quad & Y_3 = \overline{\overline{A_3}\,\overline{A_2}\,A_1\,A_0} \\
Y_4 = \overline{\overline{A_3}\,A_2\,\overline{A_1}\,\overline{A_0}} \quad & Y_5 = \overline{\overline{A_3}\,A_2\,\overline{A_1}\,A_0} \\
Y_6 = \overline{\overline{A_3}\,A_2\,A_1\,\overline{A_0}} \quad & Y_7 = \overline{\overline{A_3}\,A_2\,A_1\,A_0} \\
Y_8 = \overline{A_3\,\overline{A_2}\,\overline{A_1}\,\overline{A_0}} \quad & Y_9 = \overline{A_3\,\overline{A_2}\,\overline{A_1}\,A_0}
\end{cases}
$$

应当注意的是,BCD 码译码器的输入状态组合中总有 6 个伪码状态存在。所用 BCD 码不同,则相应的 6 个伪码状态也不同,8421BCD 码译码器的 6 个伪码状态组合为 1010~1111。在设计 BCD 码译码器时,应使电路具有拒绝伪码的功能,即当输入端出现不应被翻译的伪码状态时,输出均呈无效电平。上面的 8421BCD 码译码器便具有拒绝伪码的功能。

3. 数字显示译码器

在数字系统中,经常需要将对应各种数字、文字和符号的二进制编码翻译成人们习惯的形式直观地显示出来,以便查看。因显示器件不同,故而所需的译码器也不同。

(1) 显示器件

数字显示器件的种类很多,按发光物质的不同分为半导体(发光二极管)显示器、液晶显示器、荧光显示器和辉光显示器等;按组成数字的方式不同,又可分为分段式显示器、点阵式显示器和字型重叠式显示器等。

字型重叠式显示器是将 0~9 十个字符中的每个字符都做成一个完整的字形电极,再将 10 个完整的字形重叠放置,作为 10 个相互绝缘的电极,另设一个公共电极。当某一个电极相对于公共电极加上电压时,相应的字形发亮显示出来,此种显示器主要是辉光管。

点阵式显示器主要用于大屏幕显示器,通常要有计算机控制其显示过程。

目前使用较多的是分段式显示器,其显示方式是通过七段显示器完成 0~9 十个字符的显示过程。

七段显示器主要有辉光数码管和半导体显示器。半导体显示器使用最多,它有共阴极和共阳极两种接法,如图 3.14 所示。共阳极接法是把各发光二极管的阳极相接,阴极电位低者亮;共阴极接法是把各发光二极管阴极相接,阳极电位高者亮;因此要想显示某个数字必须使相应的几个显示段同时为低电平(共阳极法)或同时为高电平(共阴极法)。

(2) 七段显示译码器

用来驱动各种显示器件,从而将用二进制代码表示的数字、文字、符号翻译成人们习惯的形式直观地显示出来的电路,称为显示译码器。

字型重叠式显示器适用于 BCD 码译码器,而分段式显示器显然不适合于前面所述任何一种译码器,需要另外设计合适的译码电路来与分段显示器配合使用。

七段显示译码器的输入信号为 8421BCD 码,输出信号应该能够驱动半导体七段显示器相应段发光。对于共阴极七段显示器,待点亮的段应给予高电平驱动信号,对于共阳极七段显示器,待点亮的段应给予低电平驱动信号。共阴极七段显示器的译码驱动器的真值表如表 3.12 所示。

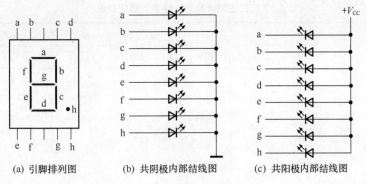

(a) 引脚排列图　　　　(b) 共阴极内部结线图　　　　(c) 共阳极内部结线图

图 3.14　半导体七段显示器

表 3.12　　　　　　　　　　　　共阴极七段显示器的译码驱动器的真值表

对应十进制数	输　入				输　出						
	A_3	A_2	A_1	A_0	a	b	c	d	e	f	g
0	0	0	0	0	1	1	1	1	1	1	0
1	0	0	0	1	0	1	1	0	0	0	0
2	0	0	1	0	1	1	0	1	1	0	1
3	0	0	1	1	1	1	1	1	0	0	1
4	0	1	0	0	0	1	1	0	0	1	1
5	0	1	0	1	1	0	1	1	0	1	1
6	0	1	1	0	1	0	1	1	1	1	1
7	0	1	1	1	1	1	1	0	0	0	0
8	1	0	0	0	1	1	1	1	1	1	1
9	1	0	0	1	1	1	1	1	0	1	1
无关项	1	0	1	0	×	×	×	×	×	×	×
	1	0	1	1	×	×	×	×	×	×	×
	1	1	0	0	×	×	×	×	×	×	×
	1	1	0	1	×	×	×	×	×	×	×
	1	1	1	0	×	×	×	×	×	×	×
	1	1	1	1	×	×	×	×	×	×	×

3.3.2　集成译码器

1. 3 位二进制译码器(3/8 线)138

138 包括 TTL 系列中的 54/74LS138、54/74S138、54/74ALS138、54/74F138 和 54/74AS138，CMOS 系列中的 54/74HC138、54/74HCT138 和 40H138 等。138 为 3 位二进制译码器，其外引脚排列如图 3.15 所示。表 3.13 所示为 138 的逻辑功能表。

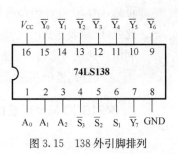

图 3.15　138 外引脚排列

表 3.13   **3 位二进制译码器 138 的逻辑功能表**

片　　选			输　　入			输　　　　出							
$\overline{S}_3$	$\overline{S}_2$	S_1	A_2	A_1	A_0	$\overline{Y}_7$	$\overline{Y}_6$	$\overline{Y}_5$	$\overline{Y}_4$	$\overline{Y}_3$	$\overline{Y}_2$	$\overline{Y}_1$	$\overline{Y}_0$
$\times$	$\times$	0	$\times$	$\times$	$\times$	1	1	1	1	1	1	1	1
$\times$	1	$\times$	$\times$	$\times$	$\times$	1	1	1	1	1	1	1	1
1	$\times$	$\times$	$\times$	$\times$	$\times$	1	1	1	1	1	1	1	1
0	0	1	0	0	0	1	1	1	1	1	1	1	0
0	0	1	0	0	1	1	1	1	1	1	1	0	1
0	0	1	0	1	0	1	1	1	1	1	0	1	1
0	0	1	0	1	1	1	1	1	1	0	1	1	1
0	0	1	1	0	0	1	1	1	0	1	1	1	1
0	0	1	1	0	1	1	1	0	1	1	1	1	1
0	0	1	1	1	0	1	0	1	1	1	1	1	1
0	0	1	1	1	1	0	1	1	1	1	1	1	1

A_2、A_1、A_0 为二进制译码输入端,$\overline{Y}_7 \sim \overline{Y}_0$ 为译码输出端(低电平有效),$\overline{S}_3$、$\overline{S}_2$、S_1 为选通控制端。当 $\overline{S}_3 = \overline{S}_2 = 0$,$S_1 = 1$ 时,译码器处于工作状态;当 $\overline{S}_3 + \overline{S}_2 = 1$、$S_1 = 0$ 时,译码器处于禁止状态。

应注意的是,138 的输入采用原码的形式;而输出采用的却是反码形式。

从表 3.13 可知,在选通控制端 $S_1 = 1$,$\overline{S}_2 = \overline{S}_3 = 0$ 时,$\overline{Y}_i = \overline{m}_i$。显然,138 译码器能产生 3 变量逻辑函数的全部最小项,利用这一点能够方便地实现 3 变量逻辑函数。

【例 3.5】 用一个 74LS138 译码器实现逻辑函数 $F = \overline{X}\,\overline{Y}\,\overline{Z} + \overline{X}YZ + X\overline{Y}\,\overline{Z} + XYZ$。

解:第一步,将 3 个片选端按允许译码的条件进行处理,即 $S_1 = 1$,$\overline{S}_2 = \overline{S}_3 = 0$,这样 74LS138 译码器才能正常工作。

第二步,将输入变量 X、Y、Z 分别接到 A_2、A_1、A_0 端,并对原式进行变换,可得到

$$F = \overline{X}\,\overline{Y}\,\overline{Z} + \overline{X}YZ + X\overline{Y}\,\overline{Z} + XYZ$$
$$= \overline{A}_2\overline{A}_1\overline{A}_0 + \overline{A}_2A_1\overline{A}_0 + A_2\overline{A}_1\overline{A}_0 + A_2A_1A_0$$
$$= m_0 + m_2 + m_4 + m_7$$
$$= \overline{\overline{m_0} \cdot \overline{m_2} \cdot \overline{m_4} \cdot \overline{m_7}}$$
$$= \overline{\overline{Y}_0 \cdot \overline{Y}_2 \cdot \overline{Y}_4 \cdot \overline{Y}_7}$$

可见,74LS138 译码器再加一个与非门,即可实现题目所指定的组合逻辑函数,如图 3.16 所示。此处,函数表达式的化简并不能节省器件,故不必进行化简。

利用片选端可进行译码控制和将多片译码器连接起来进行译码位数的扩展。用两片 138 实现一个 4/16 线译码器的接线示意图如图 3.17 所示。

2. 8421BCD 码译码器(4/10 线)42

此种译码器包含有 TTL 系列的 54/7442、54/74LS42 和 CMOS 中的 54/74HC42、54/74HCT42

及 40HC42 等。其外引脚排列图如图 3.18 所示。逻辑功能表如表 3.14 所示。

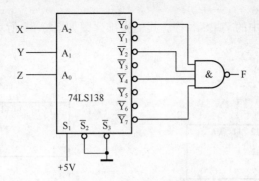

图 3.16　例 3.5 的逻辑图

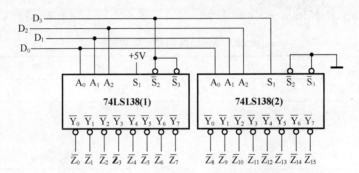

图 3.17　用两片 138 实现一个 4/16 线译码器接线示意图

表 3.14　　　　　　　　　　　　8421BCD 码译码器 42 的逻辑功能表

输　　入				输　　　　出									
A_3	A_2	A_1	A_0	$\overline{Y}_9$	$\overline{Y}_8$	$\overline{Y}_7$	$\overline{Y}_6$	$\overline{Y}_5$	$\overline{Y}_4$	$\overline{Y}_3$	$\overline{Y}_2$	$\overline{Y}_1$	$\overline{Y}_0$
0	0	0	0	1	1	1	1	1	1	1	1	1	0
0	0	0	1	1	1	1	1	1	1	1	1	0	1
0	0	1	0	1	1	1	1	1	1	1	0	1	1
0	0	1	1	1	1	1	1	1	1	0	1	1	1
0	1	0	0	1	1	1	1	1	0	1	1	1	1
0	1	0	1	1	1	1	1	0	1	1	1	1	1
0	1	1	0	1	1	1	0	1	1	1	1	1	1
0	1	1	1	1	1	0	1	1	1	1	1	1	1
1	0	0	0	1	0	1	1	1	1	1	1	1	1
1	0	0	1	0	1	1	1	1	1	1	1	1	1

应注意的是,42 的输入采用原码形式,所用码制是 8421BCD 码;而输出采用的却是反码的形式。

3. 七段显示译码器48

48 主要有 TTL 系列中的 74LS48 等。其引脚排列图如图 3.19 所示。逻辑功能表如表 3.15 所示。

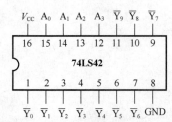

图 3.18　8421BCD 码译码器 42 的外引脚排列图

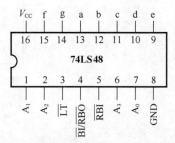

图 3.19　七段显示译码器 48 的外引脚排列图

表 3.15　　　　　　　　　　　　七段显示译码器 48 的逻辑功能表

数字或功能	输入						$\overline{BI}/\overline{RBO}$	输出						
	$\overline{LT}$	$\overline{RBI}$	A_3	A_2	A_1	A_0		a	b	c	d	e	f	g
灭灯	×	×	×	×	×	×	0	0	0	0	0	0	0	0
试灯	0	×	×	×	×	×	1	1	1	1	1	1	1	1
灭零	1	0	0	0	0	0	0	0	0	0	0	0	0	0
0	1	1	0	0	0	0	1	1	1	1	1	1	1	0
1	1	×	0	0	0	1	1	0	1	1	0	0	0	0
2	1	×	0	0	1	0	1	1	1	0	1	1	0	1
3	1	×	0	0	1	1	1	1	1	1	1	0	0	1
4	1	×	0	1	0	0	1	0	1	1	0	0	1	1
5	1	×	0	1	0	1	1	1	0	1	1	0	1	1
6	1	×	0	1	1	0	1	1	0	1	1	1	1	1
7	1	×	0	1	1	1	1	1	1	1	0	0	0	0
8	1	×	1	0	0	0	1	1	1	1	1	1	1	1
9	1	×	1	0	0	1	1	1	1	1	1	0	1	1
10	1	×	1	0	1	0	1	0	0	0	1	1	0	1
11	1	×	1	0	1	1	1	0	0	1	1	0	0	1
12	1	×	1	1	0	0	1	0	1	0	0	0	1	1
13	1	×	1	1	0	1	1	1	0	0	1	0	1	1
14	1	×	1	1	1	0	1	0	0	0	1	1	1	1
15	1	×	1	1	1	1	1	0	0	0	0	0	0	0

由真值表可以看出,为了增强器件的功能,在 74LS48 中还设置了一些辅助端。这些辅助端的功能如下。

① 试灯输入端$\overline{LT}$为低电平有效。当$\overline{LT} = 0$时,数码管的七段应全亮,与输入的译码信号无

关。本输入端用于测试数码管的好坏。

② 动态灭零输入端 $\overline{RBI}$ 为低电平有效。当 $\overline{LT}=1$、$\overline{RBI}=0$ 且译码输入全为 0 时，该位输出不显示，即 0 字被熄灭；当译码输入不全为 0 时，该位正常显示。本输入端用于消隐无效的 0。如数据 0034.50 可显示为 34.5。

③ 灭灯输入/动态灭零输出端 $\overline{BI}/\overline{RBO}$ 是一个特殊的端钮，有时用作输入，有时用作输出。当 $\overline{BI}/\overline{RBO}$ 作为输入使用，且 $\overline{BI}/\overline{RBO}=0$ 时，数码管七段全灭，与译码输入无关。当 $\overline{BI}/\overline{RBO}$ 作为输出使用时，受控于 $\overline{LT}$ 和 $\overline{RBI}$，当 $\overline{LT}=1$、$\overline{RBI}=0$ 时，$\overline{BI}/\overline{RBO}=0$ 情况下，$\overline{BI}/\overline{RBO}=1$。本端钮主要用于显示多位数字时，多个译码器之间的连接。

七段显示译码器 48 与共阴极七段数码管显示器 BS201A 的连接方法如图 3.20 所示。

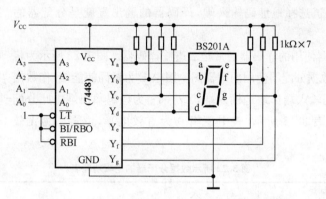

图 3.20　七段显示译码器 48 与 BS201A 的连接方法

3.3.3　数据分配器

1. 数据分配器的原理

数据分配器的逻辑功能是，将 1 个输入数据传送到多个输出端中的 1 个输出端，具体传送到哪一个输出端，也是由一组选择控制信号确定。

分配器通常只有一个数据输入端 X，而有 m 个数据输出端 Y_0，Y_1，…，Y_{m-1}，另外还有 n 个输入通道选择地址码输入端 C_{n-1}，C_{n-2}，…，C_0。数据分配器的逻辑框图及等效电路如图 3.21 所示。

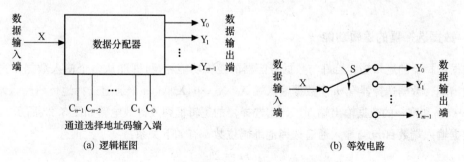

(a)　逻辑框图　　　　　　　　　　　　　　(b)　等效电路

图 3.21　数据分配器的逻辑框图及等效电路

通道地址选择码的位数 n 与数据输出端的数目 m 有如下关系：

$$m = 2^n$$

设 m_i 为 $C_{n-1}, C_{n-2}, \cdots, C_0$ 组成的最小项,则数据分配器输出与输入的逻辑关系为

$$Y_i = m_i X_i (i = 0 \sim m-1)$$

由此可见,数据分配器是根据通道选择地址码(m_i)指定的位置,将数据分配到相应的输出通道上去的。

2. 数据分配器的实现电路

首先应注意的是,厂家并不生产数据分配器电路,数据分配器实际上是译码器(分段显示译码器除外)的一种特殊应用。应指出的是,作为数据分配器使用的译码器必须具有"使能端",且"使能端"要作为数据输入端使用,而译码器的输入端要作为通道选择地址码输入端,译码器的输出端就是分配器的输出端。

作为数据分配器使用的译码器通常是二进制译码器。图 3.22 所示为将 2/4 线译码器作为数据分配器使用的逻辑图。图中 $\overline{E}$ 为译码使能端,作数据输入端;A、B 为译码输入端作地址输入端,$Y_0 \sim Y_3$ 为译码输出端。此分配器的逻辑功能表如表 3.16 所示,表中逻辑 0 为有效电平,逻辑 1 为无效电平。

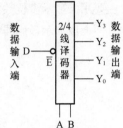

图 3.22 2/4 线择码器作为数据分配器

表 3.16　　　　图 3.22 所示数据分配器的逻辑功能表

通道选择地址码		输　入	输　出			
A	B	$\overline{E}$	Y_3	Y_2	Y_1	Y_0
0	0	D	D	1	1	1
0	1	D	1	D	1	1
1	0	D	1	1	D	1
1	1	D	1	1	1	D

3.4　数据选择器

3.4.1　数据选择器的原理

1. 数据选择器的逻辑功能

数据选择器的逻辑功能恰好与数据分配器的逻辑功能相反,即能从多个输入数据中选出一个送到输出端。数据选择器有 m 个数据输入端 $X_0, X_1, \cdots, X_{m-1}$,$n$ 个通道选择地址码输入端 $C_{n-1}, C_{n-2}, \cdots, C_0$ 和唯一的数据输出端 Y。数据选择器的逻辑框图及等效电路如图 3.23 所示。

数据输入端数目 m 与输入通道选择地址码位数 n 有如下关系:

$$m = 2^n$$

设 m_i 为 $C_{n-1}, C_{n-2}, \cdots, C_0$ 组成的最小项,则数据选择器输出与输入的逻辑关系为

$$Y = \sum_{i=0}^{m-1} m_i X_i \qquad (i = 0 \sim m-1)$$

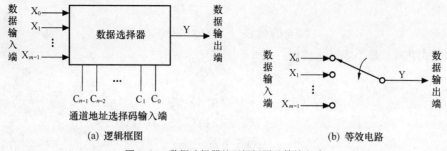

(a) 逻辑框图 (b) 等效电路

图 3.23 数据选择器的逻辑框图及等效电路

由此可见,数据选择器是根据输入通道选择地址码(m_i)的指定位置,将相应通道的输入数据传送至输出端的。

2. 数据选择器的实现电路

表 3.17 所示为 4 选 1 数据选择器的真值表。

表中 D 表示输入数据,A_1、A_0 表示地址变量,即由地址码决定从 4 路输入中选择哪一路输出。根据表 3.17 可得出输出逻辑表达式

$$Y = D_0\overline{A_1}\,\overline{A_0} + D_1\overline{A_1}A_0 + D_2A_1\overline{A_0} + D_3A_1A_0 = \sum_{i=0}^{3} D_i m_i$$

由此可得出逻辑图如图 3.24 所示。

表 3.17 4 选 1 数据选择器的真值表

D	输　　　入 A₁	A₀	输　　出 Y
D_0	0	0	D_0
D_1	0	1	D_1
D_2	1	0	D_2
D_3	1	1	D_3

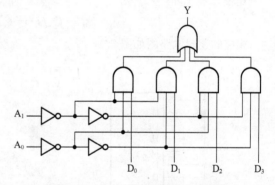

图 3.24 4 选 1 数据选择器的逻辑图

数据选择器还有 8 选 1、16 选 1 等,其组成与工作过程与 4 选 1 数据选择器相似,这里不再详细介绍。

数据选择器还有一个十分重要的用途,即可以用来作为函数发生器实现任意组合的逻辑函数,见例 3.6。

【例 3.6】 试用数据选择器实现函数 $L=\overline{A}\overline{B}C+\overline{A}B\overline{C}+AB$。

解:① 确定逻辑函数输入变量个数,选定数据选择器,选择器的通道地址码变量个数应等于或小于逻辑函数的输入变量个数。由表达式可知逻辑函数 L 有 A、B、C 3 个输入变量,所以选择器的通道地址码变量个数应等于或小于 3,即可以选用 8 选 1、4 选 1 或 2 选 1 选择器。

② 确定通道地址码的名称并代入逻辑函数表达式 L 中去,并且将表达式 L 整理成最小项表达式,以便与相应的选择器表达式 Y 进行比较,确定选择器输入端 D_i 的状态。

● 选用 8 选 1 数据选择器。

8 选 1 数据选择器的通道地址码变量个数为 3 个,即 $C_2C_1C_0$,取 $C_2C_1C_0=ABC$,代入逻辑表

达式 L 中得

$$L = \overline{C}_2\overline{C}_1C_0 + \overline{C}_2C_1\overline{C}_0 + C_2C_1$$

整理上式并写成最小项表达式得

$$\begin{aligned}L &= \overline{C}_2\overline{C}_1C_0 + \overline{C}_2C_1\overline{C}_0 + C_2C_1\\ &= \overline{C}_2\overline{C}_1C_0 + \overline{C}_2C_1\overline{C}_0 + C_2C_1(C_0 + \overline{C}_0)\\ &= m_1 + m_2 + m_6 + m_7\end{aligned}$$

将上式与8选1选择器输出表达式 $Y = (\sum_{i=0}^{7} m_iD_i)$ 对比可知, $D_7 = D_6 = D_2 = D_1 = 1$, $D_5 = D_4 = D_3 = D_0 = 0$。相应的逻辑电路图如图 3.25 所示。

● 选用 4 选 1 数据选择器。

4选1数据选择器的通道地址码变量个数为 2 个,即 C_1C_0,取 $C_1C_0 = AB$,代入逻辑表达式 L 中得

$$\begin{aligned}L &= \overline{A}\,\overline{B}C + \overline{A}B\overline{C} + AB\\ &= m_0C + m_1\overline{C} + m_2 \cdot 0 + m_3 \cdot 1\end{aligned}$$

而 4 选 1 数据选择器输出信号的表达式

$$Y = m_0D_0 + m_1D_1 + m_2D_2 + m_3D_3$$

比较 L 和 Y,得

$$D_0 = C、D_1 = \overline{C}、D_2 = 0、D_3 = 1$$

相应的逻辑电路图如图 3.26 所示。

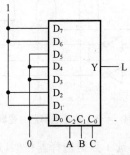
图 3.25　用 8 选 1 选择器实现

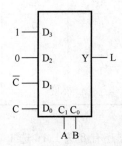
图 3.26　用 4 选 1 选择器实现

对照图 3.25 和图 3.26 可知,用来实现同一逻辑函数的数据选择器不同,会使电路的输入部分不同。在可能的情况下,应尽量选用通道地址码变量个数与所要实现的逻辑函数输入变量的个数相等或减少一个,从而使实现函数的电路简化。

3.4.2　集成数据选择器

1. 集成双 4 选 1 数据选择器 153

集成双 4 选 1 数据选择器包含有 TTL 系列的 54/74153、54/74LS153、54/74S153、54/74153 和 CMOS 中的 54/74HC153、54/74HCT153 及 40H153 等。其外引脚排列图如图 3.27 所示。逻辑功

能表如表 3.18 所示。

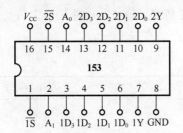

图 3.27　双 4 选 1 数据选择器 153 引脚排列图

表 3.18　双 4 选 1 数据选择器 153 的逻辑功能表

输　　入				输　　出
$\overline{S}$	D	A_1	A_0	Y
1	×	×	×	0
0	D_0	0	0	D_0
0	D_1	0	1	D_1
0	D_2	1	0	D_2
0	D_3	1	1	D_3

选通控制端 $\overline{S}$ 为低电平有效,即 $\overline{S}=0$ 时芯片被选中,处于工作状态;$\overline{S}=1$ 时芯片被禁止。

2. 集成 8 选 1 数据选择器 151

集成 8 选 1 数据选择器包含有 TTL 系列的 54/74151、54/74LS151、54/74S151、54/74151 和 CMOS 中的 54/74HC151、54/74HCT151 及 40H151 等。其外引脚排列图如图 3.28 所示。逻辑功能表如表 3.19 所示。

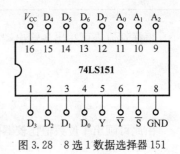

图 3.28　8 选 1 数据选择器 151
外引脚排列图

表 3.19　8 选 1 数据选择器 151 的逻辑功能表

输　　入					输　　出	
$\overline{S}$	A_2	A_1	A_0	D	Y	$\overline{Y}$
1	×	×	×	×	0	1
0	0	0	0	D_0	D_0	$\overline{D}_0$
0	0	0	1	D_1	D_1	$\overline{D}_1$
0	0	1	0	D_2	D_2	$\overline{D}_2$
0	0	1	1	D_3	D_3	$\overline{D}_3$
0	1	0	0	D_4	D_4	$\overline{D}_4$
0	1	0	1	D_5	D_5	$\overline{D}_5$
0	1	1	0	D_6	D_6	$\overline{D}_6$
0	1	1	1	D_7	D_7	$\overline{D}_7$

3.5　数值比较器

3.5.1　数值比较器的原理

具有实现两个二进制数大小的比较,并把比较结果作为输出的数字电路称为数值比较器。

1. 1位数值比较器

比较两个一位二进制数大小的数字电路称为1位数值比较器。设 $A > B$ 时 $L_1 = 1$；$A < B$ 时 $L_2 = 1$；$A = B$ 时 $L_3 = 1$ 则得出1位数值比较器的真值表如表3.20所示。

表3.20 数值比较器的真值表

A	B	$L_1(A > B)$	$L_2(A < B)$	$L_3(A = B)$
0	0	0	0	1
0	1	0	1	0
1	0	1	0	0
1	1	0	0	1

根据真值表可写出各输出端的逻辑表达式为

$$\begin{cases} L_1 = A\overline{B} \\ L_2 = \overline{A}B \\ L_3 = \overline{A}\,\overline{B} + AB = \overline{\overline{A}B + A\overline{B}} \end{cases}$$

由此可画出1位数值比较器的逻辑图如图3.29所示。

2. n位数值比较器

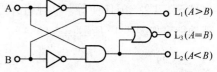

图3.29 1位数值比较器的逻辑图

n 位数值比较器是比较两个 n 位二进制数 $A(A_{n-1}$ $A_{n-2}\dots A_0)$ 和 $B(B_{n-1}B_{n-2}\dots B_0)$ 大小的数字电路。显然,对于两个 n 位二进制数 A 和 B 比较最高位 A_{n-1} 和 B_{n-1},如果 $A_{n-1} > B_{n-1}$,则不论其他位数码如何,A 一定大于 B;反之,若 $A_{n-1} < B_{n-1}$,则一定有 A 小于 B;如果最高位相等,则比较次高位,由次高位来决定两个数的大小;如果还相等,再比较下一位,依次类推直至比较出最后结果。表3.21所示为一个4位数值比较器的真值表。

表3.21 4位数值比较器的真值表

比较输入				输出		
$A_3 B_3$	$A_2 B_2$	$A_1 B_1$	$A_0 B_0$	$A > B$	$A < B$	$A = B$
$A_3 > B_3$	$\times$	$\times$	$\times$	1	0	0
$A_3 < B_3$	$\times$	$\times$	$\times$	0	1	0
$A_3 = B_3$	$A_2 > B_2$	$\times$	$\times$	1	0	0
$A_3 = B_3$	$A_2 < B_2$	$\times$	$\times$	0	1	0
$A_3 = B_3$	$A_2 = B_2$	$A_1 > B_1$	$\times$	1	0	0
$A_3 = B_3$	$A_2 = B_2$	$A_1 < B_1$	$\times$	0	1	0
$A_3 = B_3$	$A_2 = B_2$	$A_1 = B_1$	$A_0 > B_0$	1	0	0
$A_3 = B_3$	$A_2 = B_2$	$A_1 = B_1$	$A_0 < B_0$	0	1	0
$A_3 = B_3$	$A_2 = B_2$	$A_1 = B_1$	$A_0 = B_0$	0	0	1

其输出表达式及逻辑图读者可根据真值表自行列出，这里不再赘述。

3.5.2 集成数值比较器

图 3.30 所示为 4 位数值比较器 85 的外引脚排列图。85 的逻辑功能表如表 3.22 所示。其中串联输入端 $A'>B'$、$A'<B'$、$A'=B'$ 是为了扩大比较位数设置的。当不需要扩大比较位数时，$A'>B'$、$A'<B'$ 接低电平、$A'=B'$ 接高电平。若需扩大比较器的位数时，可用多片连接。只要将低位的 $A>B$、$A<B$ 和 $A=B$ 分别接高位相应的串联输入端 $A'>B'$、$A'<B'$ 和 $A'=B'$ 即可。图 3.31 所示为用 3 片 85 组成 12 位数值比较器的逻辑电路。

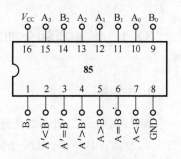

图 3.30　4 位数字比较器 85 的外引脚排列图

表 3.22　4 位数字比较器 85 的逻辑功能表

比 较 输 入				串 联 输 出			输 出		
$A_3 B_3$	$A_2 B_2$	$A_1 B_1$	$A_0 B_0$	$A'>B'$	$A'<B'$	$A'=B'$	$A>B$	$A<B$	$A=B$
$A_3>B_3$	$\times$	$\times$	$\times$	$\times$	$\times$	$\times$	1	0	0
$A_3<B_3$	$\times$	$\times$	$\times$	$\times$	$\times$	$\times$	0	1	0
$A_3=B_3$	$A_2>B_2$	$\times$	$\times$	$\times$	$\times$	$\times$	1	0	0
$A_3=B_3$	$A_2<B_2$	$\times$	$\times$	$\times$	$\times$	$\times$	0	1	0
$A_3=B_3$	$A_2=B_2$	$A_1>B_1$	$\times$	$\times$	$\times$	$\times$	1	0	0
$A_3=B_3$	$A_2=B_2$	$A_1<B_1$	$\times$	$\times$	$\times$	$\times$	0	1	0
$A_3=B_3$	$A_2=B_2$	$A_1=B_1$	$A_0>B_0$	$\times$	$\times$	$\times$	1	0	0
$A_3 B_3$	$A_2 B_2$	$A_1 B_1$	$A_0 B_0$	$A'>B'$	$A'<B'$	$A'=B'$	$A>B$	$A=B$	$A<B$
$A_3=B_3$	$A_2=B_2$	$A_1=B_1$	$A_0<B_0$	$\times$	$\times$	$\times$	0	1	0
$A_3=B_3$	$A_2=B_2$	$A_1=B_1$	$A_0=B_0$	1	0	0	1	0	0
$A_3=B_3$	$A_2=B_2$	$A_1=B_1$	$A_0=B_0$	0	1	0	0	1	0
$A_3=B_3$	$A_2=B_2$	$A_1=B_1$	$A_0=B_0$	0	0	1	0	0	1

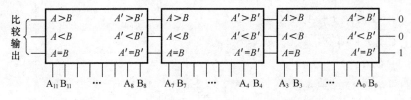

图 3.31　用 3 片 85 组成 12 位数值比较器的逻辑电路

85 包括 TTL54/7485、54/74LS85、54/74F85、54/74S85 和 CMOS54/74HC85、54/74HCT85 等。最低 4 位的级联输入端 $A'>B'$、$A'<B'$ 和 $A'=B'$ 必须预先分别预置为 0、0、1。

3.6 算术运算电路

算术运算电路是数字系统和计算机中不可缺少的单元电路,包括加、减、乘和除等具体运算电路。

3.6.1 半加器和全加器

1. 半加器

能对两个1位二进制数进行相加而求得和及进位的逻辑电路称为半加器。半加器的真值表如表3.23所示。其中,A_i和B_i分别表示被加数和加数,S_i表示半加和,C_i表示进位。

由表3.23可写出半加和S_i与进位C_i的逻辑表达式为

$$S_i = \overline{A_i}B_i + A_i\overline{B_i} = A_i \oplus B_i$$
$$C_i = A_iB_i$$

图3.32所示为半加器的逻辑图和逻辑符号。

表 3.23　　半加器的真值表

输　　入		输　　出	
A_i	B_i	S_i	C_i
0	0	0	0
0	1	1	0
1	0	1	0
1	1	0	1

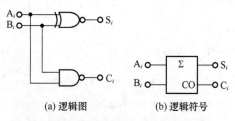

(a) 逻辑图　　　　　(b) 逻辑符号

图3.32　半加器的逻辑图和逻辑符号

2. 全加器

能对两个1位二进制数进行相加并考虑低位来的进位,即相当于对3个1位二进制数相加,求得和及进位的逻辑电路称为全加器。表3.24所示为全加器的真值表。

由真值表可写出逻辑表达式

$$S_i = \overline{A_i}\,\overline{B_i}C_{i-1} + \overline{A_i}B_i\overline{C_{i-1}} + A_i\overline{B_i}\,\overline{C_{i-1}} + A_iB_iC_{i-1}$$
$$= \overline{A_i}(\overline{B_i}C_{i-1} + B_i\overline{C_{i-1}}) + A_i(\overline{B_i}\,\overline{C_{i-1}} + B_iC_{i-1})$$
$$= \overline{A_i}(B_i \oplus C_{i-1}) + A_i\,\overline{(B_i \oplus C_{i-1})}$$
$$= A_i \oplus B_i \oplus C_{i-1}$$
$$C_i = \overline{A_i}B_iC_{i-1} + A_i\overline{B_i}C_{i-1} + A_iB_i$$
$$= (\overline{A_i}B_i + A_i\overline{B_i})C_{i-1} + A_iB_i$$
$$= (A_i \oplus B_i)C_{i-1} + A_iB_i$$

图3.33所示全加器的逻辑图和逻辑符号。

表 3.24　　全加器的真值表

输　　　入			输　　出	
A_i	B_i	C_{i-1}	S_i	C_i
0	0	0	0	0
0	0	1	1	0
0	1	0	1	0
0	1	1	0	1
1	0	0	1	0
1	0	1	0	1
1	1	0	0	1
1	1	1	1	1

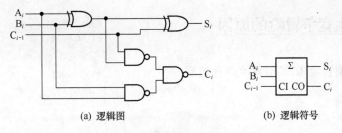

(a) 逻辑图　　　　　　　　(b) 逻辑符号

图 3.33　全加器的逻辑图和逻辑符号

3.6.2　集成算术运算电路

1. 集成二进制 4 位超前进位加法器 283

283 的外引脚排列如图 3.34 所示。输入端为 $A_0 \sim A_3$，C_{0-1} 为进位输入端；输出端为 $S_0 \sim S_3$，C_3 为进位输出端。若用两片 283 电路，可以很容易实现 8 位全加器电路。读者可自行完成该电路。

283 包括 TTL 系列中的 54/74283、54/74LS283、54/74S283、54/74F283 和 CMOS54/74HC283 等。

2. 加法器的级联

一个全加器可以完成两个一位二进制数的相加任务。要实现两个 n 位二进制数的加法运算，就必须使用 n 个全加器，最简单的方法是将 n 个全加器串行连接，即将低位全加器的进位输出端 C_i 接到相邻高位全加器的进位输入端 C_{i-1}。这种电路称为 n 位串行加法器。n 位串行加法器的实现电路还有其他形式，读者可查阅有关资料。

图 3.35 所示电路为由 4 个 4 位加法器串联组成的 16 位加法器电路。

图 3.34　283 的外引脚排列图

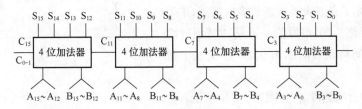

图 3.35　由 4 个 4 位加法器串联组成的 16 位加法器电路

3.7　组合逻辑电路中的竞争与冒险

前面在讨论组合逻辑电路的分析与设计时，都是在理想条件下进行的，即假定电路中信号变化都是即刻的，信号传送无延迟时间，真值表所描述的就是这种理想条件下的逻辑功能。但事实上，电路中所有信号（输入信号除外）的变化，即从一个稳态到另一个稳态均需要过渡时间，这种过渡时间的存在有时会破坏电路的逻辑功能，使逻辑电路产生错误输出。通常把这种现象称为竞争冒险。因此必须对其进行分析与校正，以保证电路逻辑功能的可靠性。

3.7.1 产生竞争冒险的原因

冒险分为"0"型冒险和"1"型冒险两种类型。

1."0"型冒险

电路如图 3.36 所示。其逻辑表达式为 $Y_2=\overline{\overline{AB}A}=AB+\overline{A}$,由表达式得出真值表如表 3.25 所示。

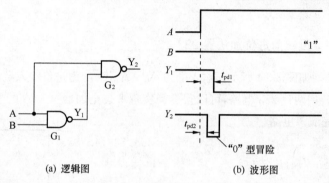

(a) 逻辑图   (b) 波形图

图 3.36 存在"0"型冒险的电路

假设电路中与非门 G_1 的传输延迟时间 t_{pd1} 大于与非门 G_2 的传输延迟时间 t_{pd2},那么当输入 $B=1$,A 由"0"变为"1"时,因为 $t_{pd1}>t_{pd2}$,Y_1 仍然等于"1",所以导致与非门 G_2 的两个输入端 A 和 Y_1 同时为"1",所以 $Y_2=0$;当与非门 G_1 的输出 Y_1 变为"0"时,Y_2 则变为"1",于是在这一瞬间 Y_2 出现了一个窄的"0"脉冲信号,破坏了真值表所描述的输出状态,这个窄"0"脉冲信号就称为"0"型冒险。可见,"0"型冒险就是冒险出现瞬间将正确的输出状态"1"变成了错误的状态"0"。

表 3.25 存在"0"型冒险电路真值表

输	入	输	出
A	B	Y_1	Y_2
0	0	1	1
0	1	1	1
1	0	1	0
1	1	0	1

"0"型冒险的时间宽度 t_{p1} 如图 3.36(b)所示:

$$t_{p1}=(t_{pd1}-t_{pd2})+t_{pd2}=t_{pd1}$$

如果两个与非门的传输延迟时间的关系是 $t_{pd1}<t_{pd2}$,还会出现"0"型冒险吗?请读者自行推断。

2."1"型冒险

电路如图 3.37 所示。其逻辑表达式为 $Y_4=\overline{\overline{A+B}+A}=(A+B)\overline{A}$。根据表达式列出真值表如表 3.27 所示。

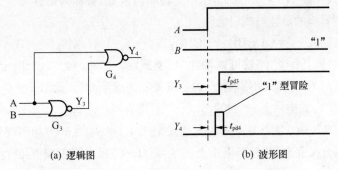

(a) 逻辑图　　　　　　　　(b) 波形图

图 3.37　存在"1"型冒险的电路

假设电路中或非门 G_3 的传输延迟时间 t_{pd3} 大于或非门 G_4 的传输延迟时间 t_{pd4}。那么,当输入 $B=0$,A 由"1"变为"0"时,因为 $t_{pd3}>t_{pd4}$,Y_3 仍然等于"0",导致或非门 G_4 的两个输入端 A 和 Y_3 同时为"0",所以 $Y_4=1$;当或非门 G_3 的输出 Y_3 变为"1"时,Y_4 则变为"0",于是在该瞬间,Y_4 出现了一个窄的"1"脉冲信号,破坏了真值表所描述的输出状态,这个窄的"1"脉冲信号就称为"1"型冒险。可见"1"型冒险就是冒险出现瞬间将正确的输出状态"0"变成了错误的输出状态"1"。

表 3.26　　存在"1"型冒险电路真值表

输　　入		输　　出	
A	B	Y_1	Y_2
0	0	1	0
0	1	0	0
1	0	0	0
1	1	0	0

"1"型冒险的时间宽度如图 3.37(b)所示:

$$t_{p3} = (t_{pd3} - t_{pd4}) + t_{pd4} = t_{pd3}$$

如果两个或非门 G_3 和 G_4 的传输延迟时间的关系是 $t_{p3}<t_{pd4}$,还会产生"1"型冒险吗?请读者自行推断。

由以上分析可知,当电路中存在由反相器产生的互补信号,且在互补信号的状态发生变化时可能出现冒险现象。

3.7.2　冒险的消除方法

冒险会瞬间破坏组合逻辑函数的逻辑关系,因此为了保证组合逻辑关系的绝对正确,对所有出现的冒险都应进行消除。

1. 代数法消除冒险

在与或表达式 $Y_1=AB+\overline{A}C$ 中,当 $B=C=1$ 时,则有 $Y_1=A+\overline{A}$,此时可能存在"0"型冒险,此时若在 Y_1 式中加上"1",就可消除"0"型冒险,显然加上一个固定的"1"是不行的,必须加上一个冒险瞬间为"1"而又不影响 Y_1 的逻辑关系的与项才行,当 $B=C=1$ 时,所加上的与项 BC 就相当于在 Y_1 式中加上了一个"1",克服了"0"型冒险;那么加上了与项 BC 后的表达式 $Y_1=AB+\overline{A}C+BC$ 是否与原表达式相等呢? 很显然,与项 BC 实际上是一个多余项,存在与否完全不影响 Y_1 的逻辑关系,这样的与项 BC,我们称之为消除"0"型冒险的校正与项。

校正后的表达式 $Y_1=AB+\overline{A}C+BC$ 已不是最简与或式,被称为最佳与或式。相应的逻辑电路就是不存在"1"型冒险的最佳与或门电路。

同理,在或与表达式 $Y_2=(A+B)(\overline{A}+C)$ 中,当 $B=C=0$ 时,则有 $Y_2=A\overline{A}$,可能存在"1"型冒险,此时若在 Y_2 式中乘上一个"0"就可以消除"1"型冒险。显然,乘上一个固定的"0"当然是不行的,必须乘上一个瞬间为"0"而又不影响 Y_2 的逻辑关系的或项才行,此时 $B=C=0$,所以乘上或项 $(B+C)$,就相当于给 Y_2 式中乘上一个"0",克服了"1"型冒险。那么乘上了或项 $(B+C)$ 后的表达式 $Y_2=(A+B)(\overline{A}+C)(B+C)$ 是否与原来的表达式 $Y_2=(A+B)(\overline{A}+C)$ 相等呢?经逻辑运算后可知,两表达式的逻辑含义完全相同,所以乘上的或项 $(B+C)$ 根本不影响 Y_2 的逻辑关系,我们把这样的或项 $(B+C)$ 称为消除"1"冒险的校正或项。同样,校正后的表达式 $Y_2=(A+B)(\overline{A}+C)(B+C)$ 已不是最简或与式,被称为最佳或与式。相应的逻辑电路就是不存在"1"型冒险的最佳或与门电路。

2. 加选通门

有时,我们仅从一个组合电路的输出端取出某几个输入变量运算的最终结果,而对输入变化瞬间的输出不感兴趣。此时,就可以在该电路的输出端上加上一个选通与门,如图 3.38 所示。选通脉冲要在原电路稳定后再加上,这样就避开了输入变化瞬间可能在输出端产生冒险的时刻。应注意的是,选通输出后 Y_1 的宽度要比原输出 Y 的宽度窄。

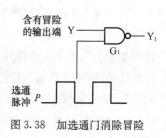

图 3.38 加选通门消除冒险

3. 加吸收电容

在出现脉冲的部位与地之间加吸收电容器。加电容器后,电路的时间常数加大,对窄的冒险脉冲,电路就不能响应。但所加电容器会影响电路的响应速度,故电容量的选取要合适,通常要靠实验调试来确定。

另外,在组合电路中冒险的出现对电路状态的影响并不大。但如果冒险部位后面所接的是触发器等时序电路,其结果很容易导致电路状态产生错误变化,此时,冒险务必要彻底消除。

技能训练 1　组合逻辑电路的设计与测试

1. 技能训练目的

掌握组合逻辑电路的分析设计、测试方法。

2. 技能训练器材

① 直流稳压电源、数字电路实验台。

② 元器件:74LS00　74LS20 各 1 片(引脚及功能查阅第 2 章实用资料)。

③ 导线若干。

3. 技能训练说明

设计一个 3 人表决电路,当多数人同意时,则表决通过,逻辑 1(灯亮)表示同意通过,逻辑 0(灯灭)表示不同意。

4. 技能训练内容和步骤

① 根据任务要求,列出真值表,如表 3.27 所示。

② 由真值表写出逻辑表达式(与非—与非式)。

$$Y = \overline{A}BC + A\overline{B}C + AB\overline{C}$$
$$= AB + AC + BC$$
$$= \overline{\overline{AB} \cdot \overline{BC} \cdot \overline{AC}}$$

③ 根据表达式画出电路图,如图 3.39 所示。

表 3.27　3 人表决器真值表

输　　　入			输　　　出
A	B	C	Y
0	0	0	0
0	0	1	0
0	1	0	0
0	1	1	1
1	0	0	0
1	0	1	1
1	1	0	1
1	1	1	1

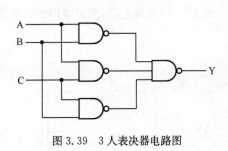

图 3.39　3 人表决器电路图

④ 按电路图接线,测试电路的功能。

5. 技能训练报告要求

① 总结实验心得体会。

② 思考如果是 4 人表决器,则电路图应该是怎样?

技能训练 2　译码器的使用

1. 技能训练目的

① 掌握二进制译码器的逻辑功能。

② 了解各种译码器之间的差异,能正确选择译码器。

③ 掌握集成译码器的应用方法。

④ 掌握集成译码器的扩展方法。

2. 技能训练器材

① 直流稳压电源、数字电路实验台。

② 元器件:74LS138　74LS20 各 1 片。

③ 导线若干。

3. 技能训练说明

集成译码器是一种具有特定逻辑功能的组合逻辑器件,本实验以 3 线－8 线二进制译码器 74LS138 为主,通过实验进一步掌握集成译码器。

① 74LS138 管脚及功能如图 3.15 和表 3.13 所示。

② 用 74LS138 和门电路实现组合电路。给定逻辑函数 L 可写成最小项之和的标准式,对标准式两次取非即为最小项非的与非,即

$$L = \overline{\overline{\prod_i \overline{m_i}}} = \overline{\overline{\prod_i \overline{Y_i}}}。$$

逻辑变量作为译码器地址变量,即可用 74LS138 和与非门实现逻辑函数 L。

4. 技能训练内容及步骤

（1）74LS138 功能测试

将 74LS138 输出 $Y_7 \sim Y_0$ 接 LED 指示器,地址 A_2、A_1、A_0 输入接开关变量,使能端接固定电平(V_{CC} 或地)。

$S_1 \overline{S_2} \overline{S_3} \neq 100$ 时,任意扳动开关,观察 LED 显示状态,记录之。

$S_1 \overline{S_2} \overline{S_3} = 100$ 时,按二进制顺序扳动开关,观察 LED 显示状态,并与功能表对照,记录之。

（2）电路逻辑功能测试

按图 3.40 连接电路,测试电路逻辑功能,列出逻辑函数 F 的真值表。

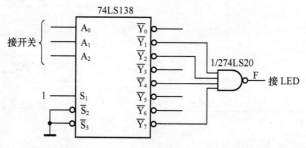

图 3.40　用 74LS138 实现逻辑函数的电路图

5. 技能训练报告要求

① 总结实验心得体会。

② 思考如何用 74LS138 实现 3 人表决电路。

技能训练3　编码器、显示译码器及数字显示电路

1. 技能训练目的

熟悉编码器、七段显示译码器、数码管等集成电路的典型应用。

2. 技能训练仪器及器件

① 直流稳压电源、数字电路实验台。

② BCD 码(9/4 线)优先编码器 74LS147　　1 块。

③ 七段显示译码器　　　　　　　　　　　1 块。

④ 74LS00　　　　　　　　　　1 块。

3. 技能训练说明

图 3.41 所示为 BCD 码编码器和七段译码显示电路的框图。其实现的功能为:

十进制输入→二进制输出→译十进制显示

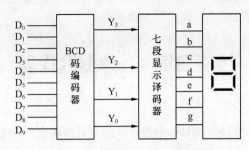

图 3.41　BCD 码编码器和七段译码器

4. 技能训练内容及步骤

① 根据电路原理图 3.42 连接电路。

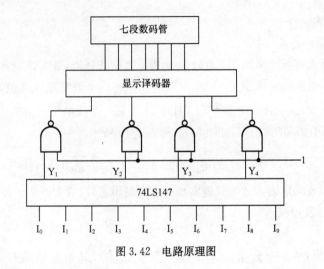

图 3.42　电路原理图

② 记录实验结果,填入表 3.28 中。

表 3.28　　　　　　　　　　　　实验记录表

74LS147 输入									74LS00 输出	数码管显示
I_1	I_2	I_3	I_4	I_5	I_6	I_7	I_8	I_9		
×	×	×	×	×	×	×	×	0		
×	×	×	×	×	×	×	0	1		
×	×	×	×	×	×	0	1	1		
×	×	×	×	×	0	1	1	1		
×	×	×	×	0	1	1	1	1		
×	×	×	0	1	1	1	1	1		
×	×	0	1	1	1	1	1	1		
×	0	1	1	1	1	1	1	1		
0	1	1	1	1	1	1	1	1		
1	1	1	1	1	1	1	1	1		

5. 技能训练报告要求

① 整理实验结果,填入相应表格中。

② 总结实验心得体会,说明 74LS147 的工作原理。

技能训练 4　数据选择器

1. 技能训练目的

① 了解数据选择器(多路开关 MUX)的逻辑功能及常用集成数据选择器。

② 掌握数据选择器的应用方法。

2. 技能训练器材

① 数字电路实验台。

② 74LS151　1 片。

③ 74LS04　　1 片。

3. 技能训练说明

本实验使用的集成数据选择器 74LS151 为 8 选 1 数据选择器,数据选择端 3 个地址输入 A_2、A_1、A_0 用于选择 8 个数据输入通道 $D_7 \sim D_0$ 中对应下标的一个数据输入通道,并实现将该通道输入数据传送到输出端 Y(或互补输出端 $\overline{Y}$)。74LS151 还有一个低电平有效的使能端 $\overline{EN}$,以便实现扩展应用。74LS151 引脚和功能分别如图 3.28 和表 3.19 所示。

在使能条件下($\overline{EN}=0$),74LS151 的输出可以表示为 $Y = \sum\limits_{i=0}^{7} m_i D_i$,其中 m_i 为地址变量 A_2、A_1、A_0 的最小项。只要确定输入数据就能实现相应的逻辑函数,成为逻辑函数发生器。

4. 技能训练内容及步骤

(1) 功能测试

按图 3.43 连接电路,8 个数据输入中仅一个接地(0),其余悬空或接 V_{CC}(1),列表验证 74LS151 功能是否与表 3.19 一致。

(2) 密码锁设计

设计一密码电子锁,锁上有 4 个锁孔 A、B、C、D,按下为 1,否则为 0,当按下 A 和 B,或 A 和 D,或 B 和 D 时,再插入钥匙,锁即打开。若按错了键孔,当插入钥匙时,锁打不开,并发出报警信号,有警为 1,无警为 0。该密码锁的电路如图 3.44 所示,按图接线并检查电路的逻辑功能,列出表述其功能的真值表,记录实验数据如表 3.29 所示,可得表达式:

$$F(A,B,C,D) = \sum m(0,1,2,3,4,6,7,8,10,11,13,14,15)$$

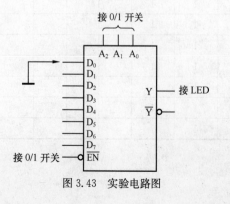

图 3.43　实验电路图

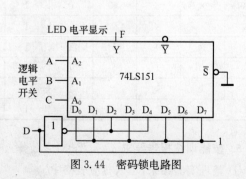

图 3.44　密码锁电路图

表 3.29　　　　　　　　　　　　　　电路的实验数据表

A	B	C	D	F	A	B	C	D	F
0	0	0	0	1	1	0	0	0	1
0	0	0	1	1	1	0	0	1	0
0	0	1	0	1	1	0	1	0	1
0	0	1	1	1	1	0	1	1	1
0	1	0	0	1	1	1	0	0	0
0	1	0	1	0	1	1	0	1	1
0	1	1	0	1	1	1	1	0	1
0	1	1	1	1	1	1	1	1	1

5. 技能训练报告要求

① 整理实验结果,填入相应表格中。

② 总结实验心得体会,说明 74LS151 的工作原理。

实用资料速查:常用组合逻辑电路功能部件相关资料

1. 双 2～4 线译码器/分配器 54/74139、54/74S139、54/74LS139

表中,H:高电平;L:低电平;×:无关;Z:高阻抗态,以下均同。

输　入　端			输　出　端			
G	A	B	Y_0	Y_1	Y_2	Y_3
H	×	×	H	H	H	H
L	L	L	L	H	H	H
L	L	H	H	L	H	H
L	H	L	H	H	L	H
L	H	H	H	H	H	L

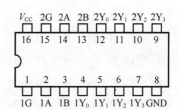

2. 4～10 线译码器/分配器 54/7445

编号	输　入　端				输　出　端									
	A	B	C	D	0	1	2	3	4	5	6	7	8	9
0	L	L	L	L	L	H	H	H	H	H	H	H	H	H
1	L	L	L	H	H	L	H	H	H	H	H	H	H	H
2	L	L	H	L	H	H	L	H	H	H	H	H	H	H
3	L	L	H	H	H	H	H	L	H	H	H	H	H	H
4	L	H	L	L	H	H	H	H	L	H	H	H	H	H
5	L	H	L	H	H	H	H	H	H	L	H	H	H	H
6	L	H	H	L	H	H	H	H	H	H	L	H	H	H
7	L	H	H	H	H	H	H	H	H	H	H	L	H	H
8	H	L	L	L	H	H	H	H	H	H	H	H	L	H
9	H	L	L	H	H	H	H	H	H	H	H	H	H	L

编号	输入端				输出端									
	A	B	C	D	0	1	2	3	4	5	6	7	8	9
此栏均为无效	H	L	H	L	H	H	H	H	H	H	H	H	H	H
	H	L	H	H	H	H	H	H	H	H	H	H	H	H
	H	H	L	L	H	H	H	H	H	H	H	H	H	H
	H	H	L	H	H	H	H	H	H	H	H	H	H	H
	H	H	H	L	H	H	H	H	H	H	H	H	H	H
	H	H	H	H	H	H	H	H	H	H	H	H	H	H

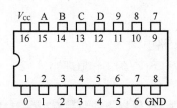

3. 4～16 线译码器/分配器 54/74154、54/74L154、54/74159

输入端						输出端																
G_1	G_2	D	C	B	A	0	1	2	3	4	5	6	7	8	9	10	11	12	13	14	15
L	L	L	L	L	L	L	H	H	H	H	H	H	H	H	H	H	H	H	H	H	H
L	L	L	L	L	H	H	L	H	H	H	H	H	H	H	H	H	H	H	H	H	H
L	L	L	L	H	L	H	H	L	H	H	H	H	H	H	H	H	H	H	H	H	H
L	L	L	L	H	H	H	H	H	L	H	H	H	H	H	H	H	H	H	H	H	H
L	L	L	H	L	L	H	H	H	H	L	H	H	H	H	H	H	H	H	H	H	H
L	L	L	H	L	H	H	H	H	H	H	L	H	H	H	H	H	H	H	H	H	H
L	L	L	H	H	L	H	H	H	H	H	H	L	H	H	H	H	H	H	H	H	H
L	L	L	H	H	H	H	H	H	H	H	H	H	L	H	H	H	H	H	H	H	H
L	L	H	L	L	L	H	H	H	H	H	H	H	H	L	H	H	H	H	H	H	H
L	L	H	L	L	H	H	H	H	H	H	H	H	H	H	L	H	H	H	H	H	H
L	L	H	L	H	L	H	H	H	H	H	H	H	H	H	H	L	H	H	H	H	H
L	L	H	L	H	H	H	H	H	H	H	H	H	H	H	H	H	L	H	H	H	H
L	L	H	H	L	L	H	H	H	H	H	H	H	H	H	H	H	H	L	H	H	H
L	L	H	H	L	H	H	H	H	H	H	H	H	H	H	H	H	H	H	L	H	H
L	L	H	H	H	L	H	H	H	H	H	H	H	H	H	H	H	H	H	H	L	H
L	L	H	H	H	H	H	H	H	H	H	H	H	H	H	H	H	H	H	H	H	L
L	H	×	×	×	×	H	H	H	H	H	H	H	H	H	H	H	H	H	H	H	H
H	L	×	×	×	×	H	H	H	H	H	H	H	H	H	H	H	H	H	H	H	H
H	H	×	×	×	×	H	H	H	H	H	H	H	H	H	H	H	H	H	H	H	H

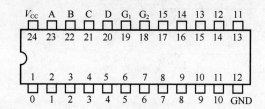

4. 三态输出的 8～3 线优先编码器 54/74LS348

输　入　端									输　出　端				
EI	0	1	2	3	4	5	6	7	A_2	A_1	A_0	CS	EO
H	×	×	×	×	×	×	×	×	Z	Z	Z	H	H
L	H	H	H	H	H	H	H	H	Z	Z	Z	H	L
L	×	×	×	×	×	×	×	L	L	L	L	L	H
L	×	×	×	×	×	×	L	H	L	L	H	L	H
L	×	×	×	×	×	L	H	H	L	H	L	L	H
L	×	×	×	×	L	H	H	H	L	H	H	L	H
L	×	×	×	L	H	H	H	H	H	L	L	L	H
L	×	×	L	H	H	H	H	H	H	L	H	L	H
L	×	L	H	H	H	H	H	H	H	H	L	L	H
L	L	H	H	H	H	H	H	H	H	H	H	L	H

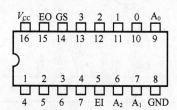

5. 2 选 1 数据选择器 54/74157、54/74S157、54/74LS157

输　入　端				输　出　端
G	S	A	B	Y
H	×	×	×	L
L	L	L	×	L
L	L	H	×	H
L	H	×	L	L
L	H	×	H	H

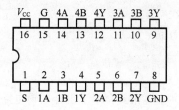

6. 带快速进位的4位二进制全加器54/7483、54/74LS83

输 入 端			输 出 端	
C_{n-1}	A_n	B_n	$\sum_n$	C_n
L	L	L	L	L
L	L	H	H	L
L	H	L	H	L
L	H	H	L	H
H	L	L	H	L
H	L	H	L	H
H	H	L	L	H
H	H	H	H	H

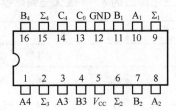

7. 双4位8424BCD码加法器54/74F583

输 入 端									输 出 端					
A_3	A_2	A_1	A_0	B_3	B_2	B_1	B_0	C_{in}	C_{out}	$\sum_3$	$\sum_2$	$\sum_1$	$\sum_0$	对应的十进制数
L	L	L	L	L	L	L	L	L	L	L	L	L	L	0
L	L	L	L	L	L	L	L	H	L	L	L	L	H	1
L	H	L	L	L	L	H	H	L	L	L	H	H	H	7
L	H	L	L	L	L	H	L	L	L	H	L	L	L	8
L	H	H	H	L	L	L	L	L	H	L	L	L	L	11
L	H	H	L	L	L	L	L	L	H	L	L	L	L	12
H	L	L	L	L	L	L	L	L	H	L	L	L	H	13
H	L	L	L	L	L	L	L	H	H	L	L	L	L	14
H	L	L	L	L	L	L	H	H	H	L	L	L	H	19
自行解决									最大8421BCD的和为十进制数19					

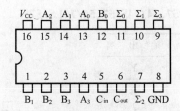

<h1 align="center">本 章 小 结</h1>

1. 本章主要介绍了组合逻辑电路的基本概念和特点,组合逻辑电路的分析方法和设计方法,各种常用组合电路的构成、工作原理及其应用等;适当介绍了一些常用组合集成电路;讲述了组合逻辑电路中竞争和冒险现象产生原因及消除冒险的方法。

2. 组合电路任一时刻的输出状态,仅取决于该时刻各输入状态的组合,而与电路的原状态无关。组合电路是由逻辑门电路构成的。

3. 常用组合电路有编码器、译码器、数据分配器与数据选择器、数字比较器和算术运算电路等。

4. 编码器有二进制、二-十进制和优先编码器等;译码器有二进制、二-十进制和数字显示译码器等。编码器和译码器逻辑功能相反,在数字系统中经常配合使用。

5. 数据分配器和数据选择器常在数据传输中配合使用。

6. 数字比较器在数字系统中用来比较两个数的大小。

7. 算术、逻辑运算电路常在计算机和数字系统中实现数据间的算术与逻辑运算。

自我检测题

一、选择题

1. 若在编码器中有 50 个编码对象,则要求输出二进制代码位数为_____位。

    A. 5   B. 6   C. 10   D. 50

2. 一个 16 选一的数据选择器,其地址输入(选择控制输入)端有_____个。

    A. 1   B. 2   C. 4   D. 16

3. 四选一数据选择器的数据输出 Y 与数据输入 X_i 和地址码 A_i 之间的逻辑表达式为 $Y=$_____。

    A. $\overline{A}_1\overline{A}_0 X_0 + \overline{A}_1 A_0 X_1 + A_1 \overline{A}_0 X_2 + A_1 A_0 X_3$ B. $\overline{A}_1\overline{A}_0 X_0$

    C. $\overline{A}_1 A_0 X_1$ D. $A_1 A_0 X_3$

4. 一个 8 选一数据选择器的数据输入端有_____个。

    A. 1   B. 2   C. 3

    D. 4   E. 8

5. 在下列逻辑电路中,不是组合逻辑电路的有_____。

    A. 译码器   B. 编码器   C. 全加器   D. 寄存器

6. 八路数据分配器,其地址输入端有_____个。

    A. 1   B. 2   C. 3

    D. 4   E. 8

7. 101 键盘的编码器输出_____位二进制代码。

    A. 2   B. 6   C. 7   D. 8

8. 以下电路中,加以适当辅助门电路,_____适于实现单输出组合逻辑电路。

    A. 二进制译码器   B. 数据选择器

    C. 数值比较器   D. 七段显示译码器

9. 用四选一数据选择器实现函数 $Y = A_1 A_0 + \overline{A}_1 A_0$,应使_____。

    A. $D_0 = D_2 = 0, D_1 = D_3 = 1$ B. $D_0 = D_2 = 1, D_1 = D_3 = 0$

    C. $D_0 = D_1 = 0, D_2 = D_3 = 1$ D. $D_0 = D_1 = 1, D_2 = D_3 = 0$

10. 用 3 线-8 线译码器 74LS138 和辅助门电路实现逻辑函数 $Y = A_2 + \overline{A}_2 \overline{A}_1$,应_____。

    A. 用与非门,$Y = \overline{Y_0 Y_1 Y_4 Y_5 Y_6 Y_7}$ B. 用与门,$Y = \overline{Y_2 Y_3}$

C. 用或门，$Y = \overline{Y}_2 + \overline{Y}_3$ 　　　　　　D. 用或门，$Y = \overline{Y}_0 + \overline{Y}_1 + \overline{Y}_4 + \overline{Y}_5 + \overline{Y}_6 + \overline{Y}_7$

二、判断题(正确打√,错误的打×)

1. 优先编码器的编码信号是相互排斥的,不允许多个编码信号同时有效。　　　　(　　)

2. 编码与译码是互逆的过程。　　　　(　　)

3. 二进制译码器相当于是一个最小项发生器,便于实现组合逻辑电路。　　　　(　　)

4. 液晶显示器的优点是功耗极小、工作电压低。　　　　(　　)

5. 液晶显示器可以在完全黑暗的工作环境中使用。　　　　(　　)

6. 半导体数码显示器的工作电流大,约 10mA,因此,需要考虑电流驱动能力问题。　　(　　)

7. 共阴接法发光二极管数码显示器需选用有效输出为高电平的七段显示译码器来驱动。　(　　)

8. 数据选择器和数据分配器的功能正好相反,互为逆过程。　　　　(　　)

9. 用数据选择器可实现时序逻辑电路。　　　　(　　)

10. 组合逻辑电路中产生竞争冒险的主要原因是输入信号受到尖峰干扰。　　　　(　　)

三、填空题

1. 半导体数码显示器的内部接法有两种形式:共_____接法和共_____接法。

2. 对于共阳接法的发光二极管数码显示器,应采用_____电平驱动的七段显示译码器。

3. 消除竞争冒险的方法有_____、_____、_____等。

习　题

1. 分析题图 3.45 所示的组合逻辑电路,并画出其简化逻辑电路图。

2. 分析图 3.46 所示的逻辑电路,并解决如下问题。

(1) 指出在哪些输入取值下,输出 Y 的值为 1。

(2) 用异或门实现该电路的逻辑功能。

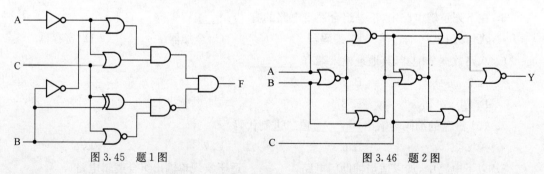

图 3.45　题 1 图　　　　　　图 3.46　题 2 图

3. 设计一个组合电路,该电路输入端接收两个二位二进制数 $A = A_1 A_0$, $B = B_1 B_0$,当 $A \geqslant B$ 时,输出 $Z = 1$,否则 $Z = 0$。

4. 假定 $X = B_1 B_0$ 代表一个二位二进制数,试设计满足如下要求的逻辑电路。

(1) $Y = X^2$　　　　(2) $Y = X^3$　　　(Y 也用二进制数表示)

5. 用与非门设计一个偶校验码产生电路,该电路输入为一位十进制数的 8421BCD 码,当输入的数字为奇数时,输出 F 为 1,否则 F 为 0。

6. 用适当的门电路设计一个求反码电路,该电路输入为 $A = A_V A_3 A_2 A_1 A_0$,其中 A_V 为符号位，$A_3A_2A_1A_0$ 为数值位。

7. 选择合适的门电路设计一个检测电路，检测四位二进制码中 1 的个数是否为偶数。若为偶数个 1，则输出为 0，否则为 1。

8. 用尽可能少的门电路设计一个加/减法器，该电路在 M 控制下进行加、减运算。当 M＝0 时，实现全加器功能；当 M＝1 时，实现全减器功能。

9. 判断下列函数是否可能发生竞争？ 竞争结果是否会产生冒险？ 在什么情况下产生冒险？ 若可能产生冒险，试用增加冗余项的方法消除。

（1）$F_1＝AB+A\overline{C}+\overline{C}D$ 　　　　（2）$F_2＝AB+\overline{A}CD+BC$

（3）$F_2＝(A+\overline{B})(\overline{A}+\overline{C})$

10. 若 $A＝A_V A_3 A_2 A_1 A_0$，其中 A_V 为符号位。试用四位二进制加法器 74LS283 和适当的门电路实现对 A 的求补码电路。

11. 试用十六进制数的方式写出 16 选 1 的数据选择器的各地址码。

12. 用 32 选 1 数据选择器选择数据，设选择的输入数据为 D_2、D_{17}、D_{18}、D_{27}、D_{31}，试依次写出对应的地址码。

13. 试用 3 线-8 线译码器 74LS138 和适当的门电路实现下列逻辑函数。

（1）$F＝A\overline{B}+\overline{A}C+\overline{B}C$ 　　　　（2）$F＝A\overline{B}\,\overline{C}+BC\overline{D}+A\overline{C}\,\overline{D}+\overline{B}CD$

14. 试用双 4 选 1 数据选择器 74LS153 和适当的门电路实现一位全减器。

15. 试用两片 CC4585 串联扩展构成八位数值比较器。

16. 试用 5 片 CC4585 并联扩展构成十六位数值比较器。

17. 试用 4 选 1 数据选择器 74LS153 扩展构成 16 选 1 数据选择器。

18. 试选用适当的译码器和门电路将双 4 选 1 数据选择器 74LS153 扩展构成 16 选 1 数据选择器。

19. 试用 8 选 1 数据选择器 74LS151 和适当的门电路实现下列逻辑函数。

（1）$F＝A\overline{B}+\overline{A}C+\overline{B}C$ 　　　　（2）$F＝A\overline{B}\,\overline{C}+BC\overline{D}+A\overline{C}\,\overline{D}+\overline{B}CD$

20. 试用 4 位二进制加法器 74LS283 和适当的门电路扩展构成两个 8 位二进制数的加/减电路。该电路的输入为两个带符号位的二进制数 A 和 B，输出为 F。$A＝A_V A_7 A_6 A_5 A_4 A_3 A_2 A_1 A_0$，$B＝B_V B_7 B_6 B_5 B_4 B_3 B_2 B_1 B_0$，其中 A_V、B_V 分别为 A 和 B 的符号位。

21. 用 4 位并行二进制加法器 74LS283 设计一位 8421BCD 码十进制数加法器。要求完成两个用 8421BCD 码表示的数相加，和数也用 8421BCD 码表示。

第4章

触发器

在数字系统中,除了广泛使用数字逻辑门部件输出信号外,还常常需要记忆和保存这些数字二进制数码信息,这就要用到另一个数字逻辑部件:触发器。数字电路中,将能够存储一位二进制信息的逻辑电路称为触发器(flip-flop)。它是构成时序逻辑电路的基本单元。

触发器的种类很多,本章首先介绍触发器的电路结构及工作原理,然后介绍触发器的功能、分类及相互转换,最后介绍集成触发器的工作特性及主要参数。

4.1 触发器的电路结构及工作原理

4.1.1 基本 RS 触发器

基本 RS 触发器是构成各种功能触发器的最基本的单元,故称基本触发器。

1. 电路结构和工作原理

(1)电路结构

基本 RS 触发器是由两个与非门 G_1、G_2 交叉耦合构成的,它有两个输入端 $\overline{R}$、$\overline{S}$,两个输出端 Q、$\overline{Q}$。其逻辑图和逻辑符号如图 4.1 所示。它与组合电路的根本区别在于,电路中有反馈线

(2)工作原理

当 $\overline{R}=0$、$\overline{S}=1$ 时,即 G_1 的输入端 $\overline{R}$ 接低电平 0,G_2 输入端 $\overline{S}$ 接高电平 1 时,根据与非门逻辑关系可知,G_1 输出 $\overline{Q}=1$,G_2 输出 $Q=0$。通常规定 Q 端状态为触发器状态,可见,当 $\overline{R}$ 端

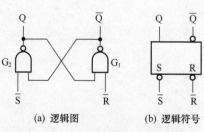

(a) 逻辑图   (b) 逻辑符号

图 4.1   与非门组成的基本 RS 触发器

加低电平时,触发器为 0 态,所以称 $\bar{R}$ 为置 0 端,又称复位(Reset)端。

当 $\bar{S}=0$、$\bar{R}=1$ 时,由于 $\bar{S}=0$,不论原来 Q 为 0 还是 1,都有 $Q=1$;再由 $\bar{R}=1$、$Q=1$ 可得 $\bar{Q}=0$。可见,$\bar{S}$ 端加低电平时,触发器为 1 态。所以称 $\bar{S}$ 为置 1 端,又称置位(Set)端。

若触发器原来为 1 态,欲使之变为 0 态,必须令 $\bar{R}$ 端的电平由 1 变 0,$\bar{S}$ 端的电平由 0 变 1。这里所加的输入信号(低电平)称为触发信号,由它们导致的转换过程称为翻转。由于这里的触发信号是电平,因此这种触发器称为电平控制触发器。从功能方面看,它只能在 $\bar{R}$ 和 $\bar{S}$ 的作用下置 1 和置 0,所以又称为置 0 置 1 触发器,或称为置位复位触发器。

当 $\bar{R}=1$、$\bar{S}=1$ 时,若触发器初始状态为 1 态,这时,$\bar{Q}=0$,$\bar{S}=1$,仍保持 $Q=1$。而 $Q=1$,$\bar{R}=1$,使 $\bar{Q}=0$,所以触发器状态不变。若触发器初始为 0 态,$Q=0$,$\bar{R}=1$,$\bar{Q}$ 仍保持 1。而 $\bar{Q}=1$,$\bar{S}=1$,使 $Q=0$,触发器状态也不变。可见,触发器正常工作时,Q 和 $\bar{Q}$ 端的逻辑关系总是互补的。触发器保持原有状态不变,即原来的状态被触发器存储起来,这体现了触发器具有记忆能力。

当 $\bar{R}=0$、$\bar{S}=0$ 时,分别使 $Q=\bar{Q}=1$,不符合触发器的逻辑关系。并且由于与非门延迟时间不可能完全相等,在两输入端的 0 同时撤除后,将不能确定触发器是处于 1 状态还是 0 状态。所以触发器不允许出现这种情况,这就是基本 RS 触发器的约束条件。

用 Q^n 表示触发器接收输入信号之前的状态(也称现态或初态)。用 Q^{n+1} 表示触发器接收输入信号之后所处的新的稳定状态(也称次态)。可将 Q^{n+1} 和 Q^n、$\bar{R}$、$\bar{S}$ 之间的逻辑关系用触发器的状态表表示,如表 4.1 所示。因为触发器新的状态 Q^{n+1} 不仅与输入状态有关,而且与触发器原来的状态功能 Q^n 有关,所以把 Q^n 作为一个变量列入特性表。

表 4.1　　　　　　　　　　　　　基本 RS 触发器状态表

$\bar{R}$	$\bar{S}$	Q^n	Q^{n+1}	功　　能
0	0	0	不用	不允许
0	0	1	不用	
0	1	0	0	$Q^{n+1}=0$
0	1	1	0	置 0
1	0	0	1	$Q^{n+1}=1$
1	0	1	1	置 1
1	1	0	0	$Q^{n+1}=Q^n$
1	1	1	1	保持

表中 $\bar{R}\bar{S}Q^n$ 为 000、001 两种状态,在正常工作时是不允许出现的,化简时当作约束项处理。

综上所述,基本 RS 触发器特点如下。

① 触发器的次态不仅与输入信号状态有关,而且与触发器的现态有关。

② 电路具有两个稳定状态,在无外来触发信号作用时,电路将保持原状态不变。

③ 在外加触发信号有效时,电路可以触发翻转,实现置 0 或置 1。

④ 在稳定状态下两个输出端的状态必须是互补关系,即有约束条件。

图 4.1(b)所示的逻辑符号中,$\bar{R}$、$\bar{S}$ 文字符号上的"非号"和输入端上的"小圆圈"均表示这种触发器的触发信号是低电平有效。

此外,还可以用或非门的输入、输出端交叉耦合连接构成置 0、置 1 触发器。其逻辑图和逻辑符号如图 4.2 所示。

这种触发器的触发信号是高电平有效,因此在逻辑符号方框外侧的输入端没有小圆圈。其逻辑功能请读者自行分析。

综上所述,基本 RS 触发器具有复位($Q=0$)、置位($Q=1$)、保持原状态 3 种功能,R 为复位输入端,S 为置位输入端,可以是低电平有效,也可以是高电平有效,取决于触发器的结构。

2. 基本 RS 触发器的应用举例

【**例 4.1**】 运用基本 RS 触发器,消除机械开关振动引起的脉冲。

解:机械开关接通时,由于振动会使电压或电流波形产生"毛刺",如图 4.3 所示。在电子电路中,一般不允许出现这种现象,因为这种干扰信号会导致电路工作出错。

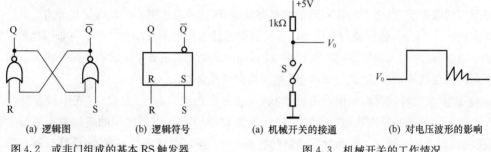

(a) 逻辑图 (b) 逻辑符号

图 4.2 或非门组成的基本 RS 触发器

(a) 机械开关的接通 (b) 对电压波形的影响

图 4.3 机械开关的工作情况

利用基本 RS 触发器的记忆作用可以消除上述开关振动产生的影响。开关与触发器的连接方法如图 4.4(a)所示。设单刀双掷开关原来与 B 点接通,这时触发器的状态为 0。当开关由 B 拨向 A 时,其中有一短暂的浮空时间,这时触发器的 R、S 均为 1,Q 仍为 0。中间触点与 A 接触时,A 点电位由于振动而产生"毛刺"。但是,首先 B 点已经为高电平,A 点一旦出现低电平,触发器的状态翻转为 1,即使 A 点再出现高电平,也不会再改变触发器的状态,所以 Q 端的电压波形不会出"毛刺"现象,如图 4.4(b)所示。

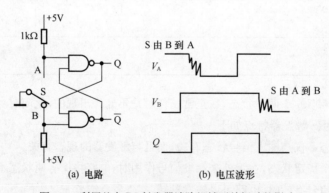

(a) 电路 (b) 电压波形

图 4.4 利用基本 RS 触发器消除机械开关振动的影响

4.1.2 同步 RS 触发器

前面介绍的基本 RS 触发器的输入信号直接控制触发器的翻转。在实际应用中,常需要用一个像时钟一样准确的控制信号来控制同一电路中各个触发器的翻转时刻,这就要求再增加一个控制端。通常把控制端引入的信号称为时钟脉冲信号,简称为时钟信号,用 CP(Clock Pulse)表示。这样,触发器状态的变化便由时钟脉冲和输入信号共同决定。其中 CP 脉冲确定触发器状态转换的时刻(什么时候转换),由输入信号确定触发器状态转换的结果(怎么转换)。

具有时钟脉冲控制的触发器状态的改变与时钟脉冲同步,所以称为同步触发器。

1. 同步 RS 触发器的电路结构和工作原理

（1）电路结构

图 4.5(a)电路由两部分组成:门 G_1、G_2 组成基本 RS 触发器,与非门 G_3、G_4 组成输入控制门电路,控制端信号 CP 由一个标准脉冲信号源提供。

（2）逻辑功能分析

当 $CP=0$ 时,控制门 G_3、G_4 关闭,不管 R 端和 S 端的信号如何变化,G_3、G_4 门都输出 1。这时,触发器的状态保持不变。

当 $CP=1$ 时,G_3、G_4 打开,R、S 信号通过门 G_3、G_4 反相后加到 G_1 和 G_2 组成的基本 RS 触发器上,使输出 Q 和 $\overline{Q}$ 的状态跟随输入状态的变化而改变。

不难看出,同步 RS 触发器是将 R、S 信号经 G_3、G_4 门倒相后控制基本 RS 触发器工作,因此同步 RS 触发器是高电平触发翻转,故其逻辑符号中不加小圆圈。同时,外加 R、S 信号

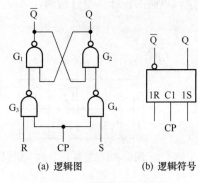

(a) 逻辑图   (b) 逻辑符号

图 4.5 同步 RS 触发器

加到输入端,并不能引起触发器的翻转,只有在时钟脉冲的配合下,才能使触发器由原来的状态翻转到新的状态,故称"同步"。由此可得同步 RS 触发器的特性如表 4.2 所示。

表 4.2   同步 RS 触发器的特性表

CP	R	S	Q^n	Q^{n+1}	功　能
0	×	×	×	Q^n	$Q^{n+1}=Q^n$ 保持
1	0	0	0	0	$Q^{n+1}=Q^n$ 保持
1	0	0	1	1	
1	0	1	0	1	$Q^{n+1}=1$ 置 1
1	0	1	1	1	
1	1	0	0	0	$Q^{n+1}=0$ 置 0
1	1	0	1	0	
1	1	1	0	不用	不允许
1	1	1	1	不用	

由表 4.2 特性表可以看出,同步 RS 触发器的状态转换分别由 R、S 和 CP 控制,其中,R、S 控制状态转换的方向,即转换为何种次态;CP 控制状态转换的时刻,即何时发生转换。

2. 触发器逻辑功能描述方法

（1）特性方程

触发器次态 Q^{n+1} 与输入状态 R、S 及现态 Q^n 之间逻辑关系的最简逻辑表达式称为触发器的特性方程。

根据表4.2可画出同步RS触发器Q^{n+1}的卡诺图,如图4.6所示。图中把现态也看成一个变量,由它和R、S一起决定次态Q^{n+1}。不允许出现的状态RSQ^n为110和111两种状态,在对应的Q^{n+1}取值处打"×"号,化简时当作约束项处理。

由卡诺图化简后可得同步RS触发器的特性方程为

$$Q^{n+1} = S + \overline{R}Q^n, (约束条件:RS=0)$$

(2)驱动表

所谓驱动是指已知某时刻触发器从现态Q^n转换到次态Q^{n+1},应在输入端加上什么样的信号才能实现。驱动表是用表格的方式表示触发器从一个状态变化到另一个状态或保持原状态不变时,对输入信号的要求。表4.3所示为根据表4.2画出的同步RS触发器的驱动表。驱动表对时序逻辑电路的设计是很有用的。

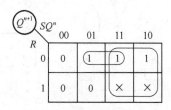

图4.6 同步RS触发器Q^{n+1}的卡诺图

表4.3 同步RS触发器的驱动表

Q^n	Q^{n+1}	R	S
0	0	×	0
0	1	0	1
1	0	1	0
1	1	0	×

驱动表第一行指出触发器现态为0,要求时钟脉冲CP出现之后,次态仍然是0。从状态表中发现,R和S都为0时,触发器将保持0态不变。所以,R、S都应为0。然而,R的取值是无关紧要的,若R取1,只要S取0,CP出现后,触发器就置0,同样满足次态为0的要求。因此,R的取值可以是任意的,故在R之下填入随意条件"×"。

若触发器现态为1,要求次态为0,从状态表可知,唯一的方案是R=1,S=0。相反,要求触发器状态从0变1,则输入端必须是R=0,S=1。

若要求触发器保持1态,R必须为0,S则可任取0或1,用"×"表示。

由此可见,驱动表是特性表和特性方程的另一种表现形式。

(3)状态转换图

状态转换图是描述触发器的状态转换关系及转换条件的图形,它表示出触发器从一个状态变化到另一个状态或保持原状态不变时,对输入信号的要求。它形象地表示了在CP控制下触发器状态转换的规律。

同步RS触发器的状态转换图如图4.7所示。

图中两圆圈分别代表触发器的两种状态,箭头代表状态转换方向,箭头线旁边标注的是输入信号取值,是表明转换条件的。

(4)时序波形图

触发器的功能也可以用输入、输出波形图直观地表现出来。反映时钟脉冲CP、输入信号R、S及触发器状态Q对应关系的工作波形图叫时序图。同步RS触发器的时序图如图4.8所示。

画Q的波形时要注意:

● Q初始状态没有给定时,可以预先假设;

● 根据状态表、状态图或特性方程确定次态;

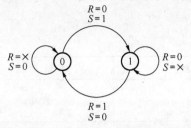

图 4.7　同步 RS 触发器的状态转换图

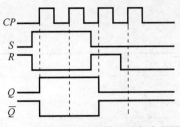

图 4.8　同步 RS 触发器的时序波形图

● 时钟电平控制。在 $CP=1$ 期间接收输入信号，$CP=0$ 时状态保持不变，与基本 RS 触发器相比，对触发器状态的转变增加了时间控制。

综上所述，描述触发器逻辑功能的方法主要有特性表、特性方程、驱动表、状态转换图和波形图（又称时序图）等 5 种。它们之间可以相互转换。

3. 触发器初始状态的预置

在实际应用中，经常需要在 CP 脉冲到来之前，预先将触发器预置成某一初始状态。为此，同步 RS 触发器中设置了专用的直接置位端 $\overline{S}_d$ 和直接复位端 $\overline{R}_d$，通过在 $\overline{S}_d$ 或 $\overline{R}_d$ 端加低电平直接作用于基本 RS 触发器，完成置 1 或置 0 的工作，而不受 CP 脉冲的限制，故称其为异步置位端和异步复位端，具有最高的优先级。初始状态预置后，应使 $\overline{S}_d$ 和 $\overline{R}_d$ 处于高电平，触发器即可进入正常工作状态，如图 4.9 所示。该电路 $\overline{S}_d$ 和 $\overline{R}_d$ 端都为低电平有效。在使用时要注意，任何时刻，只能一个信号有效，不能同时有效。

4. D 锁存器（双稳态锁存器）

为了解决 $R、S$ 之间有约束的问题，可将同步 RS 触发器接成 D 锁存器的形式。

在同步 RS 触发器的基础上，再加 G_5、G_6 两个门，将输入信号 D 变成互补的两个信号分别送给 R、S 端，即 $R=\overline{D}$，$S=D$，就构成了同步 D 触发器，如图 4.10 所示。

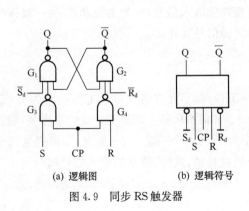

(a) 逻辑图　　　(b) 逻辑符号

图 4.9　同步 RS 触发器

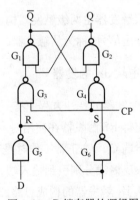

图 4.10　D 锁存器的逻辑图

当 $CP=0$ 时，输出状态保持不变。

当 $CP=1$ 时，若 $D=0$，则门 G_5 输出为 1($R=1$)，门 G_6 输出为 0($S=0$)，触发器置 0。若 $D=1$，则门 G_5 输出为 0($R=0$)，门 G_6 输出为 1($S=1$)，触发器置 1。也就是说，在 $CP=1$ 时，D 是什么

状态触发器就被置成什么状态,而与现态无关。所以 D 触发器的特性方程为 $Q^{n+1}=D$。其特性如表 4.4所示。

表 4.4   D 触发器的特性表

D	Q^n	Q^{n+1}	逻 辑 功 能
0	0	0	置0
0	1	0	
1	0	1	置1
1	1	1	

5. 同步触发器存在空翻的问题

时序逻辑电路增加时钟脉冲的目的是为了统一电路动作的节拍。对触发器而言,在一个时钟脉冲作用下,要求触发器的状态只能翻转一次。而同步触发器在一个时钟周期的整个高电平期间($CP=1$),如果 R、S 端输入信号多次发生变化,可能引起输出端状态翻转两次或两次以上,时钟失去控制作用,这种现象称"空翻"现象,如图 4.11 所示。空翻是一种有害的现象,它使得时序电路不能按时钟节拍工作,造成系统的误动作。要避免"空翻"现象,则要求在时钟脉冲作用期间,不允许输入信号(R、S)发生变化;另外,必须要求 CP 的脉宽不能太大,显然,这种要求是较为苛刻的。

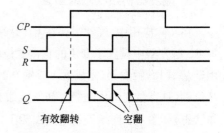

图 4.11　同步 RS 触发器的空翻波形

由于同步触发器存在空翻问题,限制了其在实际工作中的作用。为了克服该现象,对触发器电路作进一步改进,进而产生了主从型、边沿型等各类触发器。

4.1.3　主从触发器和边沿触发器

主从触发器由两级触发器构成,其中一级直接接收输入信号,称为主触发器,另一级接收主触发器的输出信号,称为从触发器。两级触发器的时钟信号互补。

1. 主从 JK 触发器

RS 触发器的特性方程中有一约束条件,即在工作时,不允许输入信号 R、S 同时为 1。这一约束条件使得 RS 触发器在使用时,有时感觉不方便。如何解决这一问题呢?我们注意到,触发器的两个输出端 Q、$\overline{Q}$ 在正常工作时是互补的,即一个为 1,另一个一定为 0。因此,如果把这两个信号通过两根反馈线分别引到输入端,就一定有一个门被封锁,这时,就不怕输入信号同时为 1 了。这就是主从 JK 触发器的构成思路。

（1）电路结构

如图 4.12 所示,从整体上看,该电路上下对称,它由上、下两级同步 RS 触发器和一个非门组成。在主触发器的 S_1 端和 R_1 端分别增加一个两输入端的与门。主触发器的 S_1 端接收 $\overline{Q}$ 端的反馈和 J 端输入信号,二者进行逻辑与运算,即 $S_1=\overline{Q}J$。R_1 端接收 Q 端的反馈信号和 K 端的输入信号的与运算，$R_1 = QK$。主触发器的输出端与从触发器的输入端直接相连，用主触发器来控制从触发器的状态。$\overline{S}_d$ 是直接置 1 端，$\overline{R}_d$ 是直接置 0 端，用来预置触发器的初始状态，触发器正常工作时，应使 $\overline{S}_d = \overline{R}_d = 1$。

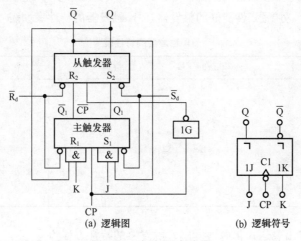

(a) 逻辑图　　　　　　　(b) 逻辑符号

图 4.12　主从 JK 触发器

时钟脉冲 CP 除了直接控制主触发器外，还经过非门 1G，以 $\overline{CP}$ 去控制从触发器。

（2）工作原理

当 $CP = 1$ 时，$\overline{CP} = 0$，从触发器被封锁，则触发器的输出状态保持不变；此时主触发器被打开，主触发器的状态随 J、K 端而改变。

当 $CP = 0$ 时，$\overline{CP} = 1$，主触发器被封锁，不接收 J、K 输入信号，主触发器状态不变；而从触发器解除封锁，由于 $S_2 = Q_1, R_2 = \overline{Q}_1$，所以当主触发器输出 $Q_1 = 1$ 时，$S_2 = 1, R_2 = 0$，从触发器置"1"，当主触发器 $Q_1 = 0$ 时，$S_2 = 0, R_2 = 1$，从触发器置"0"。即从触发器的状态由主触发器决定。

由此可见，触发器的状态转换分两步完成：$CP = 1$ 期间接受输入信号，而状态的翻转只在 CP 下降沿发生，以克服同步 RS 触发器空翻现象。

图 4.12(b)所示的逻辑符号中，时钟脉冲端直接引入，表示在 $CP = 1$ 期间接收输入控制信号；输出端 Q 和 $\overline{Q}$ 加"⌐"表示 CP 脉冲由高变低时从触发器接收主触发器的输出状态（即触发器延迟到下降沿时输出）。

（3）逻辑功能分析

基于主从型 JK 触发器的结构，分析其逻辑功能时只需分析主触发器的功能即可。

当 $J = K = 0$ 时，因主触发器保持原态不变，所以当 CP 脉冲下降沿到来时，触发器保持原态不变，即 $Q^{n+1} = Q^n$。

当 $J = 1, K = 0$ 时，设初态 $Q^n = 0$，$\overline{Q}^n = 1$，当 $CP = 1$ 时，则 $S_1 = \overline{Q}J = 1, R_1 = QK = 0$，主触发器翻转为 1 态，$Q_1 = 1$，$\overline{Q}_1 = 0$；CP 脉冲下降沿到来后，从触发器置"1"，即 $Q^{n+1} = 1$。若初态 $Q^n = 1$ 时，$S_1 = \overline{Q}J = 0, R_1 = QK = 0$，主触发器仍保持 1 态，CP 脉冲下降沿到来后，从触发器置"1"。

当 $J = 0, K = 1$ 时，设初态 $Q^n = 1$，$\overline{Q}^n = 0$，当 $CP = 1$ 时，$Q_1 = 0$，$\overline{Q}_1 = 1$；CP 脉冲下降沿到来后，从触发器置"0"，即 $Q^{n+1} = 0$。若初态 $Q^n = 0$ 时，也有相同的结论。

当 $J = K = 1$ 时，设初态 $Q^n = 0$，$\overline{Q}^n = 1$，当 $CP = 1$ 时，$S_1 = \overline{Q}J = 1, R_1 = QK = 0$，则 $Q_1 = 1$，$\overline{Q}_1 = 0$；CP 脉冲下降沿到来后，从触发器翻转为 1；设初态 $Q^n = 1$ 时，$\overline{Q}^n = 0$，当 $CP = 1$ 时，$Q_1 = $

0,$\overline{Q}_1 = 1$;CP 脉冲下降沿到来后,从触发器翻转为 0。即次态与初态相反,$Q^{n+1} = \overline{Q^n}$。即送进一个时钟脉冲 CP,触发器状态变化一次。如果在 CP 端输入一串脉冲,则触发器状态翻转次数等于 CP 端输入的脉冲数,这时 JK 触发器就具有计数功能。

可见,JK 触发器是一种具有保持、翻转、置 1、置 0 功能的触发器,它克服了 RS 触发器的禁用状态,是一种使用灵活、功能强、性能好的触发器。JK 触发器的特性表如表 4.5 所示。

表 4.5   **JK 触发器的特性表**

J	K	Q^n	Q^{n+1}	逻辑功能
0	0	0	0	$Q^{n+1} = Q^n$ 保持
0	0	1	1	
0	1	0	0	$Q^{n+1} = 0$ 置 0
0	1	1	0	
1	0	0	1	$Q^{n+1} = 1$ 置 1
1	0	1	1	
1	1	0	1	$Q^{n+1} = \overline{Q^n}$ 翻转
1	1	1	0	

将 JK 触发器的输出表达式化简,可得 JK 触发器的特性方程为

$$Q^{n+1} = J\,\overline{Q^n} + \overline{K}Q^n$$

【例 4.2】   设主从 JK 触发器的初始状态为 0,已知输入 J、K 的波形图如图 4.13 所示,画出输出 Q 的波形图。

解:由 JK 触发器的特性表可画出输出 Q 的波形如图 4.13 所示。

(4) 主从 JK 触发器存在的问题——一次变化现象

主从触发器采用分步工作方式,解决了同步触发器的空翻问题,提高了电路性能。但在实际应用中仍有一些限制。

如图 4.14 所示,假设触发器的现态 $Q^n = 0$,当 $J = 0$,$K = 0$ 时,根据 JK 触发器的逻辑功能应维持原状态不变。但是,在 CP=1 期间若遇到外界干扰,使 J 由 0 变为了 1,主触发器则被置成了 1 状态。当正脉冲干扰消失后,输入又回到 $J = K = 0$,此时主触发器维持已被置成的 1 状态。其后,若再遇到干扰信号,因为主触发器受从触发器的反馈,$Q^n = 0$ 锁闭 K 端信号,K 信号变化不起作用,因此主触发器状态不再变化。所以,当 CP 脉冲下降沿到来后,从触发器接收主触发器输出,状态变为 1 状态,而不是维持原来的 0 状态不变。

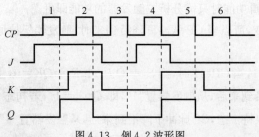

图 4.13   例 4.2 波形图

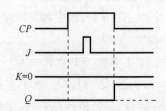

图 4.14   主从 JK 触发器的一次翻转

显然因为 CP=1 期间外界干扰产生了状态变化。主从型触发器在 CP=1 期间,主触发器的状态能且仅能根据输入信号改变一次,这种现象叫一次变化现象。由于一次变化现象的存在,降低了主从 JK 触发器的抗干扰能力,因而限制了主从型触发器的使用。

为了避免这种现象出现,要求在 $CP=1$ 期间 J、K 状态不能改变。要解决一次变化问题,仍应从电路结构上入手,让触发器只接收 CP 触发沿到来前一瞬间的输入信号。这种触发器称为边沿触发器。

2. 边沿触发器

边沿触发器不仅将触发器的触发翻转控制在 CP 触发沿到来的一瞬间,而且将接收输入信号的时间也控制在 CP 触发沿到来的前一瞬间。因此,边沿触发器既没有空翻现象,也没有一次变化问题,从而大大提高了触发器工作的可靠性和抗干扰能力。下面我们介绍维持-阻塞边沿 D 触发器。

(1) 电路结构与工作原理

为了克服空翻,并具有边沿触发器的特性,在同步 D 触发器(图 4.10)的基础上,引入 3 根反馈线 L_1、L_2、L_3,如图 4.15(a)所示,该触发器由 6 个与非门组成,其中 G_1、G_2 组成基本 RS 触发器。

工作原理从以下两种情况分析。

① 在 $CP=0$ 时,与非门 G_3、G_4 被封锁,$Q_3=1$、$Q_4=1$,G_1、G_2 组成的基本 RS 触发器保持原状态不变。同时,由于至 G_5 和至 G_6 的反馈信号将这两个门打开,因此可接收输入信号 D,$Q_5=\overline{D}$,$Q_6=\overline{Q_5}=D$。

② 当 CP 由 0 变 1 时,触发器翻转。这时 G_3 和 G_4 打开,它们的输出 Q_3 和 Q_4 的状态由 G_5 和 G_6 的输出状态决定。$Q_3=\overline{Q_5}=D$,$Q_4=\overline{Q_6}=\overline{D}$。由基本 RS 触发器的逻辑功能可知,$Q=D$。

③ 触发器翻转后,在 $CP=1$ 时输入信号被封

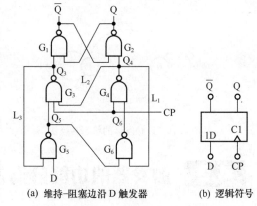

(a) 维持-阻塞边沿 D 触发器　(b) 逻辑符号

图 4.15　D 触发器的逻辑图

锁。G_3 和 G_4 打开后,它们的输出 Q_3 和 Q_4 的状态是互补的,即必定有一个是 0,若 Q_3 为 0,则经 G_3 输出至 G_5 输入的反馈线 L_3 将 G_5 封锁,即封锁了 D 通往基本 RS 触发器的路径;该反馈线 L_3 起到了使触发器维持在 0 状态和阻止触发器变为 1 状态的作用,故该反馈线 L_3 称为置 0 维持线,置 1 阻塞线。Q_4 为 0 时,将 G_3 和 G_6 封锁,D 端通往基本 RS 触发器的路径也被封锁。Q_4 输出端至 G_6 反馈线 L_1 起到触发器维持在 1 状态的作用,称 L_1 为置 1 维持线;Q_4 输出到 G_3 输入的反馈线 L_2 起到阻止触发器置 0 的作用,称 L_2 为置 0 阻塞线。因此,该触发器常称为维持-阻塞触发器。

综上所述,该触发器是在 CP 上升沿前接受输入信号,上升沿时触发翻转,上升沿后输入即被封锁,即该触发器接受输入数据和改变输出状态均发生在 CP 的上升沿,因此称其为边沿触发方式。由于它完成的是 D 型触发器的逻辑功能,因而被称为边沿触发的 D 触发器。如符号输出端没有延时符号"⌐",动态符号">"表示边沿触发的触发器。

因其接收输入数据和状态转换均发生在 CP 的同一边沿,所以,抗干扰能力强。

(2) 逻辑功能描述

D 触发器的特性方程为:$Q^{n+1}=D$,由于它的新状态就是前一时该输入状态,故又称此触发器为数据触发器或延迟触发器。

D 触发器的特性如表 4.6 所示,状态转换图如图 4.16 所示,驱动表如表 4.7 所示。

表 4.6			D 触发器的特性表		表 4.7	D 触发器的驱动表	
D	Q^n	Q^{n+1}	逻辑功能		Q^n	Q^{n+1}	D
0	0	0	置0		0	0	0
0	1	0			0	1	1
1	0	1	置1		1	0	0
1	1	1			1	1	1

【例 4.3】 维持-阻塞 D 触发器如图 4.15(a)所示,设初始状态为 0,已知输入 D 的波形图如图 4.17所示,画出输出 Q 的波形图。

解: 由于是边沿触发器,在画波形图时,应注意以下两点:

● 触发器的翻转发生在时钟脉冲的触发沿(这里是上升沿);

● 触发器的次态由时钟脉冲触发沿前一瞬间(这里是上升沿前一瞬间)输入端的状态决定。

根据 D 触发器的特性表或特性方程或状态转换图可画出输出端 Q 的波形图如图 4.17 所示。

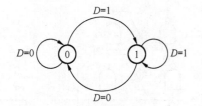

图 4.16　D 触发器的状态转换图

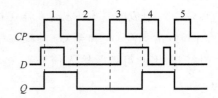

图 4.17　维持-阻塞 D 触发器输出波形图

4.2　触发器的功能分类及相互转换

4.2.1　触发器的功能分类

从前几节的分析可以看出,触发器信号输入的方式不同(有单端输入的,也有双端输入的),触发器的状态随输入信号翻转的规律也不同,因此,它们的逻辑功能也不完全一样。

1. 按照逻辑功能分类

按照逻辑功能的不同特点,通常将时钟控制的触发器分为 RS、JK、D、T 4 种类型。

如果将 JK 触发器的 J 和 K 相连作为 T 输入端就构成了 T 触发器,如图 4.18 所示。

T 触发器的特性方程为 $Q^{n+1} = J\overline{Q^n} + \overline{K}Q^n = T\overline{Q^n} + \overline{T}Q^n = T \oplus Q^n$

图 4.18　用 JK 触发器构成的 T 触发器

$CP=0$ 时,T 输入被封锁,触发器保持不变;$CP=1$ 时,即当 $T=0$,CP 下降沿时,$Q^{n+1}=Q^n$,即保持;若 $T=1$,CP 下降沿时,$Q^{n+1}=\overline{Q^n}$ 即翻转。

当 T 触发器的输入控制端为 $T=1$ 时,则触发器每输入一个时钟脉冲 CP,触发器状态便翻转一次,这种状态的触发器称为 T′ 触发器。若将 D 触发器 $\overline{Q}$ 端接至 D 输入端,也可构成 T′ 触发器。

实际应用的集成触发器电路中不存在 T 和 T′ 触发器,而是由其他功能的触发器转换而来的。

现将触发器的逻辑功能分类及特点作一总结,如表 4.8 所示。

表 4.8 触发器的逻辑功能分类及特点

名称	RS 触发器			JK 触发器			D 触发器		T 触发器	
特性表	R	S	Q^{n+1}	J	K	Q^{n+1}	D	Q^{n+1}	T	Q^{n+1}
	0	0	Q^n	0	0	Q^n	0	0	0	Q^n
	0	1	1	0	1	0				
	1	0	0	1	0	1				
	1	1	不定	1	1	$\overline{Q^n}$	1	1	1	$\overline{Q^n}$
驱动表	Q^n Q^{n+1}	R	S	Q^n Q^{n+1}	J	K	Q^n Q^{n+1}	D	Q^n Q^{n+1}	T
	0 0	×	0	0 0	0	×	0 0	0	0 0	0
	0 1	0	1	0 1	1	×	0 1	1	0 1	1
	1 0	1	0	1 0	×	1	1 0	0	1 0	1
	1 1	0	×	1 1	×	0	1 1	1	1 1	0
特性方程	$Q^{n+1}=S+\overline{R}Q^n$ (约束条件 $RS=0$)			$Q^{n+1}=J\overline{Q^n}+\overline{K}Q^n$			$Q^{n+1}=D$		$Q^{n+1}=T\overline{Q^n}+\overline{T}Q^n$	
状态图										
逻辑功能	置 0 置 1 保持			置 0、置 1 计数、保持			置 0 置 1		计数 保持	

2. 按照电路结构分类

触发器按照电路结构不同,可以分为基本 RS 触发器、同步触发器、主从触发器、边沿触发器等几种类型。触发器的电路结构不同,其触发翻转方式和工作特点也不相同。具有某种逻辑功能的触发器可以用不同的电路结构实现,同样,用某种电路结构形式也可以构造出不同逻辑功能的触发器。不同电路结构的触发器的工作特点如表 4.9 所示。

表 4.9 不同电路结构的触发器具有的不同工作特点

	触发方式	工作特点	
基本 RS 触发器	电位触发	触发器的输出状态直接受 $\overline{S}_d$ 或 $\overline{R}_d$ 输入信号的控制	
同步触发器	脉冲触发	$CP=1$,触发器接收输入信号,状态发生变化 $CP=0$,触发器不接收信号,状态维持不变	有空翻现象

续表

触发方式	工作特点	
主从触发器 脉冲触发 CP 数据存入 数据输出	$CP=1$,主触发器工作,从触发器被封锁 CP下降沿到来时,从触发器按主触发器的状态翻转 状态变化发生在 CP 下降沿	克服了空翻,但有一次翻转现象,抗干扰性差
边沿触发器 维持阻塞 数据存入 CP 数据输出	CP 上升沿到达时,状态翻转。输出状态仅与转换时的存入数据有关	不存在空翻和一次翻转现象
边沿触发 数据存入 CP 数据输出	CP 下降沿到达时,状态翻转。输出状态仅与转换时的存入数据有关	

4.2.2 不同类型时钟触发器的相互转换

触发器按功能分有 RS、JK、D、T、T'5 种类型,但最常见的集成触发器是 JK 触发器和 D 触发器。T、T' 触发器没有集成产品,需要时,可用其他触发器转换成 T 或 T' 触发器。JK 触发器与 D 触发器之间的功能也是可以互相转换的。所谓逻辑功能的转换,就是将一种类型的触发器,通过外接一定的逻辑电路后转换成另一类型的触发器。触发器类型转换的示意图如图 4.19 所示。

转换的方法是,令已有触发器和待求触发器的特性方程相等,求出转换逻辑。

转换步骤如下。

① 写出已有触发器和待求触发器的特性方程。

② 变换待求触发器的特性方程,使之形式与已有触发器的特性方程一致。

③ 比较已有触发器和待求触发器的特性方程,根据两个方程相等的原则求出转换逻辑。

④ 根据转换逻辑画出逻辑电路图。

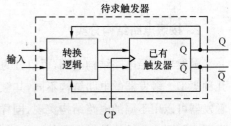

图 4.19 触发器类型转换示意图

1. 从 JK 触发器转换成其他功能的触发器

(1) 从 JK 型到 D 型的转换

写出 JK 触发器的特性方程:$Q^{n+1} = J\overline{Q^n} + \overline{K}Q^n$

再写出 D 触发器的特性方程并变换：$Q^{n+1} = D = D(\overline{Q^n} + Q^n) = D\overline{Q^n} + DQ^n$

比较以上两式，即可得 J、K 端的驱动方程：$J = D, K = \overline{D}$。

画出用 JK 触发器转换成 D 触发器的逻辑图如图 4.20(a)所示。

(2) 从 JK 型到 T(T')型的转换

写出 T 触发器的特性方程：$Q^{n+1} = T\overline{Q^n} + \overline{T}Q^n$

将上式与 JK 触发器的特性方程比较得 J、K 端的驱动方程：$J = T, K = T$。

画出用 JK 触发器转换成 T 触发器的逻辑图，如图 4.20(b)所示。

令 $T = 1$，即可得 T' 触发器，如图 4.20(c)所示。

(3) 从 JK 触发器到 RS 触发器转换

变换 RS 触发器的特性方程，使之形式与 JK 触发器的特性方程一致。变换过程如下：

$$
\begin{aligned}
Q^{n+1} &= S + \overline{R}Q^n = S(\overline{Q^n} + Q^n) + \overline{R}Q^n \\
&= S\overline{Q^n} + SQ^n + \overline{R}Q^n \\
&= S\overline{Q^n} + \overline{R}Q^n + SQ^n(\overline{R} + R) \\
&= S\overline{Q^n} + \overline{R}Q^n + \overline{R}SQ^n + RSQ^n \\
&= S\overline{Q^n} + \overline{R}Q^n + RSQ^n \wedge \text{去掉约束项} \\
&= S\overline{Q^n} + \overline{R}Q^n
\end{aligned}
$$

与 JK 特性方程比较后，可得到 J、K 端的驱动方程：

$$
\begin{cases}
J = S \\
K = R
\end{cases}
$$

如图 4.21 所示。

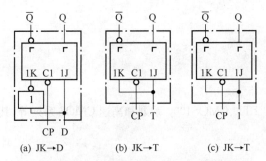

图 4.20　JK 触发器转换成其他功能的触发器

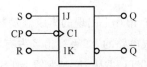

图 4.21　JK 触发器转换成 RS 功能的触发器

2. 从 D 触发器转换成其他功能的触发器

(1) 从 D 型到 JK 型的转换

JK 触发器的特性方程：$Q^{n+1} = J\overline{Q^n} + \overline{K}Q^n$

D 触发器的特性方程：$Q^{n+1} = D$

通过特性方程的比较便得到 D 用 J、K 表示的表达式。

$$Q^{n+1} = D = J\overline{Q^n} + \overline{K}Q^n$$

只要令 $D = J\overline{Q^n} + \overline{K}Q^n$，即可将 D 触发器转换成 JK 触发器，其逻辑图如图 4.22(a)所示。

(2) 从 D 型到 T 型的转换

写出 D 触发器和 T 触发器的特性方程

$$Q^{n+1} = D$$
$$Q^{n+1} = T\overline{Q^n} + \overline{T}Q^n$$

联立两式,得：$\qquad D = T\overline{Q^n} + \overline{T}Q^n = T \oplus Q^n$

画出用 D 触发器转换成 T 触发器的逻辑图,如图 4.22(b)所示。

(3) 从 D 型到 T' 型的转换

写出 D 触发器和 T' 触发器的特性方程 $Q^{n+1} = D$, $Q^{n+1} = \overline{Q^n}$

联立两式,得：$D = \overline{Q^n}$

画出用 D 触发器转换成 T' 触发器的逻辑图,如图 4.22(c)所示。

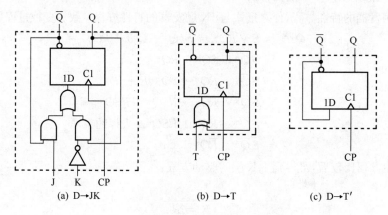

(a) D→JK   (b) D→T   (c) D→T'

图 4.22 D 触发器转换成其他功能的触发器

4.2.3 集成触发器及主要参数

1. 集成触发器举例

目前,市场上出现的集成触发器按工艺分有 TTL、CMOS4000 系列和高速 CMOS 系列等,其中 TTL 集成电路的 LS 系列市场占有率最高。

(1) TTL 主从 JK 触发器 74LS72

74LS72 为多输入端的单 JK 触发器,它有 3 个 J 端和 3 个 K 端,3 个 J 端之间是与逻辑关系,3 个 K 端之间也是与逻辑关系。使用中如有多余的输入端,应将其接高电平。该触发器带有直接置 0 端 R_D 和直接置 1 端 S_D,都为低电平有效,不用时应接高电平。74LS72 为主从型触发器,CP 下跳沿触发。其逻辑符号和引脚排列图如图 4.23 所示,功能表如表 4.10 所示。

表 4.10   **74LS72 的功能表**

输　　　入					输　　出	
R_D	S_D	CP	$1J$	$1K$	Q	$\overline{Q}$
0	1	×	×	×	0	1
1	0	×	×	×	1	0

续表

输 入					输 出	
R_D	S_D	CP	$1J$	$1K$	Q	$\overline{Q}$
1	1	↓	0	0	Q^n	$\overline{Q^n}$
1	1	↓	0	1	0	1
1	1	↓	1	0	1	0
1	1	↓	1	1	$\overline{Q^n}$	Q^n

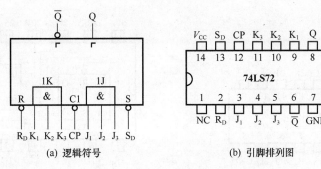

(a) 逻辑符号   (b) 引脚排列图

图 4.23 TTL 主从 JK 触发器 74LS72

（2）集成边沿 JK 触发器

74LS112 为 CP 下降沿触发。74LS112 的引脚排列图如图 4.24 所示，图中英文字母前的相同数字表示是一组逻辑，如 1J、1K、1Q 表示一个触发器。74LS112 的功能表如表 4.11 所示。

表 4.11   74LS112 的功能表

输 入					输出	功能
S_D	R_D	CP	J	K	Q^{n+1}	
0	1	×	×	×	1	预置 1
1	0	×	×	×	0	预置 0
0	0	×	×	×	不定	不允许
1	1	↓	0	0	Q^n	保持
1	1	↓	1	0	1	置 1
1	1	↓	0	1	0	置 0
1	1	↓	1	1	$\overline{Q^n}$	翻转
1	1	1	×	×	Q^n	不变

（3）高速 CMOS 边沿 D 触发器 74HC74

74HC74 为单输入端的双 D 触发器，即一个芯片里封装有两个相同的 D 触发器，每个触发器只有一个 D 端，它们都带有直接置 0 端 R_D 和直接置 1 端 S_D，低电平有效。CP 为上升沿触发。74HC74 的引脚排列图如图 4.25 所示，每个 D 触发器的功能如表 4.12 所示。

表 4.12   74HC74 的功能表

输入				输出	
R_D	S_D	CP	D	Q	$\overline{Q}$
0	1	×	×	0	1
1	0	×	×	1	0
1	1	↑	0	0	1
1	1	↑	1	1	0

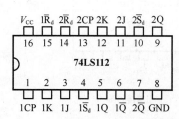

图 4.24　集成边沿 JK 触发器引脚排列图

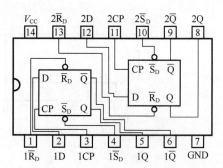

图 4.25　74HC74 的引脚排列图

2. 集成触发器的主要参数

和门电路一样,集成触发器的参数分为直流参数和开关参数两大类,下面以 TTL 集成 JK 触发器为例介绍。

（1）直流参数

① 电源电流 I_{CC} 。由于一个触发器由许多门构成,无论在 0 态或 1 态,总是一部分门处于饱和状态,另一部分处于截止状态,因此,电源电流的差别是不大的。目前规定,所有输入端和输出端悬空时电源向触发器提供的电流为电源电流 I_{CC}。它表明该电路的空载功耗。

② 低电平输入电流（即输入短路电流）I_{IL} 。某输入端接地,其他各输入输出端悬空时,从该输入端流向地的电流为低电平输入电流 I_{IL},它表明对驱动电路输出为低电平时的加载情况。

③ 高电平输入电流 I_{IH} 。将各输入端（R_d、S_d、J、K、CP 等）分别接 V_{CC} 时,测得的电流就是其高电平输入电流 I_{IH},它表明对驱动电路输出为高电平时的加载情况。

④ 输出高电平 V_{OH} 和输出低电平 V_{OL}。Q 或 $\overline{Q}$ 端输出高电平时对地电压值为 V_{OH},输出低电平时对地电压值为 V_{OL}。

（2）开关参数

① 最高时钟频率 f_{max}。f_{max} 指触发器在计数状态下能正常工作的最高工作频率,表明触发器工作速度。在测试 f_{max} 时,Q 和 $\overline{Q}$ 端应带上额定电流负载和电容负载。

② 建立时间 t_{set} 和保持时间 t_H。如图 4.15(a)电路,在 CP 上升沿到来时,G_3、G_4 门将根据 G_5、G_6 门的输出状态控制触发器翻转。因此在 CP 上升沿到达之前,G_5、G_6 门必须要有稳定的输出状态。而从信号加到 D 端开始到 G_5、G_6 门的输出稳定下来,需要经过一段时间,我们把这段时间称为触发器的建立时间 t_{set}。其次,为使触发器可靠翻转,信号 D 还必须维持一段时间,我们把在 CP

触发沿到来后输入信号需要维持的时间称为触发器的保持时间 t_H，如图 4.26 所示。

③ 对时钟信号的延迟时间（t_{CPLH} 和 t_{CPHL}）。从时钟脉冲的触发沿到触发器输出端由 0 态变到 1 态的延迟时间为 t_{CPLH}；从时钟脉冲的触发沿到触发器输出端由 1 态变到 0 态的延迟时间为 t_{CPHL}，如图 4.26 所示。一般 t_{CPHL} 比 t_{CPLH} 约大一级门的延迟时间，它们表明对时钟脉冲 CP 的要求。

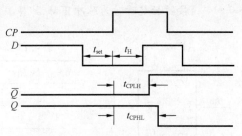

图 4.26　触发器时间参数的说明

CMOS 触发器的参数定义与以上介绍的参数基本一致，不再介绍。

技能训练　触发器

1. 技能训练目的

① 熟练掌握触发器的 2 个基本性质：2 个稳态和触发翻转。

② 了解触发器的两种触发方式（电平触发和边沿触发）及其触发特点。

③ 测试 JK 触发器、D 触发器的逻辑功能。

2. 技能训练器材

① 数字电路实验台。

② 74LS74　74LS112　各 1 片。

3. 技能训练说明

触发器是组成时序电路的最基本单元，也是数字逻辑电路中另一种重要的单元电路，它在数字系统和计算机中有着广泛的应用。触发器有集成触发器和门电路（主要是与非门）组成的触发器。按其功能可分为有 RS 触发器、JK 触发器、D 触发器、T 和 T' 功能等触发器。触发方式有电平触发和边沿触发两种。

4. 技能训练内容及步骤

（1）维持-阻塞型 D 触发器功能测试

① 直接复位端 $\overline{R}_D$ 和置位端 $\overline{S}_D$ 的功能测试（分别在两种初态下）。体会它们决定触发器初态的作用。

② 逻辑功能测试。要求在不同的输入状态和初始状态下测试输出状态的变化。

③ 体会边沿触发的特点。分别在 $CP=0$ 和 $CP=1$ 期间，改变 D 端状态，观察触发器状态是否变化。特性方程：$Q^{n+1}=D$。参见 D 触发器（74LS74）功能表。

实验步骤如下。

a. 将 74LS74 的 $\overline{R}_D$、$\overline{S}_D$、CP、D 端分别接 K_1、K_2、K_3、K_4；Q 端接 L_1。

b. 分别在 $\overline{S}_D$、$\overline{R}_D$ 端加低电平，观察并记录 Q 端的状态。

c. 令 $\overline{S}_D$、$\overline{R}_D$ 端为高电平，D 端分别接高、低电平，用单脉冲做 CP，观察并记录当 CP 为 0、↑、1、↓ 时 Q 端状态的变化。

d. 当 $\overline{S}_D$、$\overline{R}_D$ 为高电平，$CP=0$（或 $CP=1$），改变 D 端状态，观察 Q 端的状态是否变化。

e. 整理上述试验数据，将结果填入表 4.13 中。

注意：在静态测试中，为了防止因开关触点机械抖动可能造成的触发器误动作，CP 信号由实验箱中单脉冲发生器提供,单脉冲按键按下时,P+输出端的输出瞬时为脉冲上升沿($\uparrow$),按键抬起瞬时为脉冲下降沿($\downarrow$)。P—输出和P+输出是互非的关系。

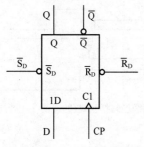

图 4.27　D 触发器测试电路图

表 4.13　　　　　　　　　D 触发器测试记录表

$\overline{S}_D$	$\overline{R}_D$	CP	D	Q^n	Q^{n+1}	$\overline{Q^{n+1}}$	逻辑功能
0	1	×	×	×			
1	0	×	×	×			
1	1	$\uparrow(0\rightarrow1)$	0	0			
				1			
1	1	$\uparrow(0\rightarrow1)$	1	0			

(2) JK 触发器功能测试

① 双下降沿触发 JK 触发器 74LS112 的逻辑符号如图 4.28 所示。

② 其测试步骤同 74LS74 一样,将测试结果填入表 4.14 中。

表 4.14　　　　　　　JK 触发器测试记录表

$\overline{S}_D$	$\overline{R}_D$	CP	J	K	Q^n	Q^{n+1}	$\overline{Q^{n+1}}$	逻辑功能
0	1	×	×	×	×			
1	0	×	×	×	×			
1	1	$\downarrow(1\rightarrow0)0$		0	0			
					1			
1	1	$\downarrow(1\rightarrow0)0$		1	0			
					1			
1	1	$\downarrow(1\rightarrow0)1$		0	0			
					1			
1	1	$\downarrow(1\rightarrow0)1$		0	0			

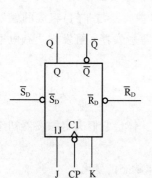

5. 技能训练报告

① 写出各触发器特性方程。

② 总结各类触发器的特点。

本 章 小 结

1. 触发器有两个基本性质:一是触发器有两个稳定状态(0 或 1 状态);二是在一定的外加信号作用下,触发器可从一个稳定状态转变到另一个稳定状态。触发器能够记忆二进制信息 0 和 1,常被用作二进制存储单元。

2. 触发器的逻辑功能是指触发器输出的次态与输出的现态及输入信号之间的逻辑关系。描写触发器逻辑功能的方法主要有特性表、特性方程、驱动表、状态转换图和波形图（又称时序图）等。

3. 按照结构不同,触发器可分为基本 RS 触发器、同步触发器、主从触发器和边沿触发器 4 种。

4. 根据逻辑功能不同,触发器可分为 RS 触发器（$Q^{n+1} = S + \overline{R}Q^n$,约束条件是 $RS = 0$）、JK 触发器（$Q^{n+1} = J\overline{Q^n} + \overline{K}Q^n$）、D 触发器（$Q^{n+1} = D$）、T 触发器（$Q^{n+1} = T\overline{Q^n} + \overline{T}Q^n$）和 T′ 触发器（$Q^{n+1} = \overline{Q^n}$）。

5. 同一电路结构的触发器可以做成不同的逻辑功能;同一逻辑功能的触发器可以用不同的电路结构来实现;不同结构的触发器具有不同的触发条件和动作特点。触发器逻辑符号中 CP 端有小圆圈的为下降沿触发;没有小圆圈的为上升沿触发。利用特性方程可实现不同功能触发器间逻辑功能的相互转换。

6. 分析含有触发器的电路时,应特别注意两点:一是触发翻转的有效时刻;二是触发器的逻辑功能。

7. 在选用触发器时,应选择恰当的开关速度,使其既要满足系统的要求,又不宜过高,过高的开关速度会导致其他品质下降,例如抗干扰、功耗以及价格等指标的下降。在同一个逻辑电路中,应选用同一种速度级别的触发器,以免误动;在同一系统中,有上升沿触发及下降沿触发的不同类型触发器时,应考虑其协调工作问题。

自我检测题

一、选择题

1. 在下列触发器中,有约束条件的是_____。
   A. 主从 JK 触发器　　B. 主从 D 触发器　　C. 同步 RS 触发器　　D. 边沿 D 触发器

2. 一个触发器可记录一位二进制代码,它有_____个稳态。
   A. 0　　　　　　B. 1　　　　　　C. 2　　　　　　D. 3
   E. 4

3. 对于 T 触发器,若原态 $Q^n = 0$,欲使新态 $Q^{n+1} = 1$,应使输入 $T =$ _____。
   A. 0　　　　　　B. 1　　　　　　C. Q　　　　　　D. $\overline{Q}$

4. 对于 T 触发器,若原态 $Q^n = 1$,欲使新态 $Q^{n+1} = 1$,应使输入 $T =$ _____。
   A. 0　　　　　　B. 1　　　　　　C. Q　　　　　　D. $\overline{Q}$

5. 对于 D 触发器,欲使 $Q^{n+1} = Q^n$,应使输入 $D =$ _____。
   A. 0　　　　　　B. 1　　　　　　C. Q　　　　　　D. $\overline{Q}$

6. 对于 JK 触发器,若 J=K,则可完成_____触发器的逻辑功能。
   A. RS　　　　　　B. D　　　　　　C. T　　　　　　D. T′

7. 欲使 JK 触发器按 $Q^{n+1} = Q^n$ 工作,可使 JK 触发器的输入端_____。
   A. $J = K = 0$　　B. $J = Q$, $K = \overline{Q}$　　C. $J = \overline{Q}$, $K = Q$　　D. $J = Q$, $K = 0$
   E. $J = 0$, $K = \overline{Q}$

8. 欲使 JK 触发器按 $Q^{n+1} = \overline{Q^n}$ 工作,可使 JK 触发器的输入端_____。
   A. $J = K = 1$　　B. $J = Q$,K$= \overline{Q}$　　C. $J = \overline{Q}$, $K = Q$　　D. $J = Q$, $K = 1$

E. $J=1$, $K=Q$

9. 欲使 JK 触发器按 $Q^{n+1}=0$ 工作,可使 JK 触发器的输入端_____。

 A. $J=K=1$ B. $J=Q$, $K=Q$ C. $J=Q$, $K=1$ D. $J=0$, $K=1$

 E. $J=K=1$

10. 欲使 JK 触发器按 $Q^{n+1}=1$ 工作,可使 JK 触发器的输入端_____。

 A. $J=K=1$ B. $J=1$, $K=0$ C. $J=K=\overline{Q}$ D. $J=K=0$

 E. $J=\overline{Q}$, $K=0$

11. 欲使 D 触发器按 $Q^{n+1}=\overline{Q^n}$ 工作,应使输入 $D=$_____。

 A. 0   B. 1   C. Q D. $\overline{Q}$

12. 下列触发器中,克服了空翻现象的有_____。

 A. 边沿 D 触发器   B. 主从 RS 触发器   C. 同步 RS 触发器   D. 主从 JK 触发器

13. 下列触发器中,没有约束条件的是_____。

 A. 基本 RS 触发器   B. 主从 RS 触发器   C. 同步 RS 触发器   D. 边沿 D 触发器

14. 描述触发器的逻辑功能的方法有_____。

 A. 状态转换真值表   B. 特性方程   C. 状态转换图   D. 状态转换卡诺图

15. 为实现将 JK 触发器转换为 D 触发器,应使_____。

 A. $J=D$, $K=\overline{D}$ B. $K=D$, $J=\overline{D}$ C. $J=K=D$ D. $J=K=\overline{D}$

二、判断题(正确打√,错误的打×)

1. D 触发器的特性方程为 $Q^{n+1}=D$,与 Q^n 无关,所以它没有记忆功能。 ( )

2. RS 触发器的约束条件 $RS=0$ 表示不允许出现 $R=S=1$ 的输入。 ( )

3. 同步触发器存在空翻现象,而边沿触发器和主从触发器克服了空翻。 ( )

4. 主从 JK 触发器、边沿 JK 触发器和同步 JK 触发器的逻辑功能完全相同。 ( )

5. 由两个 TTL 或非门构成的基本 RS 触发器,当 $R=S=0$ 时,触发器的状态为不定。( )

6. 对边沿 JK 触发器,在 CP 为高电平期间,当 $J=K=1$ 时,状态会翻转一次。 ( )

三、填空题

1. 一个基本 RS 触发器在正常工作时,它的约束条件是 $\overline{R}+\overline{S}=1$,则它不允许输入 $\overline{S}=$ _____ 且 $\overline{R}=$ _____ 的信号。

2. 触发器有两个互补的输出端 Q、$\overline{Q}$,定义触发器的 1 状态为_____,0 状态为_____,可见触发器的状态指的是_____端的状态。

3. 一个基本 RS 触发器在正常工作时,不允许输入 $R=S=1$ 的信号,因此它的约束条件是_____。

4. 在一个 CP 脉冲作用下,引起触发器两次或多次翻转的现象称为触发器的_____,触发方式为_____式或_____式的触发器不会出现这种现象。

习 题

1. 将 JK 触发器构成 T' 触发器,画出两种外部连线图。

2. 试将 JK 触发器构成 D 触发器。

3. 试将 JK 触发器构成 T' 触发器。

4. 设同步 RS 触发器初始状态为 1，R、S 和 CP 端输入信号如图 4.28 所示，画出相应的 Q 和 $\overline{Q}$ 的波形。

5. 设主从 JK 触发器的初始状态为 0，请画出如图 4.29 所示 CP、J、K 信号作用下，触发器 Q 和 $\overline{Q}$ 端的波形。

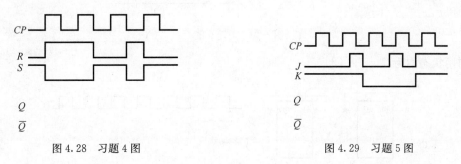

图 4.28　习题 4 图　　　　图 4.29　习题 5 图

6. 设维持-阻塞 D 触发器初始状态为 0 态，试画出在如图 4.30 所示的 CP 和 D 信号作用下触发器 Q 端的波形。

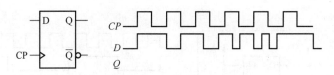

图 4.30　习题 6 图

7. 设图 4.31 各触发器初态 $Q^n=0$，试画出在 CP 脉冲作用下各触发器 Q 端的波形。

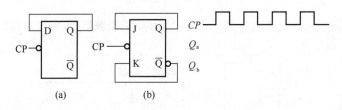

图 4.31　习题 7 图

8. 图 4.32 所示电路由维持-阻塞 D 触发器组成，设初始状态 $Q_1=Q_2=0$，试画出在 CP 和 D 信号作用下 Q_1、Q_2 端的波形。

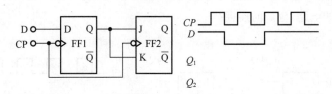

图 4.32　习题 8 图

9. 图 4.33 所示电路初始状态为 1 态，试画出在 CP、A、B 信号作用下 Q 端波形，并写触发器次态 Q^{n+1} 函数表达式。

10. 维持-阻塞 D 触发器接成如图 4.34 所示电路，画出在 CP 脉冲作用下 Q_1、Q_2 的波形（设

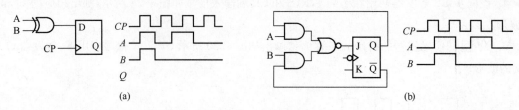

图 4.33 习题 9 图

Q_1、Q_2 初始状态均为 0)。

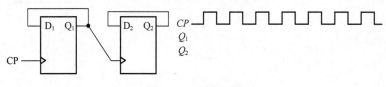

图 4.34 习题 10 图

11. 如图 4.35 所示,各触发器初始状态均为 0,各输入信号如图所示试画出各触发器 Q 端的波形。

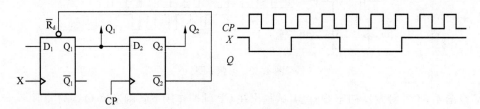

图 4.35 习题 11 图

12. 触发器的各输入信号如图 4.36 所示,试画出 Q 端的波形(设触发器初始状态为 0)。

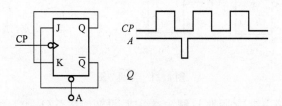

图 4.36 习题 12 图

13. 如图 4.37 所示电路初始状态为 0 态,试画出在 CP 信号作用下 Q_1、Q_2 端波形。若用 D 触发器构成相同功能的电路,应如何连接?

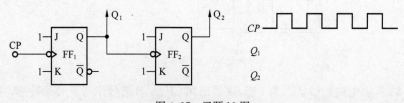

图 4.37 习题 13 图

14. 图 4.38 所示为一个 3 人抢答电路。A、B、C 3 人各控制一个按键开关 K_A、K_B、K_C 和一个发光二极管 D_A、D_B、D_C。谁先按下开关,谁的发光二极管亮,同时使其他人的抢答信号无效。试分析电路工作原理,并说明基本 RS 触发器所起的作用。

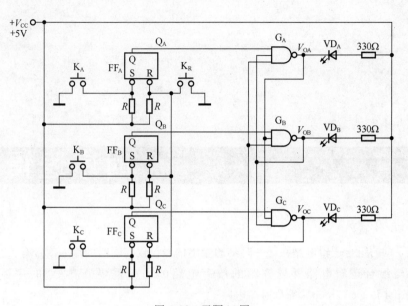

图 4.38　习题 14 图

第5章
时序逻辑电路

第 3 章的组合逻辑电路在任一时刻的输出信号仅仅与当时的输入信号有关。这一章将学习与组合逻辑电路并驾齐驱的数字电路的另一重要分支——时序逻辑电路(Sequential Logic Circuit),简称时序电路。

本章首先介绍时序逻辑电路的基本概念、特点及时序逻辑电路的一般分析方法和设计方法。然后分别介绍典型时序逻辑部件寄存器、计数器、节拍脉冲发生器等的工作原理和使用方法,着重介绍有关的集成芯片及其典型应用。

5.1 时序逻辑电路的基本概念

1. 时序逻辑电路的结构及特点

时序逻辑电路在任何时刻的输出状态不仅取决于当时的输入信号,还与电路的原状态有关,触发器就是最简单的时序逻辑电路,时序逻辑电路中必须含有存储电路。时序电路的基本结构如图 5.1 所示,它由组合电路和存储电路两部分组成。

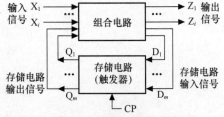

图 5.1　时序逻辑电路框图

图中 $X(X_1, X_2, \cdots, X_i)$ 是时序逻辑电路的输入信号,$Q(Q_1, Q_2, \cdots, Q_m)$ 是存储电路的输出信号,它被反馈到组合电路的输入端,与输入信号共同决定时序逻辑电路的输出状态。$Z(Z_1, Z_2, \cdots, Z_j)$ 是时序逻辑电路的输出信号,$D(D_1, D_2, \cdots, D_m)$ 是存储电路(触发器)的输入信号。这些信号之间的逻辑关系可以表示为

$$Z = F_1(X, Q^n) \tag{5-1}$$

$$D = F_2(X, Q^n) \tag{5-2}$$

$$Q^{n+1} = F_3(D, Q^n) \tag{5-3}$$

式(5-1)是输出方程。式(5-2)是存储电路的驱动方程(或称激励方程)。由于存储电路由触发器构成，Q_1，Q_2，…，Q_m表示的是构成存储电路的各个触发器的状态，故式(5-3)是存储电路的状态方程，也就是时序逻辑电路的状态方程，Q^{n+1}是次态，Q^n是现态(初态)。

综上所述，时序逻辑电路具有以下特点。

① 时序逻辑电路通常包含组合电路和存储电路两个组成部分，而存储电路要记忆给定时刻前的输入输出信号，是必不可少的。

② 时序逻辑电路中存在反馈，存储电路的输出状态必须反馈到组合电路的输入端，与输入信号一起，共同决定组合逻辑电路的输出。

2. 时序逻辑电路的分类

(1) 按时钟输入方式

时序电路按照时钟输入方式分为同步(Synchronous)时序电路和异步(Asgnchronous)时序电路两大类。同步时序电路中，各触发器受同一时钟控制，其状态转换与所加的时钟脉冲信号都是同步的；异步时序电路中，各触发器的时钟不同，电路状态的转换有先有后。同步时序电路较复杂，其速度高于异步时序电路。

(2) 按输出信号的特点

根据输出信号的特点可将时序电路分为米里(Mealy)型和摩尔(Moore)型两类。米里型电路的外部输出 Z 既与触发器的状态 Q^n有关，又与外部输入 X 有关。而摩尔型电路的外部输出 Z 仅与触发器的状态 Q^n有关，而与外部输入 X 无关。

(3) 按逻辑功能

时序逻辑电路按逻辑功能可划分为寄存器、锁存器、移位寄存器、计数器和节拍发生器等。

3. 时序逻辑电路的逻辑功能描述方法

描述一个时序电路的逻辑功能可以采用逻辑方程组(驱动方程、输出方程、状态方程)、状态表、状态图、时序图等方法。这些方法可以相互转换，而且都是分析和设计时序电路的基本工具。

5.2　时序逻辑电路的分析方法和设计方法

时序逻辑电路的分析就是根据已知的逻辑电路图通过分析确定电路的输出在输入和时钟信号作用下的状态转换规律，进而得出电路的逻辑功能。时序逻辑电路的分析步骤如下：

① 首先确定时序电路的工作方式是同步还是异步。若是异步，须写出各触发器的时钟方程。

② 写驱动方程。驱动方程就是各触发器输入端的逻辑表达式，它们决定着触发器的次态，可根据逻辑图的连线得出。

③ 写状态方程(或次态方程)。将驱动方程代入触发器的特性方程即得状态方程。它表示触发器次态和现态之间的关系。

④ 写输出方程。若电路由外部输出，要写出这些输出的逻辑表达式，即输出方程。

⑤ 列状态表。状态表即状态转换真值表。它是将电路所有现态依次列举出来，分别代入触发器的状态方程中，求出相应的次态并列成表。

⑥ 画状态图和时序图。状态图是反映时序电路状态转换规律及相应输入、输出信号取值情况的几何图形。时序图(即波形图)反映输入信号、输出信号及各触发器状态的取值在时间上的对应关系。

⑦ 检查电路能否自启动并说明其逻辑功能。

下面举例说明时序逻辑电路的分析方法。

5.2.1　同步时序逻辑电路的分析

【例 5.1】　试分析图 5.2 所示的时序逻辑电路。

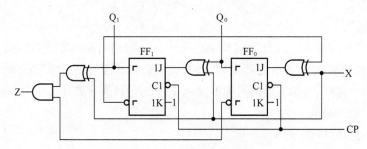

图 5.2　例 5.1 的逻辑电路图

解： 由于图 5.2 中的两个触发器都接至同一个时钟脉冲源 CP，是同步时序逻辑电路，所以各触发器的时钟方程可以不写。

(1) 写出驱动方程

$$J_0 = X \oplus \overline{Q_1^n} \qquad K_0 = 1 \tag{5-4a}$$

$$J_1 = X \oplus Q_0^n \qquad K_1 = 1 \tag{5-4b}$$

(2) 写出各触发器的状态方程

写出 JK 触发器的特性方程 $Q^{n+1} = J\overline{Q^n} + \overline{K}Q^n$，然后将各驱动方程代入 JK 触发器的特性方程，得各触发器的状态方程：

$$Q_0^{n+1} = J_0\overline{Q_0^n} + \overline{K_0}Q_0^n = (X \oplus \overline{Q_1^n})\overline{Q_0^n} \tag{5-5a}$$

$$Q_1^{n+1} = J_1\overline{Q_1^n} + \overline{K_1}Q_1^n = (X \oplus Q_0^n) \cdot \overline{Q_0^n} \tag{5-5b}$$

(3) 写出输出方程　　$Z = (X \oplus Q_1^n) \cdot \overline{Q_0^n}$ $\tag{5-6}$

(4) 列状态表

这是分析时序逻辑电路关键性的一步。

将任何一组输入变量及初态的取值代入状态方程和输出方程，即可算出电路的次态及输出，以得到的次态作为新的初态，与这时的输入变量取值一起再代入状态方程和输出方程进行计算，又得到一组新的次态和输出值，如此把全部计算结果列成表，即得状态转换表。

由于输入控制信号 X 可取 1，也可取 0，所以分两种情况列状态转换表和画状态图。

① 当 $X = 0$ 时，将 $X = 0$ 代入触发器的状态方程(5-5)和输出方程(5-6)，则触发器的状态方程简化为

$$Q_0^{n+1} = \overline{Q_1^n}\,\overline{Q_0^n},\ Q_1^{n+1} = Q_0^n\overline{Q_1^n}$$

输出方程简化为

$$Z = Q_1^n \overline{Q_0^n}$$

设电路的现态为 $Q_1^n Q_0^n = 00$，则 $Q_1^{n+1} Q_0^{n+1} = 10$，$Z=0$，将这一结果作为新的初态，重新代入触发器的简化状态方程和输出简化方程，又得到一组新的次态和输出值，依次代入上述触发器的状态方程和输出方程中进行计算，得到电路的状态表如表 5.1 所示。

根据表 5.1 所示的状态表，可得状态图如图 5.3 所示。它展示了电路状态变化的规律。

在状态图中，圆圈内标明电路的各个状态，箭头指示状态的转移方向，箭头旁标注状态转移前输入变量值及输出值，通常将输入变量值写在斜线上方，输出值写在斜线下方。

表 5.1　$X=0$ 时的状态表

现　　态		次　　态		输　出
Q_1^n	Q_0^n	Q_1^{n+1}	Q_0^{n+1}	Z
0	0	0	1	0
0	1	1	0	0
1	0	0	0	1

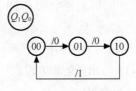

图 5.3　$X=0$ 时的状态图

② 当 $X=1$ 时，输出方程可简化为 $Z = \overline{Q_1^n}\ \overline{Q_0^n}$

触发器的次态方程简化为 $Q_0^{n+1} = Q_1^n \overline{Q_0^n}$，$Q_1^{n+1} = \overline{Q_0^n}\ \overline{Q_1^n}$

计算可得电路的状态转换表如表 5.2 所示，状态图如图 5.4 所示。

表 5.2　$X=1$ 时的状态表

现　　态		次　　态		输　出
Q_1^n	Q_0^n	Q_1^{n+1}	Q_0^{n+1}	Y
0	0	1	0	1
1	0	0	1	0
0	1	0	0	0

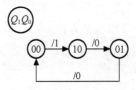

图 5.4　$X=1$ 时的状态图

（5）画出状态图和时序图

将图 5.3 和图 5.4 合并起来，就是电路完整的状态图，如图 5.5 所示。其时序图如图 5.6 所示。

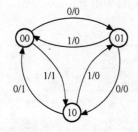

图 5.5　例 5.1 完整的状态图

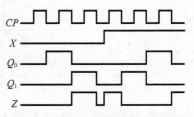

图 5.6　例 5.1 电路的时序波形图

（6）逻辑功能分析

从状态图和时序图可以看到，该电路一共有 3 个状态 00、01、10。当 $X=0$ 时，按照加 1 规律从 00→01→10→00 循环变化，且当状态转换为 10（最大数）时，输出 $Z=1$。当 $X=1$ 时，按照减 1 规律

从 $10 \to 01 \to 00 \to 10$ 循环变化,且当状态转换为 00(最小数)时,输出 $Z=1$。所以该电路是一个可控的 3 进制计数器,当 $X=0$ 时,作加法计数,Z 是进位信号;当 $X=1$ 时,作减法计数,Z 是借位信号。

5.2.2 异步时序逻辑电路的分析

在异步时序电路中,触发器的时钟信号不尽相同。只有当触发器的时钟信号有效时才需要用特性方程去计算次态,而时钟信号无效的触发器将保持原状态不变。因此,分析时需要找出每次电路状态转换时哪些触发器有时钟信号,哪些触发器没有时钟信号,故分析异步时序电路比分析同步复杂,必须写出时钟方程。

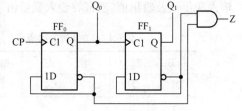

图 5.7 例 5.2 的逻辑电路图

【例 5.2】 试分析图 5.7 所示的时序逻辑电路。

解:(1) 写出各逻辑方程式

① 时钟方程:

$$CP_0 = CP \uparrow$$

$$CP_1 = Q_0 \uparrow$$

即 FF_1 只有当 Q_0 由 $0 \to 1$ 时,Q_1 才可能改变状态,否则 Q_1 将保持原状态不变。

② 输出方程:

$$Z = \overline{Q_1^n} \ \overline{Q_0^n} \tag{5-7}$$

③ 各触发器的驱动方程:

$$D_0 = \overline{Q_0^n}, D_1 = \overline{Q_1^n} \tag{5-8}$$

(2) 写出状态方程

将各驱动方程代入 D 触发器的特性方程,得各触发器的状态方程:

$$Q_0^{n+1} = D_0 = \overline{Q_0^n} \quad (CP \uparrow) \tag{5-9a}$$

$$Q_1^{n+1} = D_1 = \overline{Q_1^n} \quad (Q_0 \uparrow) \tag{5-9b}$$

(3) 作状态表、状态图、时序图

在计算触发器的次态时,首先应找出每次电路状态转换时各个触发器是否有 CP 信号。为此,可以从给定的 CP_0 连续作用下列出 Q_0 的对应值。根据 Q_0 每次从 0 变 1 的时刻产生 CP_1,以 $Q_1 Q_0 = 00$ 为初态代入式(5-9)依次计算,填写状态转换表如表 5.3 所示。

表 5.3　　　　　　　　　　　　　例 5.2 电路的状态表

现 态		次 态		输 出	时 钟 脉 冲	
Q_1^n	Q_0^n	Q_1^{n+1}	Q_0^{n+1}	Z	CP_1	CP_0
0	0	1	1	1	↑	↑
1	1	1	0	0	0	↑
1	0	0	1	0	↑	↑
0	1	0	0	0	0	↑

根据状态转换表可得状态转换图如图 5.8 所示,时序图如图 5.9 所示。

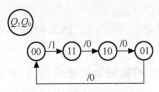

图 5.8 例 5.2 电路的状态图

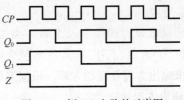

图 5.9 例 5.2 电路的时序图

（4）逻辑功能分析

由状态图可知：该电路一共有 4 个状态 00、01、10、11，在时钟脉冲作用下，按照减 1 规律循环变化，所以是一个四进制减法计数器，Z 是借位信号。

5.2.3 同步时序逻辑电路的设计方法

时序电路设计是时序电路分析的逆过程，即根据给定的逻辑功能要求，选择适当的逻辑器件，设计出符合要求的时序逻辑电路。本书仅介绍同步时序逻辑电路的设计方法，这种设计方法的基本指导思想是，用尽可能少的时钟触发器和门电路来实现待设计的时序电路。

1. 同步时序逻辑电路的设计步骤

设计同步时序电路的一般过程如图 5.10 所示。

图 5.10 同步时序电路的设计过程

（1）由给定的逻辑功能求出原始状态图

由于时序电路在某一时刻的输出信号，不仅与当时的输入信号有关，而且还与电路原来的状态有关。因此设计时序电路时，首先必须分析给定的逻辑功能，从而求出对应的状态图。这种直接由要求实现的逻辑功能求得的状态图叫做原始状态图。正确画出原始状态图，是设计时序电路的最关键的一步。

① 分析给定的逻辑功能，确定输入变量、输出变量及该电路应包含的状态，并用字母 S_0、S_1…表示这些状态。

② 分别以上述状态为现态，考察在每一个可能的输入组合作用下应转入哪个状态及相应的输出，便可求得符合题意的状态图。

（2）状态化简

原始状态图（表）通常不是最简的，往往可以消去一些多余状态。消去多余状态的过程叫做状态化简。

（3）状态分配

状态分配，又称状态编码。在得到简化的状态图后，要对每一个状态指定 1 个二进制代码，这就是状态编码（或称状态分配）。编码的方案不同，设计的电路结构也就不同。编码方案决定设计结果是否简单。编码方案确定后,根据简化的状态图,画出编码形式的状态图及状态表。

(4) 选择触发器的类型及个数。类型选得合适,可以简化电路结构。触发器的个数 n 按照 $2^{n-1} < M < 2^n$ 来定,其中 M 是电路包含的状态个数。

(5) 求输出方程及驱动方程。根据编码状态表以及所采用的触发器的逻辑功能,推导出待设计电路的输出方程和驱动方程。

(6) 根据输出方程和驱动方程画出逻辑图,并检查电路能否自启动。

2. 同步计数器的设计举例

【例 5.3】 设计一个串行数据检测器。要求连续输入 3 个"1"或 3 个以上 1 时,该电路输出为 1,否则,输出为 0。例如,若输入序列"0010110011111…",则输出序列"0000000000011…"。

解: (1) 画原始状态图

用 X 表示输入变量,Y 表示输出变量;用状态 S_0 表示没有收到一个 1,S_1 表示收到一个 1,S_2 表示连续收到两个 1,S_3 表示连续收到 3 个 1。根据题意可画出原始状态图如图 5.11 所示。

(2) 状态化简

状态化简就是合并等效状态。所谓等效状态就是那些在相同的输入条件下,输出相同、次态也相同的状态。观察图 5.11 可知,S_2 和 S_3 是等效状态,可将 S_2 和 S_3 合并,并用 S_2 表示,图 5.12 所示为经过化简之后的状态图。

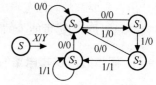

图 5.11 例 5.3 的原始状态图

(3) 状态分配,列状态转换编码表

电路状态 S 的数目 $M=3$,即 S_0、S_1 和 S_2,按照式 $2^{n-1} < M < 2^n$,应取触发器的位数 $n=2$。可从 00、01、10、11 四种中选出 3 种分别表示 S_0、S_1、S_2。本例取 $S_0=00$、$S_1=01$、$S_2=11$。图 5.13 所示为该例的编码形式状态图。

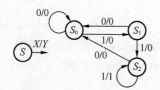

图 5.12 化简后的状态图

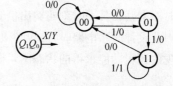

图 5.13 例 5.3 编码后的状态图

由图 5.13 可画出编码后的状态表,如表 5.4 所示。

表 5.4 例 5.3 的编码状态表

当前状态	下一状态		输出 Y	
	$X=0$	$X=1$	$X=0$	$X=1$
$Q_1^n Q_0^n$	$Q_1^{n+1} Q_0^{n+1}$	$Q_1^{n+1} Q_0^{n+1}$		
0 0 (S_0)	0 0 (S_0)	0 1 (S_1)	0	0
0 1 (S_1)	0 0 (S_0)	1 1 (S_2)	0	0
1 1 (S_2)	0 0 (S_0)	1 1 (S_2)	0	1

（4）求出状态方程、驱动方程和输出方程

本例选用 2 个 D 触发器，将表 5.4 的 Q_1^n、Q_0^n 和 X 作为变量，将 Q_1^{n+1}、Q_0^{n+1} 和 Y 作为函数，构成相应的函数卡诺图，如图 5.14 所示。在卡诺图中对这 3 个函数进行化简后得到状态方程和输出方程：

$$Q_1^{n+1} = XQ_0^n, Q_0^{n+1} = X, Y = XQ_1^n$$

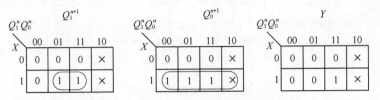

图 5.14　Q_1^{n+1}、Q_0^{n+1} 和 Y 的卡诺图

选用 D 触发器，由特性方程 $Q^{n+1} = D$ 可求得电路的驱动方程为 $D_1 = XQ_0^n$，$D_0 = X$。

（5）画逻辑图，并检查能否自启动

根据驱动方程和输出方程，画出该串行数据检测器的逻辑图如图 5.15 所示。图 5.16 所示为图 5.15 电路的状态图，可见电路能够自启动。

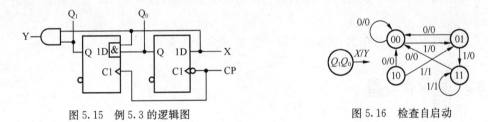

图 5.15　例 5.3 的逻辑图　　　　　图 5.16　检查自启动

如果发现设计的电路没有自启动能力，则应对设计进行修改。其方法是：在驱动信号的卡诺图的包围圈中，对无效状态 X 的处理作适当修改，即原来取 1 画入包围圈的，可试改为取 0 而不画入包围圈，或者相反。得到新的驱动方程和逻辑图，再检查其自启动能力，直到能够自启动为止。

5.3　寄存器和锁存器

在计算机或其他数字系统中，经常要求将运算数据或指令代码暂时存放起来，这些能够暂存数码（或指令代码）的数字部件称为寄存器（Register）。

要存放数码或信息，就必须有记忆单元——触发器，一个触发器有两个稳定状态 0、1，它可以储存一位二进制代码，存放 n 位二进制数码则需要 n 个触发器。

寄存器根据功能可分为数码寄存器和移位寄存器两大类。

5.3.1　数码寄存器

寄存器要存放数码，必须要存得进、记得住、取得出。因此寄存器中除触发器外，通常还有一些控制作用的门电路与之相配合。

图 5.17 所示为由 D 触发器组成的 4 位数码寄存器。在存数指令（CP 脉冲上升沿）的作用下，可将预先加在各 D 触发器输入端的数码存入相应的触发器中，并可从各触发器的 Q 端同时输出，

所以称其为并行输入、并行输出的寄存器。

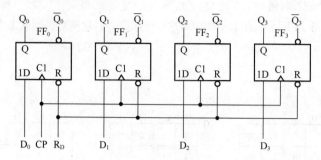

图 5.17　4 位数码寄存器

例如,将数码 1100 分别加在数据输入端 D_3、D_2、D_1、D_0 上,当 CP 上升沿到来时,各触发器的次态为 $Q_3^{n+1} Q_2^{n+1} Q_1^{n+1} Q_0^{n+1} = D_3 D_2 D_1 D_0 = 1100$,即将数码存到了寄存器中。

数码寄存器的特点如下。

① 在存入新数码时能将寄存器中的原始数码自动清除,即只需要输入一个接收脉冲,就可将数码存入寄存器中——单拍接收方式的寄存器。

② 在接收数码时,各位数码同时输入,而各位输出的数码也同时取出,即为并行输入、并行输出的寄存器。

③ 在寄存数据之前,应在 R_D 端输入负脉冲清零,使各触发器均清零。

5.3.2　移位寄存器

寄存器中存放的数据,有时需要依次移位(或低位向相邻高位移动或高位向相邻低位移动),以满足数据处理的需求。具有移位功能的寄存器称为移位寄存器。

1. 单向移位寄存器

由 D 触发器构成的 4 位右移寄存器如图 5.18 所示。CR 为异步清零端。左边触发器的输出接至相邻右边触发器的输入端 D,输入数据由最左边触发器 FF_0 的输入端 D_0 接入。

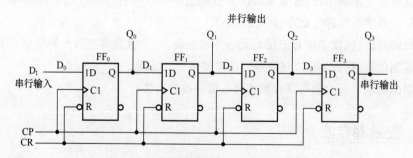

图 5.18　D 触发器组成的 4 位右移寄存器

设寄存器的原始状态为 $Q_3 Q_2 Q_1 Q_0 = 0000$,若输入数码为 $1101(D_3 D_2 D_1 D_0)$,由于逻辑图中最高位寄存器单元 FF_3 位于最右侧,因此输入数据的最高位需先送入,这样,第一个 CP 上升沿到来时,$Q_0 = D_3$,$Q_3 Q_2 Q_1 Q_0 = 0001$;第二个 CP 上升沿到来时,触发器 FF_0 的状态移入 FF_1,D_2 存入

FF_0，即 $Q_1 = D_3$，$Q_0 = D_2$，$Q_3Q_2Q_1Q_0 = 0011$。依次类推，第三个 CP 上升沿到来时，$Q_3Q_2Q_1Q_0 = 0110$。第四个 CP 上升沿到来时，$Q_3Q_2Q_1Q_0 = 1101$。

此时，并行输出端 $Q_3Q_2Q_1Q_0$ 的数码与输入相对应，完成了将 4 位串行数据输入并转换为并行数据输出的过程。显然，若以 Q_3 端作为输出端，再经 4 个 CP 脉冲后，已经输入的并行数据可依次从 Q_3 端串行输出，即可组成串行输入、串行输出的移位寄存器。寄存器的状态规律如表 5.5 所示，其工作时序图如图 5.19 所示。

表 5.5   4 位右移寄存器的状态表

移位脉冲 CP	输入数码 D_I	触发器状态（移位寄存器中数码）			
		Q_0	Q_1	Q_2	Q_3
0	0	0	0	0	0
1	最高位 $D_3 = 1$	$D_3 = 1$	0	0	0
2	次高位 $D_2 = 1$	$D_2 = 1$	$D_3 = 1$	0	0
3	次低位 $D_1 = 0$	$D_1 = 0$	$D_2 = 1$	$D_3 = 1$	0
4	最低位 $D_0 = 1$	$D_0 = 1$	$D_1 = 0$	$D_2 = 1$	$D_3 = 1$

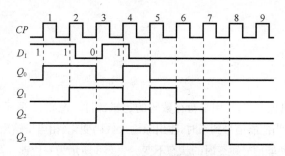

图 5.19   4 位右移寄存器电路的时序图

如果将右边触发器的输出端接至相邻左边触发器的数据输入端，待存数据由最右边触发器的数据输入端串行输入，则构成左移寄存器。请读者自行画出电路图。

除用 D 触发器外，也可用 JK、RS 触发器构成寄存器，只需将 JK 或 RS 触发器转换为 D 触发器功能即可。但 T 触发器不能用来构成移位寄存器。

2. 双向移位寄存器

双向移位寄存器电路结构如图 5.20 所示，将右移寄存器和左移寄存器组合起来，并引入控制端 S 便构成既可左移又可右移的双向移位寄存器。它是利用边沿 D 触发器组成的，每个触发器的数据输入端 D 同 4 个与或非门及缓冲门组成的转换控制门相连，移位方向由移位控制端 S 决定。由图可知该电路的驱动方程为

$$D_0 = \overline{\overline{S}D_{SR} + \overline{\overline{S}}Q_1}, D_1 = \overline{\overline{S}Q_0 + \overline{\overline{S}}Q_2}, D_2 = \overline{\overline{S}Q_1 + \overline{\overline{S}}Q_3}, D_3 = \overline{\overline{S}Q_2 + \overline{\overline{S}}D_{SL}}$$

其中，D_{SR} 为右移串行输入端，D_{SL} 为左移串行输入端。当 $S = 1$ 时，与或非门左边与门打开，右边与门封锁，$D_0 = D_{SR}$、$D_1 = Q_0$、$D_2 = Q_1$、$D_3 = Q_2$，即 FF_0 的 D_0 端与右端串行输入端 D_{SR} 端连通，FF_1 的 D_1 端与 Q_0 连通，在 CP 脉冲作用下，由 D_{SR} 端输入的数据将实现右移操作；当 $S = 0$ 时，$D_0 = Q_1$、$D_1 = Q_2$、$D_2 = Q_3$、$D_3 = D_{SL}$，在 CP 脉冲作用下，实现左移操作。

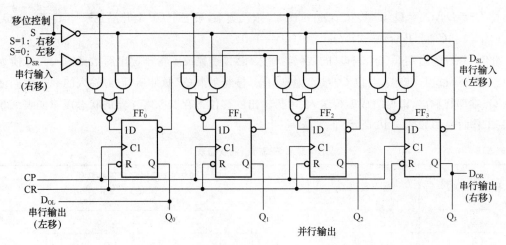

图 5.20　D 触发器组成的 4 位双向左移寄存器

由此可见，图 5.20 所示的寄存器可作双向移位。当 $S=1$ 时，数据向右移位；当 $S=0$ 时，数据向左移位，可实现串行输入-串行输出(由 D_{OL} 或 D_{OR} 输出)、串行输入-并行输出工作方式(由 $Q_3 Q_2 Q_1 Q_0$ 输出)。

5.3.3　锁存器

1. 锁存器原理

锁存器(Latch)又称自锁电路，是用来暂存数码的逻辑部件。图 5.21 所示为一位锁存器逻辑电路图，它与触发器的区别是：当使能信号到来时，输出随输入数码变化(相当于输出直接接到输入端)；当使能信号结束时，输出保持使能信号跳变时的状态不变。表 5.6 所示为一位锁存器逻辑功能真值表。

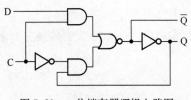

图 5.21　一位锁存器逻辑电路图

表 5.6　一位锁存器逻辑功能真值表

输　　入		输　　出	
使能 C	输入数据 D	Q	$\overline{Q}$
1	0	0	1
1	1	1	0
0	$\times$	Q	$\overline{Q}$

由表 5.6 和图 5.21 可知，当使能端 C 为低电平时，数码的 D 输入门被封锁，反馈门被 $\overline{C}$ 打开，使 Q 加于或非门的输入端，从而使输出保持原状态；当使能端 C 为高电平时，反馈门被 $\overline{C}$ 封锁，而数码 D 的输入门被打开，D 经两级门反相，送至输出端使 $Q=D$，即输出 Q 随输入数码 D 的变化而变化。

n 位锁存器可以用 n 个一位锁存器来组成。锁存器常用在两个逻辑部件之间作暂存数码用。

2. 锁存器集成电路介绍

75 是 4 位锁存器，它包括 TTL 系列中的 54/7475,54/74LS75 和 CMOS 系列中的 54/74HC75、

54/74HCT75 等。其外引脚排列图如图 5.22 所示。表 5.7 所示为 75 的逻辑功能表。当使能端 C 为低电平时，数据 D 的输入端被封锁，使输出保持原状态；当使能端 C 为高电平时，数据 D 的输入端被打开，使输出端 $Q=D$，即输出 Q 随输入数据 D 的变化而变化。

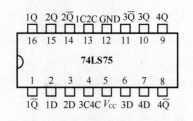

图 5.22 4 位锁存器 75 外引脚排列图

表 5.7 4 位锁存器 75 的逻辑功能表

输	入	输	出
D	C	Q	$\overline{Q}$
0	1	0	1
1	1	1	0
×	0	保	持

5.3.4 寄存器集成电路介绍

1. 集成移位寄存器 74194

集成移位寄存器 74194 如图 5.23 所示，其功能表如表 5.8 所示。由表 5.8 可以看出 74194 具有如下功能。

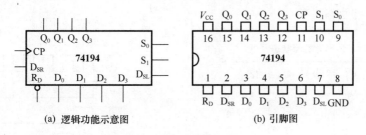

(a) 逻辑功能示意图   (b) 引脚图

图 5.23 集成移位寄存器 74194

表 5.8 74194 逻辑功能

输 入										输 出				工 作 模 式
清零	控制	串行输入		时钟	并行输入					输出				
R_D	$S_1 S_0$	D_{SL}	D_{SR}	CP	D_0	D_1	D_2	D_3		Q_0	Q_1	Q_2	Q_3	
0	× ×	×	×	×	×	×	×	×		0	0	0	0	异步清零
1	0 0	×	×	×	×	×	×	×		Q_0^n	Q_1^n	Q_2^n	Q_3^n	保 持
1	0 1	×	1	↑	×	×	×	×		1	Q_0^n	Q_1^n	Q_2^n	右移，D_{SR} 为串行输
1	0 1	×	0	↑	×	×	×	×		0	Q_0^n	Q_1^n	Q_2^n	入，Q_3 为串行输出
1	1 0	1	×	↑	×	×	×	×		Q_1^n	Q_2^n	Q_3^n	1	左移，D_{SL} 为串行输
1	1 0	0	×	↑	×	×	×	×		Q_1^n	Q_2^n	Q_3^n	0	入，Q_0 为串行输出
1	1 1	×	×	↑	D_0	D_1	D_2	D_3		D_0	D_1	D_2	D_3	并行置数

① 异步清零。当 $R_D=0$,各触发器清零。因为清零工作不需要 CP 脉冲的作用,称为异步清零。移位寄存器正常工作时,必须保持 $R_D=1$(高电平)。

② S_1、S_0 是控制输入。当 $R_D=1$ 时 74194 有保持、右移、左移、并行置数 4 种工作方式。

另外,集成中规模移位寄存器品种很多,从结构上分有 TTL 与 CMOS,从位数上分有 4 位、8 位、16 位等,另外还有单向双向之分。

2. 集成移位寄存器的应用

移位寄存器除了具有寄存数码和将数码移位的功能外,还可以构成各种计数器和分频器。图 5.24 所示为 4 位右移寄存器构成的环形计数器。

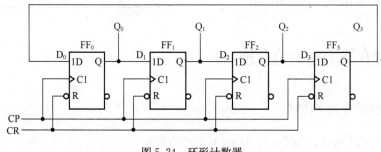

图 5.24　环形计数器

工作前,将初态预置为 0001,用时序电路的分析方法,可得其状态表如表 5.9 所示,环形计数器的时序图如图 5.25 所示。

表 5.9　环形计数器状态

CP	Q_3	Q_2	Q_1	Q_0
0	0	0	0	1
1	0	0	1	0
2	0	1	0	0
3	1	0	0	0
4	0	0	0	1

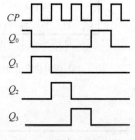

图 5.25　环形计数器时序图

用 74194 组成的环形计数器如图 5.26 所示。由状态图可得,该电路在 CP 脉冲控制下,可循环移位一个 1;由时序图可知,当连续输入 CP 时,各个触发器的 Q 端将轮流出现矩形脉冲,因而可完

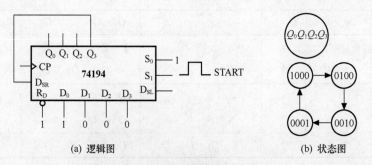

(a) 逻辑图　　　　　　　　　　(b) 状态图

图 5.26　用 74194 构成的环形计数器

成顺序脉冲发生器的功能；且状态为 1 的输出端的序号即代表收到的计数脉冲的个数，通常不需要任何译码电路。

同理，将初态预置为 0111，也可用该电路实现循环移位一个 0。

用 74194 组成的扭环形计数器如图 5.27 所示。由时序图可知，扭环形计数器每次状态变化时仅有一个触发器翻转，可用扭环形计数器加译码器构成顺序脉冲发生器，从根本上消除竞争冒险现象。另外，触发器的利用率较之环形计数器有所提高，用 n 个触发器能记 $2n$ 个数。

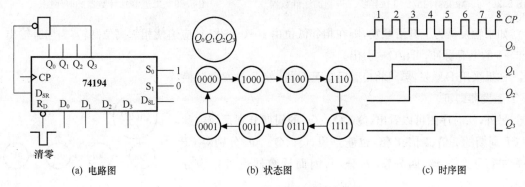

图 5.27　用 74194 构成的扭环形计数器

5.4　计数器

能累计输入脉冲个数的时序部件叫计数器（Counter）。计数器与人们的生产、生活息息相关，如钟表、电子计分牌等都离不开计数器。计数器不仅能用于计数，还可用于定时、分频和程序控制等。

计数器按计数进制可分为二进制计数器和非二进制计数器，非二进制计数器中最典型的是十进制计数器；按数字的增减趋势可分为加法计数器、减法计数器和可逆计数器；按计数器中各触发器翻转是否与计数脉冲同步可分为同步计数器和异步计数器。

5.4.1　二进制计数器

二进制数的每一位只有 1 和 0 两个数码，因此一个双稳态触发器可表示一位二进制数。习惯上用触发器的 0 态表示二进制数码 0，用 1 态表示二进制数码 1。用若干个触发器连接起来，可表示多位二进制数，构成常用的二进制计数器。

1. 异步二进制计数器

以 3 位二进制加法计数器为例，逻辑图如图 5.28 所示。图中 JK 触发器都接成 T' 触发器（即 $J=K=1$）。最低位触发器 FF_1 的时钟脉冲输入端接计数脉冲 CP，其他触发器的时钟脉冲输入端接相邻低位触发器的 Q 端。用"观察法"作出该电路的时序波形图如图 5.29 所示，状态图如图 5.30 所示。由状态图可见，从初态 000（由清零脉冲所置）开始，每输入一个计数脉冲，计数器的状态按二进制加法规律加 1，所以是二进制加法计数器（3 位）。又因为该计数器有 000～111 共 8 个状态，所以也称八进制（1 位）加法计数器或模 8（$M=8$）加法计数器。

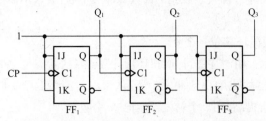

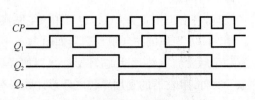

图 5.28 JK 触发器构成的 3 位异步二进制加法计数器　　　图 5.29 二进制加计数器的时序图

如果触发器为上升沿触发,则在相邻低位由 1→0 变化时,应迫使相邻高位翻转,需向其输出一个 0→1 的上升脉冲,可由 $\overline{Q}$ 端引出。

如果采用 D 触发器,可将 $\overline{Q}$ 端反馈至 D 端,使 D 触发器转换为 T' 触发器即可。

另外,从时序图可以看出,Q_1、Q_2、Q_3 的周期分别是计数脉冲 CP 周期的 2 倍、4 倍、8 倍,也就是说,Q_1、Q_2、Q_3 分别对 CP 波形进行了二分频、四分频、八分频,因而计数器也可作为分频器。

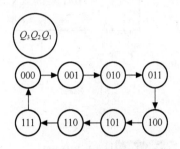

图 5.30　状态图

异步二进制计数器可以很方便地改变位数,n 个触发器可构成 n 位二进制计数器,即模为 2^n 的计数器,或 2^n 分频器。

如果在图 5.28 中将脉冲接至相邻低位的 $\overline{Q}$ 端,可构成异步二进制减法计数器,其状态图和时序图分别如图 5.31 和图 5.32 所示。若是上升沿的触发器,则将脉冲接至相邻低位的 Q 端。异步二进制计数器级间连接规律如表 5.10 所示,其中 CP_i 表示第 i 位触发器 FF_i 的时钟端,Q_{i-1}、$\overline{Q}_{i-1}$ 表示触发器 FF_i 前一级触发器的输出端。

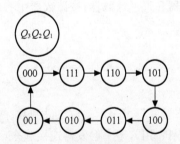

图 5.31　二进制减法计数器状态图

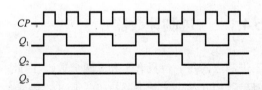

图 5.32　上升沿触发的二进制减法计数器时序图

表 5.10　　　　　　　　　　　　　　异步二进制计数器级间连接规律

连接规律	触发器的触发沿	
	上　升　沿	下　降　沿
加法计数器	$CP_i = \overline{Q}_{i-1}$	$CP_i = Q_{i-1}$
减法计数器	$CP_i = Q_{i-1}$	$CP_i = \overline{Q}_{i-1}$

异步计数器的最大优点是电路结构简单,缺点是各触发器翻转时存在延迟时间,级数越多,延迟时间越长,计数速度越慢;同时由于延迟时间在有效状态转换过程中会出现过渡状态,从而造成

逻辑错误。基于上述原因,在高速的数字系统中,大都采用同步计数器。

2. 同步二进制计数器

（1）同步二进制加法计数器

由 4 个 JK 触发器组成的 4 位同步二进制加法计数器的逻辑图如图 5.33 所示,图中各触发器的时钟脉冲同时接计数脉冲 CP,因而这是一个同步时序电路。

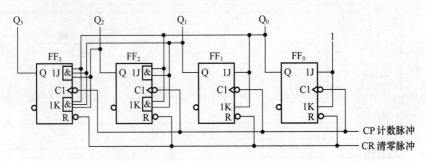

图 5.33　4 位同步二进制加法计数器的逻辑图

由逻辑图知,各触发器的驱动方程分别为

$$J_0 = K_0 = 1$$
$$J_1 = K_1 = Q_0$$
$$J_2 = K_2 = Q_0 Q_1$$
$$J_3 = K_3 = Q_0 Q_1 Q_2$$

因为 $J_0 = K_0 = 1$,所以 FF_0 接成的是 T' 触发器,每来一个计数脉冲就翻转一次。

因为 $J_1 = K_1 = Q_0$,所以 FF_1 只有在 $Q_0 = 1$ 时处于计数状态,这时 CP 下降沿的到来使 FF_1 翻转。

因为 $J_2 = K_2 = Q_0 Q_1$,所以 FF_2 只有在 $Q_0 = Q_1 = 1$ 时处于计数状态。

因为 $J_3 = K_3 = Q_0 Q_1 Q_2$,所以 FF_3 只有在 $Q_0 = Q_1 = Q_2 = 1$ 时处于计数状态。

根据上述分析,不难画出图 5.33 逻辑图的时序波形图,如图 5.34 所示。

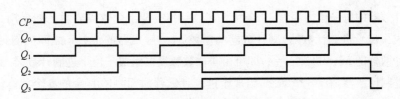

图 5.34　4 位同步二进制加法计数器的时序图

如果将图 4 位同步二进制加法计数器触发器 FF_3、FF_2、FF_1 的驱动信号分别改为 $J_0 = K_0 = 1$、$J_1 = K_1 = \overline{Q_0}$、$J_2 = K_2 = \overline{Q_0} \, \overline{Q_1}$、$J_3 = K_3 = \overline{Q_0} \, \overline{Q_1} \, \overline{Q_2}$,就可构成 4 位二进制同步减法计数器,其工作过程请读者自行分析。

由于同步计数器的计数脉冲 CP 同时接到各位触发器的时钟脉冲输入端,当计数脉冲到来时,应该翻转的触发器同时翻转,所以速度比异步计数器高,但电路结构比异步计数器复杂。

（2）同步二进制可逆计数器

实际应用中,有时要求一个计数器既能作加法计数又能作减法计数,这样的计数器称为可逆计数器。将 4 位二进制同步加法计数器和减法计数器合并起来,并引入一加/减控制信号 X 便构成 4 位二进制同步可逆计数器,如图 5.35 所示。

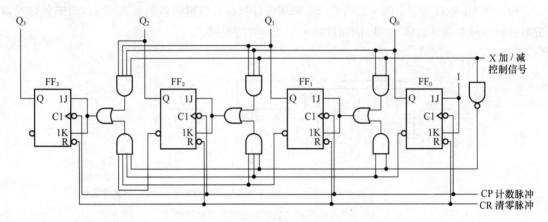

图 5.35　二进制可逆计数器的逻辑图

由图可知,各触发器的驱动方程为

$$J_0 = K_0 = 1$$
$$J_1 = K_1 = XQ_0 + \overline{X}\,\overline{Q_0}$$
$$J_2 = K_2 = XQ_0Q_1 + \overline{X}\,\overline{Q_0}\,\overline{Q_1}$$
$$J_3 = K_3 = XQ_0Q_1Q_2 + \overline{X}\,\overline{Q_0}\,\overline{Q_1}\,\overline{Q_2}$$

当加/减控制信号 $X=1$ 时,$FF_1 \sim FF_3$ 中的各 J、K 端分别与低位各触发器的 Q 端相连,作加法计数;当加/减控制信号 $X=0$ 时,$FF_1 \sim FF_3$ 中的各 J、K 端分别与低位各触发器的 $\overline{Q}$ 端相连,作减法计数,实现了可逆计数器的功能。

5.4.2　十进制计数器

十进制计数器的每一位需要有 10 个状态,分别用 0～9 十个数码表示。如果用具有两个稳态的触发器组成一位十进制计数器,则计数器的模数 M 与触发器的个数 n 之间应满足 $M \leqslant 2n$ 的关系。十进制计数器的 $M=10$,则 $n=4$,即可由 4 位数触发器组成一位十进制计数器。4 位触发器可组成 4 位二进制计数器,有 16 个状态,组成十进制计数器时需剔除其余的 6 个状态。这种十进制计数器也常称为二-十进制计数器,即 BCD 码计数器。

1. 8421BCD 码同步十进制加法计数器

图 5.36 所示为由 4 个下降沿触发的 JK 触发器组成的 8421BCD 码同步十进制加法计数器的逻辑图。它是在同步二进制加法计数器的基础上修改而成的。下面用前面介绍的同步时序逻辑电路分析方法对该电路进行分析。

（1）写出驱动方程

$$J_0 = 1 \qquad\qquad K_0 = 1$$

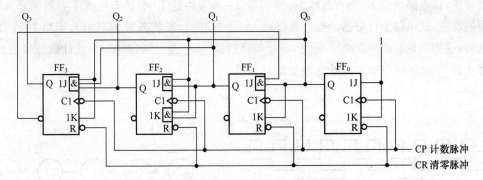

图 5.36　8421BCD 码同步十进制加法计数器的逻辑图

$$J_1 = \overline{Q_3^n} Q_0^n \qquad K_1 = Q_0^n$$
$$J_2 = Q_1^n Q_0^n \qquad K_2 = Q_1^n Q_0^n$$
$$J_3 = Q_2^n Q_1^n Q_0^n \qquad K_3 = Q_0^n$$

（2）写出次态方程

写出 JK 触发器的特性方程 $Q^{n=1} = J\overline{Q^n} + \overline{K}Q^n$，然后将各驱动方程代入 JK 触发器的特性方程，得各触发器的次态方程：

$$Q_0^{n+1} = J_0 \overline{Q_0^n} + \overline{K_0} Q_0^n = \overline{Q_0^n}$$

$$Q_1^{n+1} = J_1 \overline{Q_1^n} + \overline{K_1} Q_1^n = \overline{Q_3^n} Q_0^n \overline{Q_1^n} + \overline{Q_0^n} Q_1^n$$

$$Q_2^{n+1} = J_2 \overline{Q_2^n} + \overline{K_2} Q_2^n = Q_1^n Q_0^n \overline{Q_2^n} + \overline{Q_1^n Q_0^n} Q_2^n$$

$$Q_3^{n+1} = J_3 \overline{Q_3^n} + \overline{K_3} Q_3^n = Q_2^n Q_1^n Q_0^n \overline{Q_3^n} + \overline{Q_0^n} Q_3^n$$

（3）作状态转换表

设初态为 $Q_3 Q_2 Q_1 Q_0 = 0000$，代入次态方程进行计算，得状态表如表 5.11 所示。

表 5.11　　　　　　　　　　　　同步十进制加法计数器电路的状态表

计数脉冲序号	现　态				次　态			
	Q_3^n	Q_2^n	Q_1^n	Q_0^n	Q_3^{n+1}	Q_2^{n+1}	Q_1^{n+1}	Q_0^{n+1}
0	0	0	0	0	0	0	0	1
1	0	0	0	1	0	0	1	0
2	0	0	1	0	0	0	1	1
3	0	0	1	1	0	1	0	0
4	0	1	0	0	0	1	0	1
5	0	1	0	1	0	1	1	0
6	0	1	1	0	0	1	1	1
7	0	1	1	1	1	0	0	0
8	1	0	0	0	1	0	0	1
9	1	0	0	1	0	0	0	0

（4）作状态图及时序图

根据状态表作出电路的状态图和时序图分别如图 5.37 和图 5.38 所示。由状态表、状态图或时序图可见,该电路具有 10 个有效状态,分别是 0~9,并由这 10 个状态构成了有效循环,体现了计数器的功能,故电路为计数器。当计数器输入 9 个脉冲后,其状态为 9(1001),当第 10 个计数脉冲输入时,返回起始状态 0(0000),可见,该计数器遵循"逢十进一"的原则,而且计数过程是由 0 依次递增 1 到 9,故为 8421BCD 码十进制加法计数器。

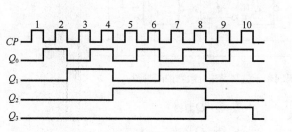

图 5.37　8421BCD 同步十进制加法计数器的状态图

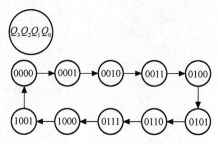

图 5.38　同步十进制加法计数器时序图

（5）检查电路能否自启动

由于图 5.36 所示的电路中有 4 个触发器,它们的状态组合共有 16 种,而在 8421BCD 码计数器中只用了 10 种,称为有效状态,其余 6 种状态称为无效状态。在实际工作中,当由于某种原因,使计数器进入无效状态时,如果能在时钟信号作用下,最终进入有效状态,我们就称该电路具有自启动能力。

用同样的分析方法分别求出 6 种无效状态下的次态,补充到状态图中,得到完整的状态图,如图 5.39 所示,可见,电路能够自启动。

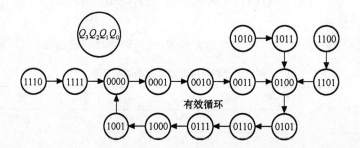

图 5.39　8421BCD 码同步十进制完整的状态图

2. 8421BCD 码异步十进制加法计数器

异步十进制计数器的逻辑电路图如图 5.40 所示,从图中可见,各触发器的时钟脉冲端不受同一脉冲控制,各个触发器的翻转除受 J、K 端控制外,还要看是否具备翻转的时钟条件,因此分析起来较复杂。下面用前面介绍的异步时序逻辑电路分析方法对电路进行分析。

（1）写出各逻辑方程式

① 时钟方程:（"↓"表示时钟脉冲下降沿触发。）

$$CP_0 = CP \downarrow$$
$$CP_1 = Q_0 \downarrow$$
$$CP_2 = Q_1 \downarrow$$
$$CP_3 = Q_0 \downarrow$$

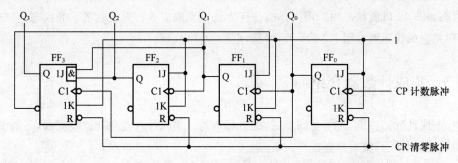

图 5.40　8421BCD 码异步十进制加法计数器的逻辑电路图

② 各触发器的驱动方程：

$$J_0 = 1 \qquad K_0 = 1$$
$$J_1 = \overline{Q_3^n} \qquad K_1 = 1$$
$$J_2 = 1 \qquad K_2 = 1$$
$$J_3 = Q_2^n Q_1^n \qquad K_3 = 1$$

（2）求状态方程

将各驱动方程代入 JK 触发器的特性方程，得各触发器的状态方程：

$$Q_0^{n+1} = J_0 \overline{Q_0^n} + \overline{K_0} Q_0^n = \overline{Q_0^n} \quad (CP\downarrow)$$
$$Q_1^{n+1} = J_1 \overline{Q_1^n} + \overline{K_1} Q_1^n = \overline{Q_3^n}\, \overline{Q_1^n} \quad (Q_0\downarrow)$$
$$Q_2^{n+1} = J_2 \overline{Q_2^n} + \overline{K_2} Q_2^n = \overline{Q_2^n} \quad (Q_1\downarrow)$$
$$Q_3^{n+1} = J_3 \overline{Q_3^n} + \overline{K_3} Q_3^n = Q_2^n Q_1^n \overline{Q_3^n} \quad (Q_0\downarrow)$$

（3）作状态表

设初态为 $Q_3 Q_2 Q_1 Q_0 = 0000$，代入次态方程进行计算，计算时要特别注意状态方程中每一个表达式有效的时钟条件。各触发器只有当相应的触发沿到来时，才能按状态方程决定其次态的转换，否则将保持原态不变。状态表如表 5.12 所示。

表 5.12　　8421BCD 码状态表

计数脉冲 CP	触发器状态				对应十进制数
	Q_3	Q_2	Q_1	Q_0	
0	0	0	0	0	0
1	0	0	0	1	1
2	0	0	1	0	2
3	0	0	1	1	3
4	0	1	0	0	4
5	0	1	0	1	5
6	0	1	1	0	6
7	0	1	1	1	7
8	1	0	0	0	8
9	1	0	0	1	9
10	0	0	0	0	0

由状态表 5.12 可画状态图。用同样的分析方法分别求出 6 种无效状态下的次态,补充到状态图中,得到完整的状态图如图 5.39 所示,可见,电路能够自启动。

5.4.3 集成计数器介绍

目前,集成计数器种类很多,有同步的,也有异步的。集成计数器功能比较完善,一般设有更多的附加功能,适用性强,使用也更方便。

1. 异步集成计数器 74290

中规模集成计数器 7490、74196、74290 及原部标型号 T210 等具有相似功能,其中 7490、74290 和 T210 的功能相同,只是外引线排列不同。74196 增加了可预置功能。

二-五-十进制异步加法计数器 74290 的电路结构如图 5.41 所示。它由 4 个下降沿触发的 JK 触发器和两个与非门组成,同时还设有复位端 $R_{0(1)}$、$R_{0(2)}$ 和置位端 $S_{9(1)}$、$S_{9(2)}$。整个电路可分为两个独立的计数单元:一位二进制计数器和一个独立的异步五进制计数器。其芯片具有 14 个外引线端。逻辑功能示意图和引脚图如图 5.42 所示。

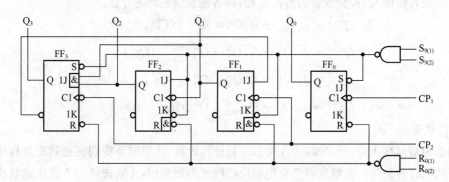

图 5.41 二-五-十进制异步加法计数器 74290

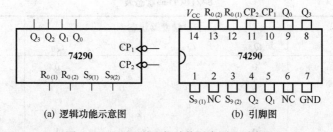

(a) 逻辑功能示意图 (b) 引脚图

图 5.42 74290 的逻辑功能示意图和引脚图

74290 的功能如表 5.13 所示。

表 5.13 74290 的功能表

复 位 输 入		置 位 输 入		时 钟	输 出				工作模式
$R_{0(1)}$	$R_{0(2)}$	$S_{9(1)}$	$S_{9(2)}$	CP	Q_3	Q_2	Q_1	Q_0	
1	1	0	$\times$	$\times$	0	0	0	0	异步清零
1	1	$\times$	0	$\times$	0	0	0	0	

复位输入		置位输入		时　　钟	输　　出				工作模式
$R_{0(1)}$	$R_{0(2)}$	$S_{9(1)}$	$S_{9(2)}$	CP	Q_3	Q_2	Q_1	Q_0	
×	×	1	1	×	1	0	0	1	异步置数
0	×	0	×	↓	计　　数				加法计数
0	×	×	0	↓	计　　数				
×	0	0	×	↓	计　　数				
×	0	×	0	↓	计　　数				

由 74290 的功能表可知,74290 具有以下功能。

① 异步清零。当复位输入端 $R_{0(1)}=R_{0(2)}=1$,且置位输入 $S_{9(1)}$、$S_{9(2)}$ 至少有一个为 0 时,使各触发器 R 端为低电平,强制置 0,$Q_3Q_2Q_1Q_0=0000$,计数器实现了清零功能,由于清零不需要和时钟脉冲信号同步,因此称为异步清零。

② 异步置数。当置位输入 $S_{9(1)}$、$S_{9(2)}$ 全接高电平时,对应与非门输出低电平,计数器直接置 9(即 $Q_3Q_2Q_1Q_0=1001$)。置 9 也是异步预置。

③ 计数。当 $R_{0(1)}$、$R_{0(2)}$ 和 $S_{9(1)}$、$S_{9(2)}$ 有低电平输入时,两个与非门输出高电平,各触发器恢复计数功能。

2. 74290 的应用

74290 通过输入输出端子的不同连接,可组成不同进制的计数器。图 5.43~图 5.45 所示分别为用 74290 组成的二进制、五进制和十进制计数器(箭头示出信号的输入输出端)。

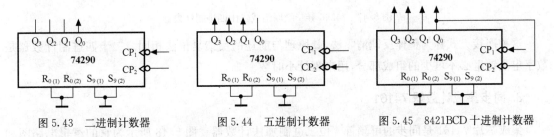

图 5.43　二进制计数器　　　图 5.44　五进制计数器　　　图 5.45　8421BCD 十进制计数器

用 74290 还可构成任意进制计数器。现举例说明其扩展的原理和方法。

【例 5.4】　用 74290 构成六进制计数器。

图 5.46(a)所示为一个用 74290 构成的六进制计数器,计数脉冲由 CP_1 接入,Q_0 接 CP_2,Q_1、Q_2 反馈至复位端 $R_{0(1)}$、$R_{0(2)}$。设计数器初态为 0,当计数至 0110,即 $Q_3Q_2Q_1Q_0=0110$ 时,迫使计数器复位。因此,计数器实际计数顺序为 0000~0101 6 个状态,跳过了 0110~1001 4 个无效状态,构成六进制计数器。并且 $Q_3Q_2Q_1Q_0=0110$ 只短暂出现,不是一个稳定状态,一旦计数器复位该状态自行消失。其状态如图 5.46(b)所示。

这种利用反馈复位使计数器清零从而跳过无效状态构成所需进制计数器的方法,称为反馈复位法或反馈清零法。

当计数长度较长时,可将集成计数器级联起来使用。

【例 5.5】　用 74290 构成二十四进制计数器。

74290 的最大计数长度为 10,要构成二十四进制,需用两片 74290。两芯片均接成十进制计数

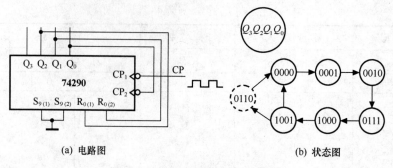

图 5.46　用 74290 构成六进制计数器

器,然后将它们连接成 100 进制计数器,再借助 74290 的异步清零功能,用反馈清零法将片 1 的 Q_2 和片 2 的 Q_1 分别接至两芯片的的复位端 $R_{0(1)}$、$R_{0(2)}$,在第 24 个计数脉冲作用后,计数器输出为 00100100 状态,片 2 的 Q_1 与片 1 的 Q_2 同时为 1,使计数器立即返回到 00000000 状态。这样,就构成了二十四进制计数器。状态 00100100 仅在较短的瞬间出现,是过渡状态。其逻辑电路如图 5.47 所示。

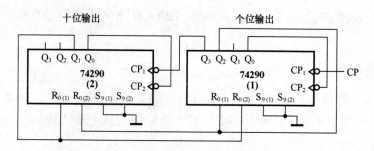

图 5.47　74290 异步级联组成二十四进制计数器

这种连接方式称为整体反馈清零法,其原理与前述的反馈复位法相同。二十四进制计数器是数字电子钟里必不可少的组成部分,用来累计小时数。

3. 同步集成计数器 74161

集成芯片 74161 是同步的可预置 4 位二进制加法计数器。图 5.48 所示为它的逻辑电路图和引脚图。其中 R_D 是异步清零端,L_D 是同步预置控制端(即必须有时钟脉冲的配合才能实现相应的置数操作),都为低电平有效。EP、ET 是使能控制端,CP 是时钟脉冲输入端,RCO 是进位输出端,它的设置为多片集成计数器的级联提供了方便。D_3、D_2、D_1、D_0 为并行数据输入端,Q_3、Q_2、Q_1、Q_0 是输出端,依次由高位到低位。

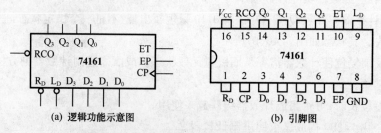

图 5.48　74161 的逻辑功能示意图和引脚图

74161 的功能如表 5.14 所示。由表可知，74161 具有以下功能。

表 5.14　　　　　　　　　　　　　　　　　　　74161 的功能表

清　零	预　置	使　能		时　钟	预置数据输入				输　出				工作
R_D	L_D	EP	ET	CP	D_3	D_2	D_1	D_0	Q_3	Q_2	Q_1	Q_0	模式
0	$\times$	$\times$	$\times$	$\times$	$\times$	$\times$	$\times$	$\times$	0	0	0	0	异步清零
1	0	$\times$	$\times$	↑	D_3	D_2	D_1	D_0	D_3	D_2	D_1	D_0	同步置数
1	1	0	$\times$	$\times$	$\times$	$\times$	$\times$	$\times$	保　　持				数据保持
1	1	$\times$	0	$\times$	$\times$	$\times$	$\times$	$\times$	保　　持				数据保持
1	1	1	1	↑	$\times$	$\times$	$\times$	$\times$	计　　数				加法计数

① 异步清零。当 $R_D=0$ 时，不管其他输入端的状态如何，不论有无时钟脉冲 CP，计数器输出将被直接置零（$Q_3Q_2Q_1Q_0=0000$），称为异步清零。

② 同步并行预置数。当 $R_D=1,L_D=0$ 时，在输入时钟脉冲 CP 上升沿的作用下，并行输入端的数据 $D_3D_2D_1D_0$ 被置入计数器的输出端，即 $Q_3Q_2Q_1Q_0=D_3D_2D_1D_0$。由于这个操作要与 CP 上升沿同步，所以称为同步并行预置数。

③ 计数。当 $R_D=L_D=EP=ET=1$ 时，在 CP 端输入计数脉冲，计数器进行二进制加法计数。当计数器累加到 "1111" 状态时，进位输出信号 RCO 输出一个高电平的进位信号。

④ 保持。当 $R_D=L_D=1$，且 $EP \cdot ET=0$，即两个使能端中有 0 时，则计数器保持原来的状态不变。这时，如 $EP=0$、$ET=1$，则进位输出信号 RCO 保持不变；如 $ET=0$ 则不管 EP 状态如何，进位输出信号 RCO 都为低电平 0。

4. 74161 的应用

74161 是集成同步 4 位二进制计数器，也就是模 16 计数器，用它可构成任意进制计数器。实现的方法有反馈复位法和反馈预置法，下面举例说明。

（1）反馈复位法

【例 5.6】　用反馈复位法使 74161 构成六进制计数器。

解：用集成计数器 74161 组成的六进制计数器如图 5.49 所示，这里用到了异步清零端 R_D。

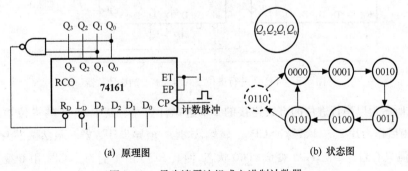

(a) 原理图　　　　　　　　　　　　(b) 状态图

图 5.49　异步清零法组成六进制计数器

（2）反馈预置法

反馈预置法适用于具有预置数功能的集成计数器。对于具有同步预置数功能的计数器而言，在计数过程中，可将它输出的任何一个状态通过译码，产生一个预置数控制信号反馈至预置数控制端,在下一个 CP 脉冲作用后,计数器就会把预置数输入端 $D_3 D_2 D_1 D_0$ 的状态置入输出端。预置数控制信号消失后,计数器就从被置入的状态开始重新计数。

【例 5.7】 用集成计数器 74161 通过反馈预置法构成七进制计数器。

解: 用 74161 通过反馈预置法构成七进制计数器,如图 5.50 所示。

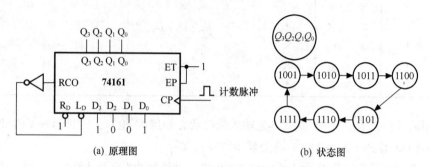

图 5.50 用 74161 通过反馈预置法构成七进制计数器

当计数模数 $M>16$ 时,可以利用 74161 的溢出进位信号 RCO 去接高四位的 74161 芯片。

【例 5.8】 用 74LS161 组成 256 进制计数器。

解: 因为 $N(=256)>M(=16)$,且 $256=16\times16$,所以要用两片 74LS161 构成此计数器。每片均接成十六进制。片与片之间的连接方式有并行进位(低位片的进位信号作高位片的使能信号)和串行进位(低位片的进位信号作为高位片的时钟脉冲,即异步计数方式)两种。

图 5.51 所示为以并行进位的方式连接的 256 进制计数器。两片 74LS161 的 CP 端均与计数脉冲 CP 连接,因而是同步计数器。低位片(片 1)的使能端 $ET=EP=1$,因而它总处于计数状态;高位片(片 2)的使能端接至低位片的进位信号输出端 RCO,因而只有当片 1 计数至 1111 状态,使其 $RCO=1$ 时,片 2 才能处于计数状态。在下一个计数脉冲作用后,片 2 计入一个脉冲,片 1 由 1111 状态变成 0000 状态,它的进位信号也变成 0,使片 2 停止。

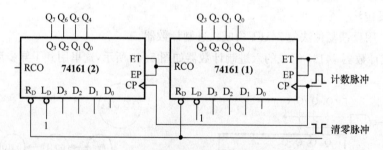

图 5.51 74161 并行进位方式组成 256 加法计数器

图 5.52 所示为以串行进位的方式连接的 256 进制计数器。其中,片 1 的进位输出信号 RCO 经反相器反相后作为片 2 的计数脉冲 CP_2。显然,这是一个异步计数器。虽然两芯片的使能控制信号都为 1,但只有当片 1 由 1111 变成 0000 状态,使其 RCO 由 1 变为 0,CP_2 由 0 变为 1 时,片 2 才能计入一个脉冲。其他情况下,片 2 都将保持原有状态不变。

(3)组成分频器

前面提到,模 N 计数器进位输出脉冲的频率是输入脉冲频率的 $1/N$,因此可用模 N 计数器组成 N 分频器。

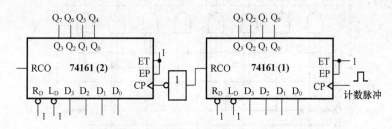

图 5.52　74161 串行进位方式组成 256 加法计数器

【例 5.9】　某石英晶体振荡器输出脉冲信号的频率为 32768Hz，用 74161 组成分频器，将其分频为频率为 1Hz 的脉冲信号。

解：因为 $32768 = 2^{15}$，经 15 级二分频，就可获得频率为 1Hz 的脉冲信号。因此将 4 片 74161 级联，从高位片(4)的 Q_2 输出即可，其逻辑电路如图 5.53 所示。

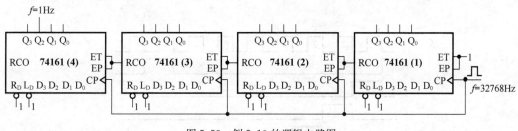

图 5.53　例 5.10 的逻辑电路图

5.5 节拍脉冲发生器

在数控装置和计算机中，需要机器按照人们事先规定的顺序进行运算或操作，这就要求机器的控制部分不仅能正确地发出各种控制信号，而且还要求这些控制信号在时间上有一定的先后顺序，节拍脉冲发生器就是用来产生在时间上有先后顺序脉冲的一种时序电路，有时也称顺序脉冲发生器。常见的顺序脉冲发生器有计数型和寄存器型两种。

1. 计数型顺序脉冲发生器

图 5.54 所示为计数型顺序脉冲发生器。它由计数器和译码器两部分组成。3 个触发器 FF$_2$、FF$_1$、FF$_0$ 组成异步 3 位二进制加法计数器，8 个与门组成 3 线-8 线译码器。前者是时序电路，后者是组合电路。只要在计数器的输入端 CP 加入固定频率的脉冲，便可在 $P_0 \sim P_7$ 端依次得到输出脉冲信号，其波形如图 5.55 所示。

2. 寄存器型顺序脉冲发生器

将移位寄存器的输出通过一定方式反馈到串行输入端，可构成移位寄存器型计数器，由此可以组成移位寄存器型顺序脉冲发生器，如在介绍寄存器集成电路时所学的环形脉冲计数器、扭环形计数器(约翰逊计数器)等。这种方案的优点是结构比较简单，从根本上消除竞争冒险。缺点是使用的触发器数目比较多，同时还必须采用能自启动的反馈逻辑电路。

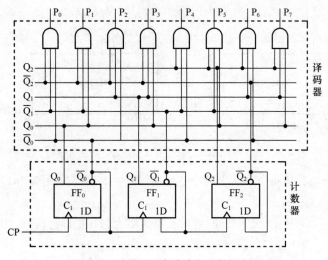

图 5.54　计数型顺序脉冲发生器电路图

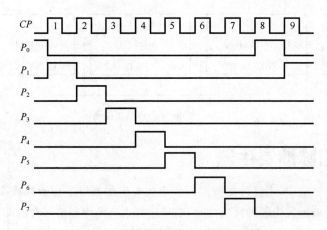

图 5.55　计数型顺序脉冲发生器波形图

技能训练　集成计数器及应用

1. 技能训练目的

① 掌握集成计数器的逻辑功能测试方法及其应用。

② 运用集成计数器构成任意进制计数器。

2. 技能训练仪器和器件

① 数字电路实验台　　　　1 台。

② 器件：74LS161　　　　2 片；

　　　　74LS00　　　　　1 片。

3. 技能训练说明

计数器是一个用以实现计数功能的时序逻辑部件,它不仅可以用来对脉冲进行计数,还常用作数字系统的定时、分频和执行数字运算以及其他特定的逻辑功能。

计数器的种类很多。按构成计数器中的各触发器是否使用一个时钟脉冲源可分为同步计数器和异步计数器；根据计数进制的不同可分为二进制、十进制和任意进制计数器。

74LS161 是十六进制异步清零同步置数的计数器，利用其级联，可以构成任意进制的计数器。74LS161 管脚图和功能表如图 5.48 和表 5.14 所示。

4. 技能训练内容及步骤

（1）用 74LS161 及门电路实现一个十进制计数器

① 利用异步清零端 $\overline{R}_D$，如图 5.56 所示。

② 利用同步置数端 $\overline{L}_D$，从 0000 开始计数，如图 5.57 所示。

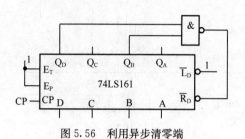

图 5.56 利用异步清零端

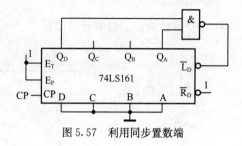

图 5.57 利用同步置数端

（2）利用 74LS161 级联构成六十进制计数器

用两片 74LS161 实现六十进制计数器，如图 5.58 所示。

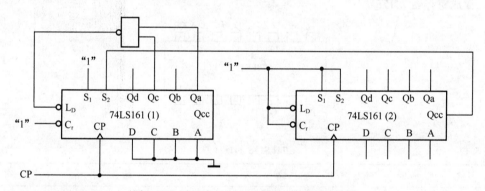

图 5.58 用两片 74LS161 实现六十进制计数器

5. 技能训练报告要求

① 整理实验内容和各实验数据。

② 思考同步置数端和异步清零端的区别。

实用资料速查：常用时序逻辑电路功能部件相关资料

1. 74191（4 位二进制同步可逆计数器）

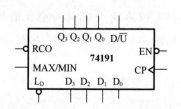

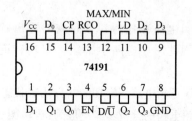

表 5.15   **74191 的功能表**

预 置	使 能	加/减控制	时 钟	预置数据输入				输 出				工作模式
LD	EN	$D/\overline{U}$	CP	D_3	D_2	D_1	D_0	Q_3	Q_2	Q_1	Q_0	
0	×	×	×	d_3	d_2	d_1	d_0	d_3	d_2	d_1	d_0	异步置数
1	1	×	×	×	×	×	×	保 持				数据保持
1	0	0	↑	×	×	×	×	加法计数				加法计数
1	0	1	↑	×	×	×	×	减法计数				减法计数

2. 74LS293(4 位异步二进制计数器)

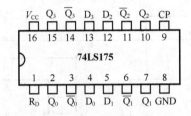

表 5.16   **74LS293 的功能表**

输 入			输 出			
CP	R_{OA}	R_{OB}	Q_3	Q_2	Q_1	Q_0
×	1	1	0	0	0	0
↓	0	×	计 数			
↓	×	0	计 数			

3. 集成寄存器 74175

表 5.17   **74LS175 的功能表**

清 零	时 钟	输 入				输 出				工作模式
R_D	CP	D_0	D_1	D_2	D_3	Q_0	Q_1	Q_2	Q_3	
0	×	×	×	×	×	0	0	0	0	异步清零
1	↑	D_0	D_1	D_2	D_3	D_0	D_1	D_2	D_3	数码寄存
1	1	×	×	×	×	保 持				数据保持
1	0	×	×	×	×	保 持				数据保持

本章小结

1. 时序逻辑电路在任何一个时刻的输出状态不仅取决于当时的输入信号,还与电路的原状态有关。因此时序电路中必须含有具有记忆能力的存储器件,触发器是最常用的存储器件。

2. 描述时序逻辑电路逻辑功能的方法有状态转换真值表、状态转换图和时序图等。

3. 时序逻辑电路的分析步骤一般为:逻辑图→时钟方程(异步)、驱动方程、输出方程→状态方程→状态转换真值表→状态图和时序图→逻辑功能。

4. 时序逻辑电路的设计步骤一般为：设计要求→最简状态表→编码表→次态卡诺图→驱动方程、输出方程→逻辑图。

5. 寄存器也是一种常用的时序逻辑器件。寄存器分为数码寄存器和移位寄存器两种，移位寄存器又分为单向移位寄存器和双向移位寄存器。集成移位寄存器使用方便、功能全、输入和输出方式灵活。用移位寄存器可实现数据的串行-并行转换，组成环形计数器、扭环计数器、顺序脉冲发生器等。

6. 计数器是一种简单而又最常用的时序逻辑器件。它们在计算机和其他数字系统中起着非常重要的作用。计数器不仅能用于统计输入时钟脉冲的个数，还能用于分频、定时、产生节拍脉冲等。

7. 用已有的 M 进制集成计数器产品可以构成 N（任意）进制的计数器。采用的方法有异步清零法、同步清零法、异步置数法和同步置数法，根据集成计数器的清零方式和置数方式来选择。当 $M > N$ 时，用 1 片 M 进制计数器即可；当 $M < N$ 时，要用多片 M 进制计数器组合起来，才能构成 N 进制计数器。当需要扩大计数器的容量时，可将多片集成计数器进行级联。

自我检测题

一、选择题

1. 同步计数器和异步计数器比较，同步计数器的显著优点是_____。

　　A. 工作速度高　　　B. 触发器利用率高　　C. 电路简单　　　　　D. 不受时钟 CP 控制

2. 把一个五进制计数器与一个四进制计数器串联可得到_____进制计数器。

　　A. 4　　　　　　　B. 5　　　　　　　　C. 9　　　　　　　　D. 20

3. 下列逻辑电路中为时序逻辑电路的是_____。

　　A. 变量译码器　　　B. 加法器　　　　　C. 数码寄存器　　　　D. 数据选择器

4. N 个触发器可以构成最大计数长度（进制数）为_____的计数器。

　　A. N　　　　　　　B. $2N$　　　　　　C. N^2　　　　　　　D. 2^N

5. N 个触发器可以构成能寄存_____位二进制数码的寄存器。

　　A. $N-1$　　　　　B. N　　　　　　　C. $N+1$　　　　　　D. $2N$

6. 同步时序电路和异步时序电路比较，其差异在于后者_____。

　　A. 没有触发器　　　　　　　　　　　　B. 没有统一的时钟脉冲控制

　　C. 没有稳定状态　　　　　　　　　　　D. 输出只与内部状态有关

7. 一位 8421BCD 码计数器至少需要_____个触发器。

　　A. 3　　　　　　　B. 4　　　　　　　　C. 5　　　　　　　　D. 10

8. 欲设计 0, 1, 2, 3, 4, 5, 6, 7 这几个数的计数器，如果设计合理，采用同步二进制计数器，最少应使用_____级触发器。

　　A. 2　　　　　　　B. 3　　　　　　　　C. 4　　　　　　　　D. 8

9. 8 位移位寄存器，串行输入时经_____个脉冲后，8 位数码全部移入寄存器中。

　　A. 1　　　　　　　B. 2　　　　　　　　C. 4　　　　　　　　D. 8

10. 用二进制异步计数器从 0 做加法,计到十进制数 178,则最少需要_____个触发器。

    A. 2   B. 6   C. 7   D. 8

    E. 10

11. 某电视机水平—垂直扫描发生器需要一个分频器将 31500Hz 的脉冲转换为 60Hz 的脉冲,欲构成此分频器至少需要_____个触发器。

    A. 10   B. 60   C. 525   D. 31500

12. 某移位寄存器的时钟脉冲频率为 100kHz,欲将存放在该寄存器中的数左移 8 位,完成该操作需要_____时间。

    A. $10\mu s$ B. $80\mu s$ C. $100\mu s$ D. $800ms$

13. 若用 JK 触发器来实现特性方程为 $\overline{Q^{n+1}} = \overline{A}Q^n + AB$,则 JK 端的方程为_____。

    A. $J=AB, K=\overline{A}+B$ B. $J=AB, K=A\overline{B}$ C. $J=\overline{A}+B, K=AB$ D. $J=A\overline{B}, K=AB$

14. 要产生 10 个顺序脉冲,若用四位双向移位寄存器 CT74LS194 来实现,需要_____片。

    A. 3   B. 4   C. 5   D. 10

15. 若要设计一个脉冲序列为 1101001110 的序列脉冲发生器,应选用_____个触发器。

    A. 2   B. 3   C. 4   D. 10

二、判断题(正确打√,错误的打×)

1. 同步时序电路由组合电路和存储器两部分组成。   ( )

2. 组合电路不含有记忆功能的器件。   ( )

3. 时序电路不含有记忆功能的器件。   ( )

4. 同步时序电路具有统一的时钟 CP 控制。   ( )

5. 异步时序电路的各级触发器类型不同。   ( )

6. 计数器的模是指构成计数器的触发器的个数。   ( )

7. 计数器的模是指对输入的计数脉冲的个数。   ( )

8. D 触发器的特征方程 $Q^{n+1}=D$,而与 Q^n 无关,所以,D 触发器不是时序电路。   ( )

9. 在同步时序电路的设计中,若最简状态表中的状态数为 2^N,而又是用 N 级触发器来实现其电路,则不需检查电路的自启动性。   ( )

10. 把一个五进制计数器与一个十进制计数器串联可得到 15 进制计数器。   ( )

11. 同步二进制计数器的电路比异步二进制计数器复杂,所以实际应用中较少使用同步二进制计数器。   ( )

12. 利用反馈归零法获得 N 进制计数器时,若为异步置零方式,则状态 S_N 只是短暂的过渡状态,不能稳定而是立刻变为 0 状态。   ( )

13. 若要实现一个可暂停的一位二进制计数器,控制信号 $A=0$ 计数,$A=1$ 保持,可选用 T 触发器,且令 $T=A$。   ( )

三、填空题

1. 寄存器按照功能不同可分为两类:_____寄存器和_____寄存器。

2. 数字电路按照是否有记忆功能通常可分为两类:_____、_____。

3. 由四位移位寄存器构成的顺序脉冲发生器可产生_____个顺序脉冲。

4. 时序逻辑电路按照其触发器是否有统一的时钟控制分为_____时序电路和_____时序电路。

5. 触发器有_____个稳态,存储 8 位二进制信息要_____个触发器。

习　　题

1. 分析图 5.59 所示电路的功能,并填入表 5.21 中。

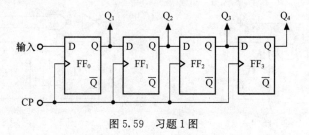

图 5.59　习题 1 图

表 5.18

CP	输 入 数 据	Q_1	Q_2	Q_3	Q_4
1	1				
2	0				
3	0				
4	1				

2. 分析图 5.60 所示的时序电路。

(1) 写出各触发器 CP 信号的方程和驱动方程;(2)写出电路的状态方程;(3)设计数器初态 $Q_1=0,Q_2=0,Q_3=0$,试列出状态表并画出状态图;(4)画出电路的时序图。

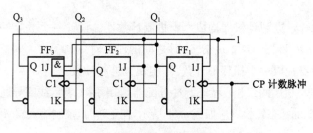

图 5.60　习题 2 图

3. 某时序电路如图 5.61 所示,要求(1)分析电路功能;(2)画时序图。

4. 分析图 5.62 所示电路的逻辑功能,要求(1)写驱动方程、时钟方程和次态方程;(2)列状态表;(3)分析功能。

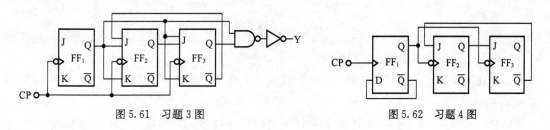

图 5.61　习题 3 图　　　　　图 5.62　习题 4 图

5. 分析如图 5.63 所示的时序电路,要求(1)写驱动方程和状态方程;(2)列状态表;(3)分析逻辑功能。

6. 分析如图 5.64 所示的时序电路,要求(1)写驱动方程、时钟方程和次态方程;(2)列状态表;(3)分析功能。

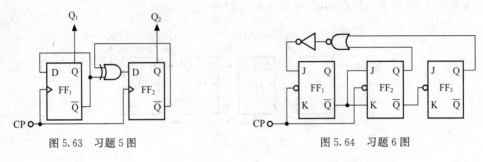

图 5.63 习题 5 图 图 5.64 习题 6 图

7. 图 5.65 所示为一个由 4 位同步二进制计数器 74161 和 3 线-8 线译码器 74138 组成的脉冲分配器。试分析工作原理,画出输出波形。

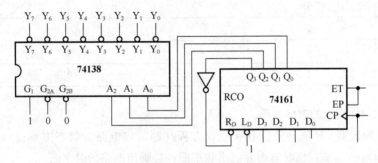

图 5.65 习题 7 图

8. 利用两片 74290 十进制计数器构成六十进制计数器。设计一个数字钟电路,要求能用七段数码管显示从 0 时 0 分 0 秒到 23 时 59 分 59 秒之间的任一时刻。

9. 利用移位寄存器构成一个扭环形计数器,实现九进制计数。

10. 设计一个步进电机用的三相六状态脉冲分配器,如果用 1 表示线圈导通,用 0 表示线圈截止,则要求 3 个线圈 A、B、C 的状态转换图应如图 5.66 所示,在正转时,控制输入端M=1,反转时,M=0。

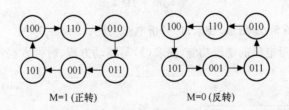

图 5.66 习题 10 图

11. 设计一个同步 5 进制加法计数器。

12. 试用 4 位同步二进制计数器 74LS161 接成十二进制计数器,标出输入、输出端。可以附加必要的门电路。

13. 试用计数器 74161 和数据选择器设计一个 01100011 序列发生器。

第6章

脉冲波形的产生与变换

脉冲(Pulse)波形是数字电路或系统中最常用的信号。脉冲波形的获取,通常采用两种方法:一种是利用脉冲信号产生器直接产生;另一种是对已有的信号进行变换,使之成为能够满足电路或系统要求的标准的脉冲信号。

555 定时器是一种多用途的中规模集成电路。该电路使用灵活、方便,只需外接少量的阻容元件就可以构成单稳态触发器、多谐振荡器和施密特触发器,因而在波形的产生与变换中具有很重要的作用。

本章首先讨论 555 定时器的基本单元电路及其工作原理,继而讨论由 555 定时器构成的多谐振荡器、单稳态触发器、施密特触发器等,并对它们的功能、特点以及主要应用作概括介绍。

6.1 555 定时器

555 定时器(Timer)是数字-模拟混合集成电路,用途很广。在波形的产生与变换、测量与控制、家用电器和电子玩具等许多领域中都得到了广泛的应用。

目前生产的定时器有双极型和 CMOS 两种类型,其型号分别有 NE555(或 5G555)和 C7555 等多种。通常,双极型产品型号的最后三位数码都是 555,CMOS 产品型号的最后四位数码都是 7555,它们的结构、工作原理以及外部引脚排列基本相同。为了提高集成度,随后又生产了双定时器产品 556(双极型)和 7556(CMOS 型)。

1. 电路结构

国产双极型定时器 CB555 的电路结构如图 6.1 所示,它由 3 个 $5\text{k}\Omega$ 电阻组成的分压器、两个电压比较器 C_1 和 C_2、一个基本 RS 触发器、一个放电三极管 VT 及缓冲器 G 组成。

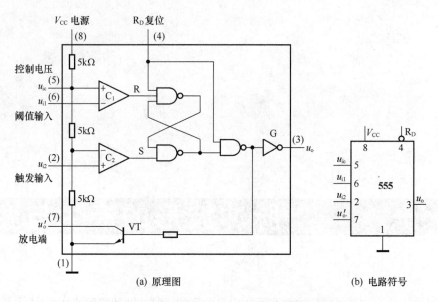

(a) 原理图 (b) 电路符号

图 6.1 555 定时器的电气原理图和电路符号

2. 工作原理

当 5 脚悬空时,比较器 C_1 和 C_2 的比较电压分别为 $\frac{2}{3}V_{CC}$ 和 $\frac{1}{3}V_{CC}$。

① 当 $u_{i1} > \frac{2}{3}V_{CC}$,$u_{i2} > \frac{1}{3}V_{CC}$ 时,比较器 C_1 输出低电平,C_2 输出高电平,基本 RS 触发器被置 0,放电三极管 VT 导通,输出端 u_o 为低电平。

② 当 $u_{i1} < \frac{2}{3}V_{CC}$,$u_{i2} < \frac{1}{3}V_{CC}$ 时,比较器 C_1 输出高电平,C_2 输出低电平,基本 RS 触发器被置 1,放电三极管 VT 截止,输出端 u_o 为高电平。

③ 当 $u_{i1} < \frac{2}{3}V_{CC}$,$u_{i2} > \frac{1}{3}V_{CC}$ 时,比较器 C_1 输出高电平,C_2 也输出高电平,即基本 RS 触发器 $R=1$,$S=1$,触发器状态不变,u_o 也保持原状态不变。

由于阈值输入端(u_{i1})为高电平 $\left(> \frac{2}{3}V_{CC} \right)$ 时,定时器输出低电平,因此也将该端称为高触发端(TH)。

因为触发输入端(u_{i2})为低电平 $\left(< \frac{1}{3}V_{CC} \right)$ 时,定时器输出高电平,因此也将该端称为低触发端(TL)。

如果在电压控制端(5 脚)施加一个外加电压(其值在 $0 \sim V_{CC}$ 之间),比较器的参考电压将发生变化,电路相应的阈值、触发电平也将随之变化,并进而影响电路的工作状态。

另外,R_D 为复位输入端,当 R_D 为低电平时,不管其他输入端的状态如何,输出 u_o 为低电平,即 R_D 的控制级别最高,正常工作时,一般应将其接高电平。

3. 555 定时器的功能表

表 6.1   555 定时器的功能表

阈值输入(u_{i1})	触发输入(u_{i2})	复位(R_D)	输出(u_o)	放电管 VT
$\times$	$\times$	0	0	导通
$< \frac{2}{3}V_{CC}$	$< \frac{1}{3}V_{CC}$	1	1	截止
$> \frac{2}{3}V_{CC}$	$> \frac{1}{3}V_{CC}$	1	0	导通
$< \frac{2}{3}V_{CC}$	$> \frac{1}{3}V_{CC}$	1	不变	不变

6.2   多谐振荡器

多谐振荡器(Astable Multivibrator)可以产生连续的、周期性的脉冲波形。它是一种自激振荡电路,接通电源后,不需要外部的触发信号,即可产生一定频率和一定幅值的矩形脉冲波或者方波。多谐振荡器有两个暂稳态,没有稳态,工作过程中在两个暂稳态之间按照一定的周期周而复始地依次翻转,从而产生连续的、周期性的脉冲波形。

6.2.1   由 555 定时器组成的多谐振荡器

1. 电路组成

将放电管 VT 集电极经 R_1 接到电源 V_{CC} 上,便构成了一个反相器。7 输出端对地接 R_2 和 C 积分电路,积分电容 C 再接阈值输入端 u_{i1} 和触发输入端 u_{i2} 便组成了图 6.2 所示的多谐振荡器电路。R_1、R_2 和 C 是定时元件。

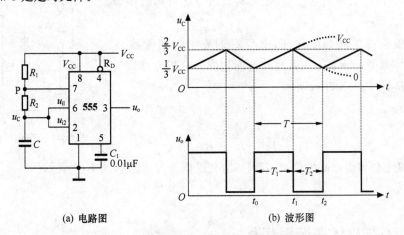

(a) 电路图   (b) 波形图

图 6.2   用施密特触发器构成的多谐振荡器

2. 工作原理

接通电源瞬间电容 C 来不及充电时,$u_C = 0$,比较器 C_2 输出为 1,RS 触发器置 1,$Q=1$,$\overline{Q}=0$,

放电管 VT 截止。定时电容 C 被充电,充电回路为 $V_{CC} \rightarrow R_1 \rightarrow R_2 \rightarrow C \rightarrow$ 地,充电时间常数 $\tau_1 = (R_1 + R_2)C$,u_C 按指数规律上升,电路处于第一暂稳态。当 u_C 上升到 $\frac{2}{3}V_{CC}$ 时,比较器 C$_1$ 输出 1,RS 触发器置 0,使 $Q=0$、$\overline{Q}=1$,第一暂稳态结束。放电管 VT 导通,电容 C 开始放电,放电回路为 $u_C \rightarrow R_2 \rightarrow VT \rightarrow$ 地,放电时间常数为 $\tau_2 = R_2C$,u_C 按指数规律下降,电路处于第二暂稳态。当 u_C 下降到 $\frac{1}{3}V_{CC}$ 时,比较器 C 输出为 1,RS 触发器置 1,使输出为 $Q=1$,$\overline{Q}=0$,第二暂稳态结束,放电管 VT 截止。以后电路重复上述过程,产生振荡,在输出端得到连续的矩形波。输出波形如图 6.2(b) 所示。电容充电时起始值 $u_C(0^+) = \frac{1}{3}V_{CC}$,终了值 $u_C(\infty) = V_{CC}$,转换值 $u_C(T_1) = \frac{2}{3}V_{CC}$,电容放电时,起始值 $u_C(0^+) = \frac{2}{3}V_{CC}$,终了值 $u_C(\infty) = 0$,转换值 $u_C(T_2) = \frac{1}{3}V_{CC}$,代入 RC 过渡过程计算公式,可得电容 C 的充电时间 T_1 和放电时间 T_2,分别为

$$T_1 = 0.7(R_1 + R_2)C$$
$$T_2 = 0.7R_2C$$

电路振荡周期为

$$T = T_1 + T_2 = 0.7(R_1 + 2R_2)C$$

脉冲宽度与脉冲周期之比定义为占空比,用 q 来表示。

$$q = \frac{T_1}{T} = \frac{R_1 + R_2}{R_1 + 2R_2}$$

3. 占空比可调的多谐振荡器电路

在图 6.2 所示电路中,由于电容 C 的充电时间常数 $\tau_1 = (R_1 + R_2)C$,放电时间常数 $\tau_2 = R_2C$,所以 T_1 总是大于 T_2,u_o 的波形不仅不可能对称,而且占空比 q 不易调节。利用半导体二极管的单向导电特性,把电容 C 充电和放电回路隔离开来,再加上一个电位器,便可构成占空比可调的多谐振荡器,如图 6.3 所示。

由于二极管的单向导电作用,电容 C 的充电时间常数 $\tau_1 = R_1C$,放电时间常数 $\tau_2 = R_2C$。通过与上面相同的分析计算过程可得:$T_1 = 0.7R_1C$,$T_2 = 0.7R_2C$。

占空比为

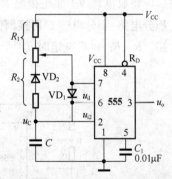

图 6.3　占空比可调的多谐振荡器

$$q = \frac{T_1}{T} = \frac{T_1}{T_1 + T_2} = \frac{R_1}{R_1 + R_2}$$

只要改变电位器滑动端的位置,就可以方便地调节占空比 q,当 $R_1 = R_2$ 时,$q=0.5$,u_o 就成为对称的矩形波。

6.2.2　石英晶体多谐振荡器

前面介绍的多谐振荡器的振荡周期或频率不仅与时间常数 RC 有关,而且还取决于门电路的阈值电压 U_{th}。由于 U_{th} 容易受温度、电源电压及干扰的影响,因此频率稳定性较差,不能适应对频

率稳定性要求较高的场合。

　　为得到频率稳定性很高的脉冲波形,多采用由石英晶体(Crystal)和门电路组成的石英晶体振荡器,石英晶体的电路符号和阻抗频率特性如图 6.4 所示。由阻抗频率特性曲线可知,石英晶体的选频特性非常好,它有一个极为稳定的串联谐振频率 f_S,且等效品质因数 Q 值很高。当频率等于 f_S 时,石英晶体的电抗为 0,而当频率偏离 f_S 时,石英晶体的电抗急剧增大,因此,在串联谐振电路中,只有频率为 f_S 的信号最容易通过,而其他频率的信号均会被晶体所衰减。

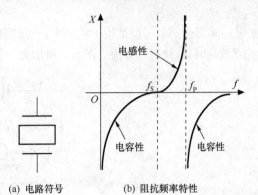

(a) 电路符号　　　　(b) 阻抗频率特性

图 6.4　石英晶体的电路符号及阻抗频率特性

　　f_P 是石英晶体的并联谐振频率,当频率为 f_P 时,石英晶体的电抗为无穷大,当频率偏离 f_P 时,石英晶体的电抗急剧减小,因此,在并联谐振电路中,f_P 以外频率的信号最容易被石英晶体所旁路,而输出频率为 f_P 的信号。

　　石英晶体的串联谐振频率 f_S 和并联谐振频率 f_P 仅仅取决于石英晶体的几何尺寸,通过加工成不同尺寸的晶片,即可得到不同频率的石英晶体,并且串联谐振频率 f_S 和并联谐振频率 f_P 的值非常接近。

　　用石英晶体组成的多谐振荡器分为串联型和并联型两种形式。串联型石英晶体振荡器电路如图 6.5 所示。图中,并联在两个反相器输入、输出间的电阻 R 的作用是使反相器工作在线性放大区。R 的阻值,对于 TTL 门电路通常在 $0.7\sim2\mathrm{k\Omega}$ 之间;对于 CMOS 门电路通常在 $10\sim100\mathrm{M\Omega}$ 之间。电容 C_1 用于两个反相器之间的耦合,而 C_2 的作用,则是为了抑制高次谐波,以保证输出波形的频率稳定。电容 C_2 的选择应使 $2\pi RC_2 f_S\approx1$,从而使 RC_2 并联网络在 f_S 处产生极点,以减少谐振信号损失。C_1 的选择应使 C_1 在频率为 f_S 时的容抗可以忽略不计。

　　图 6.5 所示电路的振荡频率仅取决于石英晶体的串联谐振频率 f_S,而与电路中 R、C 的参数无关,这是因为电路对频率为 f_S 的信号所形成的正反馈最强而易于维持振荡。

　　并联型石英晶体振荡器如图 6.6 所示。石英晶体和电容 C_1、C_2 谐振于并联谐振频率 f_P 附近,且石英晶体呈感性,改变电容 C_1、C_2 的大小可微调振荡频率。电阻 R 的作用是为了使门电路工作在线性放大区,以增强电路的灵敏度和稳定性。

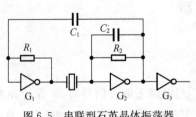

图 6.5　串联型石英晶体振荡器

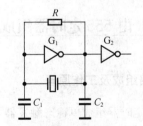

图 6.6　并联型石英晶体振荡器

　　为了改善输出波形和提高负载能力,一般在石英晶体振荡器的输出端加一级反相器,如图 6.5 和图 6.6 所示。

6.2.3　多谐振荡器的应用

多谐振荡器可以产生一定频率、一定幅值的矩形波或者方波,广泛应用于音响、报警、电路或系统的时钟、计时等方面。图 6.7 所示为一种秒信号产生电路。

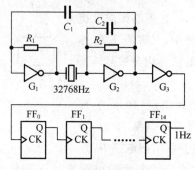

图 6.7　秒信号产生电路

在图 6.7 中,采用固有频率为 32768Hz 的石英晶体构成串联型石英晶体多谐振荡器,振荡器输出的信号经过 15 级 2 分频后,在电路的输出端得到频率为 1Hz 的方波。

6.3　单稳态触发器

单稳态触发器(Monostable)可以在外部触发信号作用下,输出一个一定宽度、一定幅值的脉冲波形。它具有以下特点。

① 电路有一个稳态和一个暂稳态。

② 没有触发信号时,电路始终处于稳态,在外来触发信号作用下,电路由稳态翻转到暂稳态。

③ 暂稳态是一个不能长久保持的状态,由于电路中 RC 延时环节的作用,经过一段时间后,电路会自动返回到稳态。暂稳态持续的时间取决于电路中 RC 的参数。

单稳态触发器可以用门电路或者 555 定时器构成,市场上也有单稳态集成芯片。门电路构成的单稳态触发器的工作原理比较费解,本节仅介绍 555 定时器构成的单稳态触发器及单稳态触发器集成芯片。

6.3.1　由 555 定时器组成的单稳态触发器

1. 电路组成及工作原理

用 555 定时器组成单稳态触发器,如图 6.8(a)所示。当电路无触发信号时,u_i 保持高电平,电路工作在稳定状态,输出 u_o 为低电平,555 内放电三极管 VT 饱和导通,管脚 7"接地",电容电压 u_C 为 0V。

当 u_i 下降沿到达时,555 触发输入端(2 脚)由高电平跳变为低电平,电路被触发,u_o 由低电平跳变为高电平,电路由稳态转入暂稳态。在暂稳态期间,555 内放电三极管 VT 截止,V_{CC} 经 R 向 C 充电。其充电回路为 $V_{CC} \rightarrow R \rightarrow C \rightarrow$ 地,时间常数 $\tau_1 = RC$,电容电压 u_C 由 0V 开始增大,在电容电

压 u_C 上升到阈值电压 $\frac{2}{3}V_{CC}$ 之前,电路将保持暂稳态不变。

当 u_C 上升至阈值电压 $\frac{2}{3}V_{CC}$ 时,输出电压 u_o 由高电平跳变为低电平,555 内放电三极管 VT 由截止转为饱和导通,管脚 7"接地",电容 C 经放电三极管对地迅速放电,电压 u_C 由 $\frac{2}{3}V_{CC}$ 迅速降至 0V(放电三极管的饱和压降),电路由暂稳态重新转入稳态。单稳态触发器又可以接收新的触发信号。

2. 输出脉冲宽度

输出脉冲宽度(t_W)就是暂稳态维持时间,也就是定时电容的充电时间。由图 6.8(b)所示电容电压 u_C 的工作波形不难看出:$u_C(0^+) \approx 0V$,$u_C(\infty) = V_{CC}$,$u_C(t_W) = \frac{2}{3}V_{CC}$,代入 RC 过渡过程计算公式,可得:$t_W = 1.1RC$。

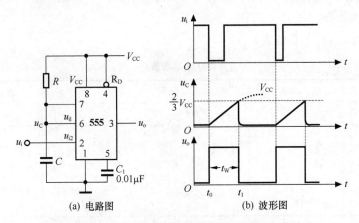

(a) 电路图　　　　(b) 波形图

图 6.8　用 555 定时器构成的单稳态触发器及工作波形

上式说明,单稳态触发器输出脉冲宽度 t_W 仅决定于定时元件 R、C 的取值,与输入触发信号和电源电压无关,调节 R、C 的取值,即可方便的调节 t_W。

6.3.2　集成单稳态触发器

在数字系统中,集成单稳态触发器得到了广泛的应用。

集成单稳态触发器分为可重复触发和不可重复触发两种形式。其主要区别在于:不可重复触发单稳态触发器,在进入暂稳态期间,如有触发脉冲作用,电路的工作过程不受影响,只有当电路的暂稳态结束后,输入触发脉冲才会影响电路状态;而可重复触发单稳态触发器在暂稳态期间,如有触发脉冲作用,电路会重新被触发,使暂稳态延迟一个 Δt 的时间,直至触发脉冲的间隔超过输出脉宽,电路才返回稳态。

两种单稳态触发器的工作波形分别如图 6.9(a)、图 6.9(b)所示。

1. 不可重复触发的集成单稳态触发器

74121 是一种 TTL 的不可重复触发集成单稳态触发器,其引脚图如图 6.10 所示。

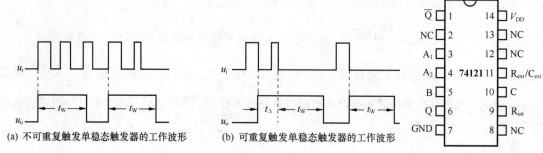

(a) 不可重复触发单稳态触发器的工作波形　　(b) 可重复触发单稳态触发器的工作波形

图 6.9　两种单稳态触发器的工作波形　　　　图 6.10　74121 的引脚图

(1) 触发方式

74121 集成单稳态触发器有 3 个触发输入端,在下列情况下,电路可由稳态翻转到暂稳态:

① 在 A_1、A_2 两个输入中有一个或两个为低电平的情况下,B 发生由 0 到 1 的正跳变;

② 在 B 为高电平的情况下,A_1、A_2 中有一个为高电平而另一个发生由 1 到 0 的负跳变,或者 A_1、A_2 同时发生负跳变。

表 6.2 所示为 74121 的功能表。

表 6.2　　　　　　　　　　　　　74121 功能表

输　　入			输　　出	
A_1	A_2	B	Q	$\overline{Q}$
L	×	H	L	H
×	L	H	L	H
×	×	L	L	H
H	H	×	L	H
H	↓	H	⊓	⊔
↓	H	H	⊓	⊔
↓	↓	H	⊓	⊔
L	×	↑	⊓	⊔
×	L	↑	⊓	⊔

(2) 定时

74121 的定时时间取决于定时电阻和定时电容的数值。定时电容 C_{ext} 连接在引脚 C_{ext}(第 10 脚)和 R_{ext}/C_{ext}(第 11 脚)之间。如果使用有极性的电解电容,电容的正极应接在 C_{ext} 引脚(第 10 脚)。对于定时电阻,有两种选择:

① 采用内部定时电阻 R_{int}($R_{int} = 2k\Omega$),此时只需将 R_{int} 引脚(第 9 脚)接至电源 V_{CC};

② 采用外部定时电阻(阻值应在 $1.4 \sim 40k\Omega$ 之间),此时 R_{int} 引脚(第 9 脚)应悬空,外部定时电阻接在引脚 R_{ext}/C_{ext}(第 11 脚)和 V_{CC} 之间。

74121 的输出脉冲宽度为

$$t_W \approx 0.7RC$$

通常 R 的取值为 $2 \sim 30k\Omega$,C 的取值为 $10pF \sim 10\mu F$,得到 t_W 的取值为 $20ns \sim 200ms$。

2. 可重复触发的集成单稳态触发器

CD4528 是一种 CMOS 的可重复触发集成单稳态触发器,其引脚图如图 6.11 所示。

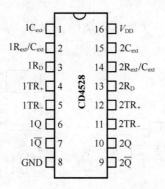

图 6.11 CD4528 的引脚图

CD4528 的内部包含两个独立的积分型单稳态触发器,其功能如表 6.3 所示。

表 6.3 74121 功能表

输 入			输 出		功 能
R_D	TR_+	TR_-	Q	$\overline{Q}$	
L	×	×	L	H	清除
×	H	×	L	H	禁止
×	×	L	L	H	禁止
H	H	↑	⊓	⊔	单稳
H	↓	L	⊓	⊔	单稳

6.3.3 单稳态触发器的应用

单稳态触发器是数字电路中常用的基本单元电路,下面介绍其典型应用。

1. 定时

由于单稳态触发器能产生一定宽度的矩形脉冲输出,如果利用这个矩形脉冲作为定时信号去控制某电路,可使其在 t_W 时间内动作。例如,利用单稳态触发器输出的矩形脉冲作为与门输入的控制信号,如图 6.12 所示,则只有在这个矩形波的 t_W 时间内,信号 u_A 才有可能通过与门。

2. 构成多谐振荡器

利用两个单稳态触发器可以构成多谐振荡器。由两片 74121 集成单稳态触发器组成的多谐振荡如图 6.13 所示。图中开关 S 为振荡器控制开关。

设当电路处于 $Q_1 = 0,Q_2 = 0$ 时,将开关 S 打开,电路开始振荡,其工作过程如下:在起始时,单稳态触发器 I 的 A_1 为低电平,开关 S 打开瞬间,B 端产生正跳变,单稳态触发器 I 被触发,Q_1 输出正脉冲,其脉冲宽度约为 $0.7R_1C_1$;当单稳态触发器 I 暂稳态结束时,Q_1 的下降沿触发单稳态触发器 II,Q_2 端输出正脉冲,此后,Q_2 的下降沿又触发单稳态触发器 I,如此周而复始地产生振荡,其振荡周期为

$$T = 0.7(R_1C_1 + R_2C_2)$$

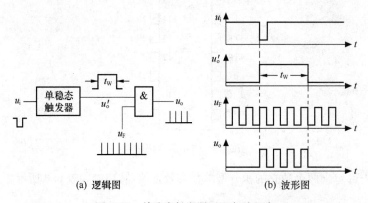

(a) 逻辑图   (b) 波形图

图 6.12 单稳态触发器用于定时电路

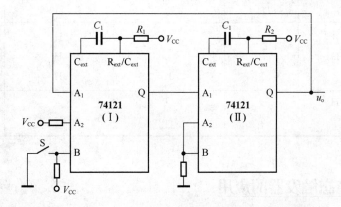

图 6.13 由两片 74121 集成单稳态触发器组成的多谐振荡器

3. 噪声消除电路

利用单稳态触发器可以构成噪声消除电路(或称脉宽鉴别电路)。通常噪声多表现为尖脉冲,宽度较窄,而有用的信号都具有一定的宽度。利用单稳态电路,将输出脉宽调节到大于噪声宽度而小于信号脉宽的范围,即可消除噪声。由单稳态触发器组成的噪声消除电路及波形如图 6.14 所示。

图 6.14 中,输入信号接至单稳态触发器的触发输入端和 D 触发器的数据输入端及直接置 0 端。由于有用信号大于单稳态输出脉宽,因此单稳态触发器 $\overline{Q}$ 端输出的上升沿使 D 触发器置 1,而当信号消失后,D 触发器被清 0。如果输入信号中含有噪声,则噪声信号的上升沿使单稳态触发器翻转,但由于单稳输出脉宽大于噪声宽度,故单稳态触发器 $\overline{Q}$ 端输出上升沿时,噪声已消失,从而在输出信号中消除了噪声成分。

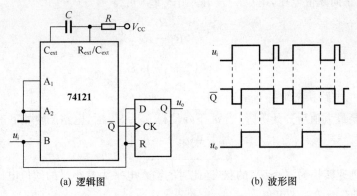

(a) 逻辑图　　　　　　　　　(b) 波形图

图 6.14　噪声消除电路

6.4　施密特触发器

施密特触发器(Schmitt Trigger)可以将缓慢变化的输入波形整形为矩形脉冲,它具有下述特点。

① 施密特触发器属于电平触发,对于缓慢变化的信号仍然适用,当输入信号达到某一电压值时,输出电压会发生突变。

② 输入信号增加或减少时,电路有不同的阈值电压。其电压传输特性如图 6.15 所示。

在模拟电路中,曾经讨论过由集成运放构成的施密特触发器(带正反馈的迟滞比较器),这里将介绍数字技术中常用的施密特触发器。

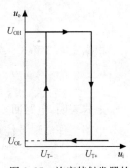

图 6.15　施密特触发器的
电压传输特性

6.4.1　由门电路组成的施密特触发器

由 CMOS 门电路组成的施密特触发器如图 6.16 所示。电路中两个 CMOS 反相器串接,分压

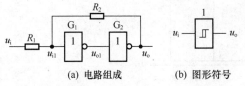

(a) 电路组成　　　(b) 图形符号

图 6.16　由 CMOS 反相器组成的施密特触发器

电阻 R_1、R_2 将输出端的电压反馈到输入端对电路产生影响。

假定电路中 CMOS 反相器的阈值电压 $U_{th} \approx V_{DD}/2$,$R_1 < R_2$ 且输入信号 u_i 为三角波,下面分析电路的工作过程。

由电路不难看出,G_1 门的输入电平 u_{i1} 决定着电路的状态,根据叠加原理有:

$$u_{i1} = \frac{R_2}{R_1 + R_2} \cdot u_i + \frac{R_1}{R_1 + R_2} \cdot u_o \tag{6.1}$$

当 $u_i = 0V$ 时,G_1 截止,G_2 导通,输出端 $u_o = 0V$。此时,$u_{i1} \approx 0V$。

输入电压 u_i 从 0V 电压逐渐增加,只要 $u_{i1} < U_{th}$,则电路保持 $u_o = 0V$ 不变。

当 u_i 上升使得 $u_{i1} = U_{th}$ 时,电路产生如下正反馈过程:

$$u_{i1} \uparrow \rightarrow u_{o1} \downarrow \rightarrow u_o \uparrow$$

这样,电路状态很快转换为 $u_o \approx V_{DD}$,此时 u_i 的值即为施密特触发器在输入信号正向增加时

的阈值电压,称为正向阈值电压,用 U_{T+} 表示。由式 6.1 可得

$$u_{i1} = U_{th} \approx \frac{R_2}{R_1 + R_2} \cdot u_{T+} \tag{6.2}$$

所以

$$U_{T+} = \left(1 + \frac{R_1}{R_2}\right) \cdot U_{th} \tag{6.3}$$

当 $u_{i1} > U_{th}$ 时,电路状态维持 $u_o = V_{DD}$ 不变。

u_i 继续上升至最大值后开始下降,当 u_i 下降使得 $u_{i1} = U_{th}$ 时,电路产生如下正反馈过程:

$$u_{i1} \downarrow \rightarrow u_{o1} \uparrow \rightarrow u_o \downarrow$$

这样电路又迅速转换为 $u_o \approx 0V$ 的状态,此时的输入电平为减小时的阈值电压,称为负向阈值电压,用 U_{T-} 表示。由式 6.1 可得

$$u_{i1} = U_{th} \approx \frac{R_2}{R_1 + R_2} \cdot U_{T-} + \frac{R_1}{R_1 + R_2} \cdot V_{DD}$$

当 $U_{th} = V_{DD}$ 时,有

$$U_{T-} \approx \left(1 - \frac{R_1}{R_2}\right) \cdot U_{th} \tag{6.4}$$

根据式 6.3 和式 6.4,可求得回差电压为

$$\Delta U_T = U_{T+} - U_{T-} \approx 2\frac{R_1}{R_2} \cdot U_{th} \tag{6.5}$$

上式表明,电路回差电压与 R_1/R_2 成正比,改变 R_1、R_2 的比值即可调节回差电压的大小。

电路工作波形及传输特性如图 6.17 所示。

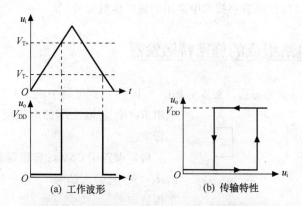

图 6.17　施密特触发器的工作波形及传输特性

6.4.2　由 555 定时器构成的施密特触发器

将触发器的阈值输入端 u_{i1} 和触发输入端 u_{i2} 连在一起,作为触发信号 u_i 的输入端,将输出端(3端)作为信号输出端,便可构成一个反相输出的施密特触发器,电路如图 6.18 所示。

参照图 6.18(b) 所示的波形,当 $u_i = 0V$ 时,u_{o1} 输出高电平。当 u_i 上升到 $\frac{2}{3}V_{CC}$ 时,u_{o1} 输出低电平。当 u_i 由 $\frac{2}{3}V_{CC}$ 继续上升,u_{o1} 保持不变。当 u_i 下降到 $\frac{1}{3}V_{CC}$ 时,电路输出跳变为高电平,而

且在 u_i 继续下降到 0V 时,电路的这种状态不变。$U_{T+}=\dfrac{2}{3}V_{CC}$,$U_{T-}=\dfrac{1}{3}V_{CC}$,故回差电压

$\Delta U_T=U_{T+}-U_{T-}=\dfrac{1}{3}V_{CC}$。

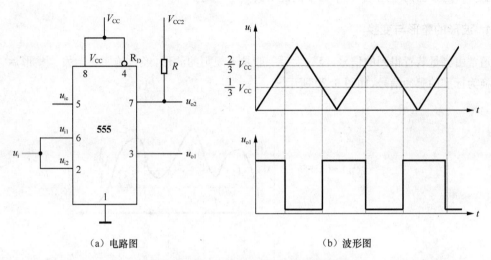

（a）电路图   （b）波形图

图 6.18　555 定时器构成的施密特触发器

图 6.18 中,R、V_{CC2} 构成另一输出端 u_{o2},其高电平可以通过改变 V_{CC2} 进行调节。

若在电压控制端 u_{ic}(5 脚)外加电压 U_S,则将有 $U_{T+}=U_S$、$U_{T-}=\dfrac{U_S}{2}$、$\Delta U_T=\dfrac{U_S}{2}$,而且当改变 U_S 时,它们的值也随之改变。

6.4.3　集成施密特触发器

集成门电路中有多种型号的施密特触发器,CC40106 是其中的一种 CMOS 施密特反相器,图 6.19 所示为其引脚排列、逻辑符号及传输特性。

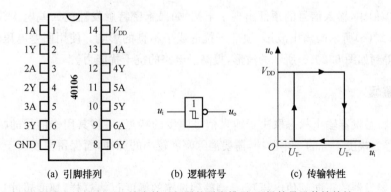

（a）引脚排列   （b）逻辑符号   （c）传输特性

图 6.19　CC40106 施密特反相器的引脚排列、逻辑符号及传输特性

CC40106 内部包含了 6 个独立的施密特反相器。此外,在 TTL 电路中,74LS13 内部包含 2 个独立的四输入端施密特与非门,74LS14 内部包含 6 个独立的施密特反相器。读者在使用时,可查阅相关的手册。

6.4.4 施密特触发器的应用

施密特触发器的应用很广,下面举例说明其典型应用。

1. 波形的整形与变换

通常由测量装置得到的信号,经放大后一般是不规则的波形,经过施密特触发器整形后,可将其变换为标准的脉冲信号,如图 6.20 所示。

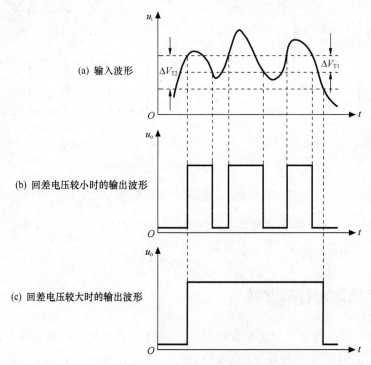

图 6.20　波形的整形与变换电路

在图 6.20(a)中,输入信号的顶部出现了干扰,如果施密特触发器的回差电压较小,经整形后将出现如图 6.20(b)所示的输出波形,顶部干扰造成了不良的影响。使用回差电压较大的施密特触发器,可以得到如图 6.20(c)所示的波形,提高了电路的抗干扰能力。

2. 信号鉴幅

利用施密特触发器输出状态取决于输入信号幅度的特点,可将其用作信号的幅度鉴别电路。例如,输入信号为幅度不等的一串脉冲,需要消除幅度较小的脉冲,而保留幅度大于 U_{th} 的脉冲,如图 6.21 所示。

将施密特触发器的正向阈值电压 U_{T+} 调整到规定的幅度 U_{th},这样,幅度超过 U_{th} 的脉冲就使电路动作,有脉冲输出;而对于幅度小于 U_{th} 的脉冲,没有输出脉冲,从而达到幅度鉴别的目的。

3. 构成多谐振荡器

利用施密特触发器也可以构成多谐振荡器,电路结构如图 6.22 所示。

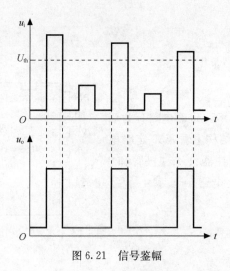

图 6.21 信号鉴幅

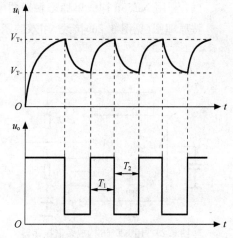

图 6.22 施密特触发器构成的多谐振荡器

接通电源瞬间,电容 C 上的电压为 0V,输出 u_o 为高电平。u_o 通过电阻 R 对电容 C 充电,当 u_i 达到 U_{T+} 时,施密特触发器反转,输出为低电平,此后电容 C 又开始放电,u_i 下降,当 u_i 下降到 U_{T-} 时,电路又发生翻转,如此周而复始地形成振荡。其输入、输出波形如图 6.23 所示。

如果图 6.22 中采用的是 CMOS 施密特触发器,且 $U_{OH} \approx V_{DD}$,$U_{OL} \approx 0V$,根据图 6.23 的波形得到振荡周期计算公式为

$$T = T_1 + T_2$$

$$= RC\ln\frac{V_{DD} - U_{T-}}{V_{DD} - U_{T+}} + RC\ln\frac{U_{T+}}{U_{T-}}$$

$$= RC\ln\left(\frac{V_{DD} - U_{T-}}{V_{DD} - U_{T+}} \cdot \frac{U_{T+}}{U_{T-}}\right)$$

图 6.23 图 6.22 的波形

如果采用 TTL 施密特触发器,电阻 R 不能大于 470Ω,以保证输入端能够达到负向阈值电平。电阻 R 的最小值由门的扇出系数确定(不得小于 100Ω)。

技能训练 555 时基电路

1. 技能训练目的

① 熟悉 555 时基电路逻辑功能的测试方法。
② 熟悉 555 时基电路的工作原理及其应用。

2. 技能训练仪器及设备

① 数字逻辑实验台 1 台。

② 双踪示波器   1 台。

③ NE556   1 块。

④ 电阻、电容、导线若干。

3. 技能训练说明

555 定时电路是模拟—数字混合式集成电路。555 定时电路分为双极型和 CMOS 两种,其结构和原理基本相同。从结构上看,555 定时电路由 2 个比较器、1 个基本 RS 触发器、1 个反相缓冲器、1 个三极管和 3 个 5kΩ 电阻组成的分压器组成,因此命名 555 定时电路。

NE556 为双时基电路,引脚图如图 6.24 所示。

图 6.24   NE556 的引脚排列图

4. 技能训练内容及步骤

(1) 利用 NE556 构成多谐振荡器

按原理图(见图 6.25)接线,用双踪示波器观察输出波形。

(2) 利用 NE556 构成单稳态触发器电路

按原理图(见图 6.26)接线,用双踪示波器观察输出波形。

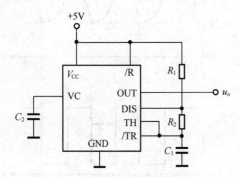

图 6.25   用 NE556 构成多谐振荡器

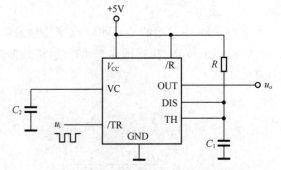

图 6.26   用 NE556 构成单稳态触发器电路

5. 技能训练报告

① 按实验内容各步要求整理实验数据。

② 画出实验的相应波形。

③ 总结时基电路基本电路及使用方法。

读图练习   ASCII 键盘编码电路

图 6.27 所示为 ASCII 键盘编码电路原理图,下面来分析其工作原理及工作过程。

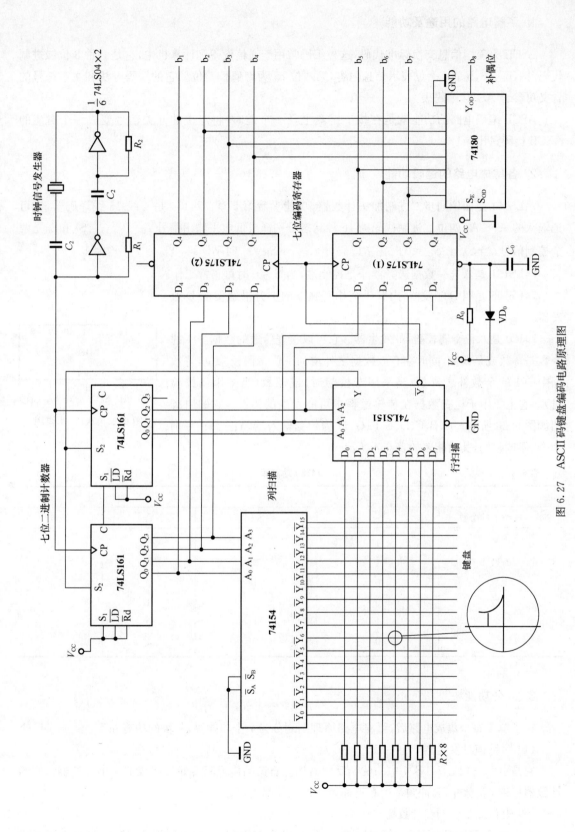

图 6.27　ASCII 码键盘编码电路原理图

1. 了解电路的用途及功能

ASCII 为美国信息交换标准代码,这种编码常用于通信设备和计算机中,它是一种 8 位二进制代码,b_7,b_6,$\cdots$,b_2,b_1 七位表示信息内容,第八位 b_8 为奇偶校验位。它的编码方法和文字符号的含义可参看 ASCII 编码表。

ASCII 编码电路的功能就是在按下键盘上任一个键时,将产生的开关信号变成一个对应的 ASCII 代码送出。

2. 各集成电路的逻辑功能

74LS161 是四位同步二进制加法计数器,功能参看第 5 章。74154 是 4 线-16 线译码器,它可把输入的 $A_3 \sim A_0$ 四位二进制代码的 16 种状态分别译成低电平输出信号 $\overline{Y}_0 \sim \overline{Y}_{15}$。$\overline{S}_A$ 和 $\overline{S}_B$ 是两个控制信号,当 $\overline{S}_A + \overline{S}_B = 0$ 时正常译码,当 $\overline{S}_A + \overline{S}_B = 1$ 时不译码,$\overline{Y}_0 \sim \overline{Y}_{15}$ 均为 1。

74LS151 是八选一数据选择器,$\overline{S}$ 是控制端,当 $\overline{S} = 0$ 时可正常工作。

74LS175 是四 D 触发器,内有 4 个相互独立的上升沿触发的 D 触发器。

74180 是八位奇偶校验器/发生器。它可以检查传送的数据中 1 的个数是奇数或是偶数,同时在有效数据之外增加一位奇偶校验位,将数据中的 1 的个数补成奇数(当采用奇校验时)或偶数(当采用偶校验时)。它主要用于检查数据在传输过程中可能发生的错误。它的引脚图如图 6.28 所示。A、B、C、D、E、F、G、H 为数据输入端,Y_{OD}、Y_E 分别为奇、偶控制端,其功能表如表 6.4 所示。

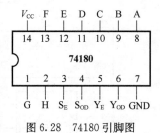

图 6.28 74180 引脚图

表 6.4   74180 功能表

输　　入			输　　出	
A～H 中 1 的个数	S_E	S_{OD}	Y_E	Y_{OD}
偶数	1	0	1	0
奇数	1	0	0	1
偶数	0	1	0	1
奇数	0	1	1	0
×	1	1	0	0
×	0	0	1	1

3. 划分功能块

在了解了每个集成电路后,可将电路原理图划分为 7 个功能块,各块的功能如下。

(1) 时钟信号发生器

它是由六反相器 74LS04 中的两个反相器加上石英晶体及阻容元件组成的多谐振荡器。它给计数器提供 CP 脉冲,脉冲频率由石英晶体的谐振频率决定。

(2) 七位二进制同步计数器

它由两片 74LS161 组成。第(1)片的进位输出 C 与第(2)片的控制端 S_1 连接,构成七位二进制同步计数器。

（3）列扫描电路

74154 接收七位二进制计数器的低四位输出信号，经过译码，使列扫描线 $\overline{Y}_0 \sim \overline{Y}_{15}$ 轮流输出低电平对键盘实现扫描。

（4）行扫描电路

八选一数据选择器 74LS151 构成键盘的行扫描电路，它以七位二进制计数器高三位的输出作为地址输入码，依次循环选通 $D_0 \sim D_7$ 行线信号送到输出端 Y。

（5）键盘

它是 8 行×16 列的矩阵，在每条行线和列线交叉处都有一个常开按键，因此它共有 128 个按键。当按下某一按键时它将把对应的行线与列线接通，该列线的电平将被送到数据选择器 74LS151 的输入端，若此时 74LS151 的地址码正好选通该输入端（即这一行线），则该列线的电平将被选通送到 74LS151 的输出端 Y。没有任何按键按下时，所有的行线与列线都不接通，数据选择器 74LS151 的所有输入端 $D_0 \sim D_7$ 均处于高电平。

（6）七位编码寄存器

它由两片 74LS175 中的 7 个 D 触发器组成，它接收对应某按键的编码，然后由 Q 端输出。

（7）补偶器

74180 构成输出编码补偶器，它的输出将 $b_7 \sim b_1$ 中 1 的个数补成偶数，已备数据在传送过程中被检查纠错。

4. 找出各功能块之间的联系，分析工作过程

下面分析 ASCII 键盘编码电路的编码过程。

接通电源后，R_0、C_0 和 VD_0 组成的清零电路使 P 点瞬间变为低电平，将编码寄存器清零。随着 C_0 被充电，P 点逐渐上升到高电平。

接通电源的同时，时钟信号发生器开始工作，输出时钟脉冲信号作为七位同步二进制计数器的 CP 信号，使计数器循环计数。如果键盘上没有键按下，74LS151 的输入 $D_0 \sim D_7$ 全是高电平，其输出始终保持 $Y=1$，$\overline{Y}=0$ 的状态，寄存器的 CP 端则没有时钟信号输入，保持清零后的状态不变。

当有键按下时，如图 6.27 中第二行第四列上的键被按下时，74154 的输出端 $\overline{Y}_3$ 与 74LS151 的输入端 D_2 接通。由于计数器以较高的频率不断地循环计数，很快就会计到 0100011 状态，即第(2)片 74LS161 的 $Q_2 Q_1 Q_0 = 010$，第(2)片 74LS161 的 $Q_3 Q_2 Q_1 Q_0 = 0011$ 这一状态。这时 $\overline{Y}_3$ 输出低电平并被数据选择器 74LS151 选中，于是 74LS151 的输出 Y 由 1 变 0，$\overline{Y}$ 由 0 变 1。因为 Y 的低电平信号加到两片 74LS161 的 S_2 端，所以计数器停止计数，并进入保持状态。同时，74LS151 $\overline{Y}$ 端的正跳变信号加在两片 74LS175 的 CP 端，将计数器输出的状态读入七位编码寄存器中，编码器的输出端即得到该键的键码为 $b_7 b_6 b_5 b_4 b_3 b_2 b_1 = 0100011$。由 ASCII 编码表可知，该键码代表的符号为"♯"，同时，补偶器根据编码寄存器输出的编码进行奇偶判别，并输出补偶位，作为输出编码的第八位。

松开按键后，74LS151 的输出状态又回到 $Y=1$，$\overline{Y}=0$，于是两片 74LS161 的 $S_2=1$，又回到计数状态，继续计数，同时编码寄存器 74LS175 的 CP 端停在低电平，原数据保持不变。也就是说，寄存器中的这个编码连同补偶位八位数据一直将保存到下一次按下任一键为止。同理，按下其他键，输出对应的 ASCII 编码，工作过程和上述情况相同。

从上述工作过程可以看出,为了保证在键按下的时间里能够扫描到此键并迅速编码存入寄存器,七位二进制计数器的计数周期(即从 0000000 计到 111111 所需的时间)必须远小于按键按下的持续时间(通常键被按下的持续时间为零点几秒),因此对时钟的信号频率要有一定的要求。通常取时钟信号频率为 100kHz 左右,这样计数器的计数周期为 1.28ms,完全可满足上述要求。

综合训练 数字钟的设计与实现

1. 设计目的

通过综合训练完成指定的设计、安装、测试任务,使学生在基本理论、基本知识方面得到进一步地巩固深化和扩充,达到锻炼和培养独立思考能力,提高分析问题、解决问题的能力的目的;掌握数字电路的设计、分析方法与实验技巧,达到提高实际动手的目的。

2. 设计要求

① 具有准确用数字显示"秒"、"分"、"时"的计时电路。
② 具有校(对)表功能,即具有校"时"、校"分"功能。

3. 整体框图

数字钟的整体框图如图 6.29 所示。

4. 系统工作原理

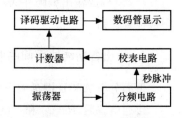

图 6.29 数字钟整体框图

由标准脉冲发生器产生的稳定固定频率脉冲经分频后得到秒脉冲,秒脉冲经计数器(六十进制)累计秒钟数,而秒计数器的输出脉冲触发分计数器(六十进制)累计分钟数。同理,分计数器的输出脉冲触发时计数器累计小时数。

累计秒、分、时的计数器通过各自的译码器、显示器而分别显示秒、分和小时。

校表电路是为了开始使用数字电子钟或者由于停电,电路发生故障需要重新校准时而设计的。

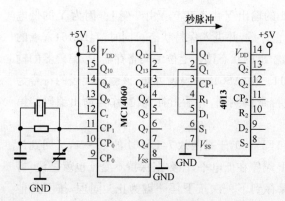

图 6.30 振荡分频电路

5. 各功能模块参考电路

(1)振荡及分频电路

石英晶体的谐振频率选 32.768kHz,用 14 位二分频器 4060 和 CC4013(双 D 触发器)来实现 15 次二分频,可得到秒脉冲,如图 6.30 所示。

4060 有 14 级计数器,只有 $Q_4 \sim Q_{10}$,$Q_{12} \sim Q_{14}$ 共 10 个输出端,要想完成 14 分频,则由 Q_{14} 引出输出信号。使用时,V_{SS} 接地,V_{DD} 接电源,C_r 接高电平,同时 CP_1 和 CP_0 接石英晶体。

CC4013 做二分频使用，即 $Q_{n+1} = \overline{Q}_n$，故 4060 的 Q_{14} 端接 4013 的 CP 端，做其触发脉冲，同时令 $D = \overline{Q}$，使其接成 $Q_{n+1} = \overline{Q}_n$ 的逻辑，就能完成二分频了，输出从 Q 端输出，得到 1Hz 的秒脉冲，该秒脉冲送入秒计数器的个位，使其触发脉冲。

（2）计数器电路设计

使用 4518（二—十进制同步加法计数器）分别完成六十进制和二十四进制计数器，4518 计数器既可上升沿触发，也可下降沿触发，逻辑功能如表 6.5 所示。

表 6.5　　　　　　　　　　　4518 逻辑功能表

CP	EN	C_r	功　　能
↑	1	0	加计数
0	↓	0	加计数
↑	×	0	不变
×	↓	0	不变
↑	0	0	不变
1	↓	0	不变
×	×	1	$Q_1 \sim Q_4 = 0$

① 六十进制的接法。

如图 6.31 所示，个位为十进制，故 $EN=1$，$C_r=0$，计数到 9 以后自动清零，向高位的进位信号采用当 $Q_4Q_3Q_2Q_1 = 1001$ 时，将 Q_4，Q_1 送入与非门，与非门的输出可以做进位信号。因为当 Q_4、Q_1 不同时为 1 时，Y 为 1；当 Q_4、Q_1 同时为 1 时，Y 为 0，同时计数器到 9 后自动清零，这时 Y 又变为 1，即出现了一个上升沿。

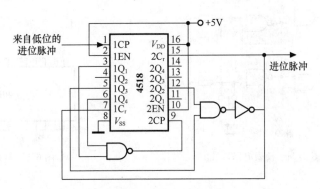

图 6.31　六十进制计数器

十位接成六进制，利用 $Q_4Q_3Q_2Q_1 = 0110$ 的信号清零，同时结合高位进位。

② 二十四进制计数器的接法。如图 6.32 所示，个位为十进制计数器，当计数器计数到 24 时，即十位为 0010，个位为 0100 时，同时清零，就达到了二十四进制计数器的目的，即高位的 Q_2，低位的 Q_3 送入与非门做清零信号。

（3）译码驱动显示电路

计数器的数值通过 4511 译码并驱动 7 段数码管，4511 是 BCD 码锁存/7 段译码驱动器，使用时 $\overline{LT}$、$\overline{BI}$ 接高电平，LE 接低电平。4511 可以与 74LS48 互换使用，各引脚逻辑功能可参看第 3 章的表 3.15。采用共阴极数码管，如图 6.33 给出引脚 b 的连接方式，a、c、d、e、f、g 各引脚的连接方式与 b 引脚相类似，其中 R 为限流电阻，一般取 100Ω。

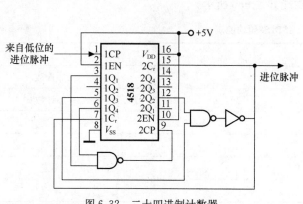

图 6.32　二十四进制计数器

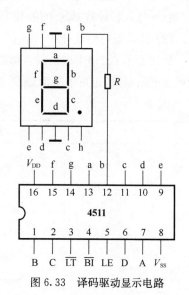

图 6.33　译码驱动显示电路

（4）校表电路

图 6.34 所示为校表电路原理图。

P 分别接分（个位）、时（个位）的计数脉冲。

各功能模块中用到的门电路可以采用 4011（四 2 输入与非门）来实现。

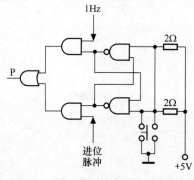

图 6.34　校表电路

图 6.35　4011 引脚图

本 章 小 结

1. 555 定时器是一种用途很广的集成电路，除了能组成施密特触发器、单稳态触发器和多谐振荡器以外，还可以接成各种灵活多变的应用电路。

2. 多谐振荡器是一种自激振荡电路，不需要外加输入信号，就可以自动地产生出矩形脉冲。石英晶体多谐振荡器利用石英晶体的选频特性，只有频率和石英晶体谐振频率相同的信号才能满足自激条件，产生自激振荡，其主要特点是振荡频率的稳定性极好。

3. 单稳态触发器在外加触发信号的作用下，能从稳态自动翻转为暂稳态，依靠电路定时元件的充、放电作用,暂态持续一段时间后,又会自动返回稳态。它可用于定时、延时、脉冲展宽及脉冲宽度鉴别。

4. 施密特触发器和单稳态触发器虽然不能自动地产生矩形脉冲,但却可以把其他形状的信号变换成为矩形波,为数字系统提供标准的脉冲信号。

自我检测题

一、选择题

1. 脉冲整形电路有_____。
   A. 多谐振荡器　　　B. 单稳态触发器　　　C. 施密特触发器　　　D. 555 定时器

2. 多谐振荡器可产生_____。
   A. 正弦波　　　　　B. 矩形脉冲　　　　　C. 三角波　　　　　　D. 锯齿波

3. 石英晶体多谐振荡器的突出优点是_____。
   A. 速度高　　　　　B. 电路简单　　　　　C. 振荡频率稳定　　　D. 输出波形边沿陡峭

4. TTL 单定时器型号的最后几位数字为_____。
   A. 555　　　　　　B. 556　　　　　　　C. 7555　　　　　　　D. 7556

5. 555 定时器可以组成_____。
   A. 多谐振荡器　　　B. 单稳态触发器　　　C. 施密特触发器　　　D. JK 触发器

6. 用 555 定时器组成施密特触发器,当输入控制端 CO 外接 10V 电压时,回差电压为_____。
   A. 3.33V　　　　　B. 5V　　　　　　　C. 6.66V　　　　　　D. 10V

7. 以下各电路中,_____ 可以产生脉冲定时。
   A. 多谐振荡器　　　B. 单稳态触发器　　　C. 施密特触发器　　　D. 石英晶体多谐振荡器

二、判断题(正确打√,错误的打×)

1. 施密特触发器可用于将三角波变换成正弦波。(　　)

2. 施密特触发器有两个稳态。(　　)

3. 多谐振荡器输出信号的周期与阻容元件的参数成正比。(　　)

4. 石英晶体多谐振荡器的振荡频率与电路中的 R、C 成正比。(　　)

5. 单稳态触发器的暂稳态时间与输入触发脉冲宽度成正比。(　　)

6. 单稳态触发器的暂稳态维持时间用 t_w 表示,与电路中 RC 成正比。(　　)

7. 采用不可重触发单稳态触发器时,若在触发器进入暂稳态期间再次受到触发,输出脉宽可在此前暂稳态时间的基础上再展宽 t_w。(　　)

8. 施密特触发器的正向阈值电压一定大于负向阈值电压。(　　)

三、填空题

1. 555 定时器的最后数码为 555 的是_____产品,为 7555 的是_____产品。

2. 施密特触发器具有_____现象,又称_____特性;单稳触发器最重要的参数为_____。

3. 常见的脉冲产生电路有_____,常见的脉冲整形电路有_____和_____。

4. 为了实现高的频率稳定度,常采用_____振荡器;单稳态触发器受到外触发时进入_____态。

习　　题

6.1　试说明施密特触发器的工作特点和主要用途。

6.2　试说明单稳态触发器的工作特点和主要用途。

6.3　画出用 555 定时器组成施密特触发器、单稳态触发器和多谐振荡器时电路的连接图。

6.4　什么叫单稳态触发器？单稳态触发器和双稳态触发器的区别是什么？

6.5　单稳态触发器为什么能用于定时控制和脉冲整形？

6.6　图 6.36 所示为由 D 触发器构成的单稳态电路，设触发器的阈值 $U_T=1.4\text{V}$。

① 请简述工作原理。

② 画出 CP 工作下的 Q 的波形。

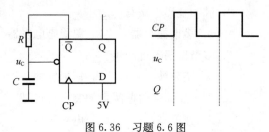

图 6.36　习题 6.6 图

6.7　试用 555 定时器设计一个单稳态触发器，要求输出脉冲宽度在 $1\sim10\text{s}$ 的范围内连续可调，取定时电容 $C=10\mu\text{F}$。

6.8　由 555 定时器构成单稳态触发器如图 6.37(a)所示，输入波形如图 6.37(b)所示。画出电容电压 u_C 和输出波形 u_o。

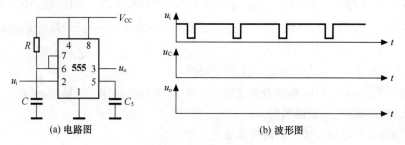

(a) 电路图　　　　(b) 波形图

图 6.37　习题 6.8 图

6.9　由 555 定时器组成的多谐振荡器如图 6.38 所示，简述 VD_1、VD_2 的作用。电路中的电位器有何用途？写出电路输出波形的占空比表达式。

6.10　555 定时器构成的电路如图 6.39(a)所示，在图 6.39(b)中定性画出电路的波形图。

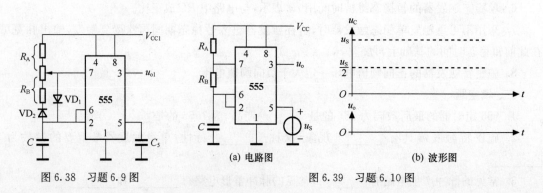

图 6.38　习题 6.9 图　　　　(a) 电路图　　　　(b) 波形图

图 6.39　习题 6.10 图

第7章

数模和模数转换器

在电子系统中,经常用到数字量与模拟量的相互转换。例如,工业生产过程中的湿度、压力、温度、流量,通信过程中的语言、图像、文字等物理量需要转换为数字量,才能由计算机处理;而计算机处理后的数字量也必须再还原成相应的模拟量,才能实现对模拟系统的控制,如数字音像信号如果不还原成模拟音像信号就不能被人们的视觉和听觉系统接受。因此,数模转换器和模数转换器是沟通模拟电路和数字电路的桥梁,也可称之为两者之间的接口,是数字电子技术的重要组成部分。

能将数字量转换为模拟量(电流或电压),使输出的模拟量与输入的数字量成正比的电路称为数模转换器,简称 DAC(Digital to Analog Converter)。能将模拟电量转换为数字量,使输出的数字量与输入的模拟电量成正比的电路称为模数转换器,简称 ADC (Analog to Digital Converter)。D/A、A/D 转换技术的发展非常迅速,目前已有各种中、大规模的集成电路可供选用。本章仅对 D/A、A/D 转换的基本概念及基本原理作简要介绍,使读者对这一转换技术有一个初步的了解。

7.1 D/A 转换器

数模转换的基本原理就是将输入的每一位二进制代码按其权的大小转换成相应的模拟量,然后将代表各位的模拟量相加,这样所得的总模拟量与数字量成正比,于是便实现了从数字量到模拟量的转换。实现数模转换的电路有多种,下面介绍两种常用的数模转换电路。

7.1.1 二进制权电阻网络 D/A 转换器

1. 电路结构

权电阻网络 D/A 转换电路如图 7.1 所示。它主要由权电阻网络 D/A 转换电路、求和运算放大器和模拟电子开关三部分构成,其中权电阻网络 D/A 转换电路是核心,求和运算放大器构成一个电流、电压转换器,将流过各权电阻的电流相加,并转换成与输入数字量成正比的模拟电压输出。图 7.1 的电路可以把 4 位二进制数转换为相应的输出电压。

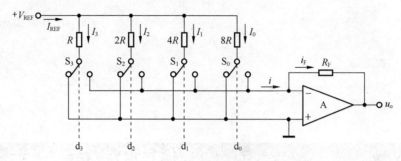

图 7.1　二进制权电阻网络 D/A 转换电路

2. 工作原理

二进制权电阻网络的电阻值是按 4 位二进制数的位权大小取值的,最低位电阻值最大,为 2^3R,然后依次减半,最高位对应的电阻值最小,为 2^0R。不论模拟开关接到运算放大器的反相输入端(虚地)还是接到地,也就是不论输入数字信号是 1 还是 0,各支路的电流是不变的。即

$$I_0 = \frac{V_{REF}}{8R} ,\ I_1 = \frac{V_{REF}}{4R} ,\ I_2 = \frac{V_{REF}}{2R} ,\ I_3 = \frac{V_{REF}}{R}$$

模拟开关 S 受输入数字信号控制,若 $d=0$,相应的 S 合向同相输入端(地);若 $d=1$,相应的 S 合向反相输入端。当 S 合向同相输入端与地连接时,电流不会流向反相输入端,因此,流入反相输入端的总电流 i 可表示为

$$i = I_0 d_0 + I_1 d_1 + I_2 d_2 + I_3 d_3$$
$$= \frac{V_{REF}}{8R} d_0 + \frac{V_{REF}}{4R} d_1 + \frac{V_{REF}}{2R} d_2 + \frac{V_{REF}}{R} d_3$$
$$= \frac{V_{REF}}{2^3 R} (d_3 \cdot 2^3 + d_2 \cdot 2^2 + d_1 \cdot 2^1 + d_0 \cdot 2^0)$$

由上式可知,i 正比于输入的二进制数,所以实现了数字量到模拟量的转换。

3. 运算放大器的输出电压

运算放大器的作用是将流向反相输入端的电流转换成模拟电压,其输出电压为

$$u_o = -i_F R_F$$
$$= -\frac{V_{REF} R_F}{2^3 R} (2^3 d_3 + 2^2 d_2 + 2^1 d_1 + 2^0 d_0)$$

采用运算放大器进行电压转换有两个优点:一是起隔离作用,把负载电阻与电阻网络相隔离,以减小负载电阻对电阻网络的影响;二是可以调节 R_F 控制满刻度值(即输入数字信号为全 1)时输出电压的大小,使 D/A 转换器的输出达到设计要求。

权电阻网络 D/A 转换器可以做到 n 位,此时对应的输出电压为

$$u_o = -\frac{V_{REF} R_F}{2^{n-1} R} (2^{n-1} d_{n-1} + 2^{n-2} d_{n-2} + \cdots + 2^1 d_1 + 2^0 d_0)$$

当取 $R_F = R/2$ 时，输出电压为

$$u_o = -\frac{V_{REF}}{2^n}(2^{n-1}d_{n-1} + 2^{n-2}d_{n-2} + \cdots + 2^1 d_1 + 2^0 d_0)$$

7.1.2　R-2RT 型网络 D/A 转换器

1. 电路结构

4 位 R-2RT 型网络 D/A 转换器的电路如图 7.2(a)所示，它主要由 R-2RT 型电阻网络、求和运算放大器和模拟电子开关三部分构成，其中 R-2R 电阻网络是 D/A 转换电路的核心，求和运算放大器构成一个电流、电压转换器，它将与输入数字量成正比的输入电流转换成模拟电压输出。

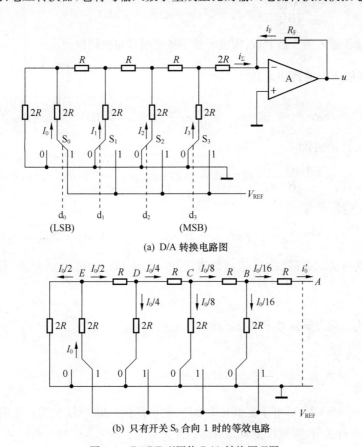

(a) D/A 转换电路图

(b) 只有开关 S_0 合向 1 时的等效电路

图 7.2　R-2RT 型网络 D/A 转换原理图

2. 工作原理

在图 7.2(a)中，当只有一个电子模拟开关 S 合向 1，而其余电子模拟开关 S 均合向 0 时，从该支路的 2R 电阻向左、右看去的等效电阻均为 2R，故此时流过 2R 电阻的电流为 $\dfrac{V_{REF}}{3R}$，且该电流流向 A 点时，每经过一节 R-2R 电路，电流就减少一半。如只有开关 S_0 合向 1，即对应输入的二进制数为 $d_3 d_2 d_1 d_0 = 0001$ 时，T 形电阻网络的等效电路如图 7.2(b)所示。电流 I_0 在流向 A 点过程

中,每经过一个节点 E、D、C、B 时,都被分流一半,最后流到 A 点的电流减少为

$$I_0' = \frac{V_{\text{REF}}}{3R \cdot 2^4} d_0$$

依此可推出,在输入的二进制数分别为 $d_3 d_2 d_1 d_0 = 0010$、0100 和 1000 时,对应支路电流 I_1、I_2、I_3 流入 A 点的电流分别为

$$I_1' = \frac{V_{\text{REF}}}{3R \cdot 2^3} d_1, I_2' = \frac{V_{\text{REF}}}{3R \cdot 2^2} d_2, I_3' = \frac{V_{\text{REF}}}{3R \cdot 2^1} d_3$$

依照叠加原理,流入 A 点的电流总和为

$$i_\Sigma = I_0' + I_1' + I_2' + I_3'$$
$$= \frac{V_{\text{REF}}}{3R \cdot 2^4} d_0 + \frac{V_{\text{REF}}}{3R \cdot 2^3} d_1 + \frac{V_{\text{REF}}}{3R \cdot 2^2} d_2 + \frac{V_{\text{REF}}}{3R \cdot 2^1} d_3$$
$$= \frac{V_{\text{REF}}}{3R \cdot 2^4} (2^3 d_3 + 2^2 d_2 + 2^1 d_1 + 2^0 d_0)$$

可见,i_Σ 正比于输入的二进制数,实现了数字量到模拟量的转换。

3. 求和运算放大器的输出电压

$$u_o = i_F R_F = -i_\Sigma R_F = -\frac{V_{\text{REF}} \cdot R_F}{3R \cdot 2^4} (2^3 d_3 + 2^2 d_2 + 2^1 d_1 + 2^0 d_0)$$

当输入为 n 位二进制数时

$$u_o = -\frac{V_{\text{REF}} \cdot R_F}{3R \cdot 2^n} (2^{n-1} d_{n-1} + 2^{n-2} d_{n-2} + \cdots + 2^1 d_1 + 2^0 d_0)$$

当取 $R_F = 3R$ 时,则有

$$u_o = -\frac{V_{\text{REF}}}{2^n} (2^{n-1} d_{n-1} + 2^{n-2} d_{n-2} + \cdots + 2^1 d_1 + 2^0 d_0)$$

上式括号内为 n 为二进制数的十进制数值,可用 N_B 表示。于是,上式可改写为

$$u_o = -\frac{V_{\text{REF}}}{2^n} N_B$$

这说明输出电压也与输入数字量成正比。

4. 电子模拟开关

(1) 电路结构

图 7.3 所示为一个 CMOS 电子模拟开关电路,它由两级 CMOS 反相器产生两路反相信号,各自控制一个 CMOS 开关管,实现模拟单刀双掷的开关功能。图 7.3 中的 $VT_1 \sim VT_3$ 是一个电平转移电路,使输入信号能与 TTL 门电平兼容,VT_4、VT_5 和 VT_6、VT_7 为两级 CMOS 反相器,用于控制开关管 VT_9 和 VT_8。

(2) 工作原理

当输入数字信号 $D_1 = 1$ 时,VT_1 截止,VT_3 导通,VT_3 输出为低电平 0,经 VT_4、VT_5 组成的第一级反相器后输出高电平,使 VT_9 导通;同时第一级反相器输出的高电平再经 VT_6、VT_7 组成的第二级反相器后输出低电平,使 VT_8 截止。此时,$2R$ 支路经导通管 VT_9 接向位置 1。反之,当输入数字信号 $D_1 = 0$ 时,VT_8 导通,VT_9 截止,$2R$ 支路被连到位置 0。由此,实现了单刀双掷开关的作用,符合 D/A 转换的要求。

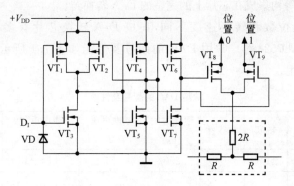

图 7.3 CMOS 电子模拟开关

7.1.3 D/A 转换器的主要技术参数

1. 分辨率

分辨率是指对输出电压的分辨能力。当 D/A 转换器输入相邻两个数码时所对应的输出电压之差为最小可分辨电压,分辨率定义为最小分辨电压与最大输出电压之比。最小输出电压就是对应于输入数字量最低位(LSB)为 1,其余位均为 0 时的输出电压,记为 U_{LSB}。最大输出电压就是对应于输入数字量各位均为 1 时的输出电压,记为 U_{FSR}。对于一个 n 位的 D/A 转换器,其分辨率可表示为

$$分辨率 = \frac{U_{LSB}}{U_{FSR}} = \frac{1}{2^n - 1}$$

例如,10 位 D/A 转换器的分辨率为

$$\frac{1}{2^{10} - 1} = \frac{1}{1023} \approx 0.001$$

分辨率也可以用输入二进制数的有效位数表示。在分辨率为 n 位的 D/A 转换器中,输出电压能区分 2^n 个不同的输入二进制代码状态,能给出 2^n 个不同等级的输出模拟电压。

2. 转换精度

D/A 转换器的转换精度分为绝对精度和相对精度。绝对精度是指实际输出模拟电压值与理论计算值之差,通常用最小分辨电压的倍数表示,如 $\frac{1}{2}U_{LSB}$ 就表示输出值与理论计算值的误差为最小分辨电压的一半。相对精度是绝对精度与满刻度输出电压(或电流)之比,通常用百分数表示。

3. 转换时间

D/A 转换器从输入数字信号起,到输出电压或电流达到稳定值时所需要的时间,称为转换时间,它决定 D/A 转换器的转换速度。

7.1.4 集成 D/A 转换器

集成 D/A 转换器品种繁多。从内部结构上看,有只含有电阻网络和电子模拟开关的基本 D/A 转换器;也有在内部增加了数据锁存器,并具有片选控制和数据输入控制端的 D/A 转换器;还有将

基准电压源、求和运放等均集成在芯片上的完整的 D/A 转换器。

根据 DAC 的转换位数和转换速度不同,集成 D/A 转换芯片有多种型号,如 DAC0832、DAC0830、DAC0831、AD7524 等。常用 DAC 的型号及性能如表 7.1 所示。下面主要介绍 8 位 DAC 集成芯片及其应用。

表 7.1　　　　　　　　　　　常用 DAC 的型号及性能

型号	分辨率（位）	精度	非线性	建立时间（ns）	基准电压（V）	供电电压（V）	输入存储器	功率（mW）	说明
AD1408	8	±LSB	±0.1%	250	+5	+5,−15	无	33	均为权电阻型
ADC0808	8	±0.19%	1.5%	150		+4.5～+18 −4.5～−1.8	无	33	
0800 DAC0801 0802	8	±1LSB	±0.1%	100		+15～−15	无	20	
AD7524	8		±0.1%			+5～−15	单缓冲		均为 T 型电阻网络
0830 DAC0831 0832	8	±1LSB	8% 9% 10%	1000	−10～+10 0～+10	+5～−15	双缓冲	20	
DAC82	8	±1LSB			内有	−15,+15	无		权电阻型

1. DAC0832 介绍

D/A 集成芯片 DAC0832(DAC0830、DAC0831)的内部结构如图 7.4 所示。从图 7.4 中可以看出,DAC0832 由 8 位输入锁存器、8 位 DAC 寄存器和 8 位 D/A 转换器三大部分组成。ILE 控制的 DAC 输入锁存器与 $\overline{WR_2}$、$\overline{X_{FER}}$ 控制的 DAC 寄存器,实现输入信号的两次缓冲,所以,使用时有较大的灵活性,可以根据需要换成不同的工作方式。DAC0832 采用的是 R-2R 倒 T 形电阻网络电流输出,没有求和运算放大器,使用时需外接运算放大器。芯片中设置了负反馈电阻 R_{fb},只需要将芯片的第 9 脚接到运算放大器的输出端即可。但若运算放大器的放大倍数不够可外接电位器以利调节。

DAC0832 的外部引脚图如图 7.5 所示。

DAC0832 芯片各引脚功能说明如下。

$\overline{CS}$(1 脚):片选信号,输入低电平有效。

I_{LE}(19 脚):输入锁存允许信号,若 $I_{LE}=1$,Q 输出跟随 Q 输入;若 $I_{LE}=0$,Q 输入被锁存。

$\overline{WR_1}$(2 脚):输入数据选通信号,输入低电平有效。

$\overline{WR_2}$(18 脚):数据传送选通信号,输入低电平有效。

$\overline{X_{FER}}$(17 脚):数据传送选通信号,低电平有效。

$D_0 \sim D_7$(4～7 脚、13～16 脚):8 位输入数据信号。

I_{out1}(11 脚):DAC 输出电流 1,此输出信号一般作为运算放大器的反相输入端信号。

I_{out2}(12 脚):DAC 输出电流 2,此输出信号一般作为运算放大器的同相输入端信号,通常接地。

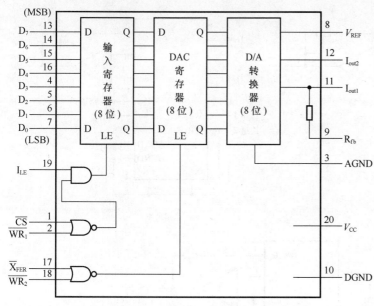

图 7.4　DAC0832(DAC0830、DAC0831)的内部结构

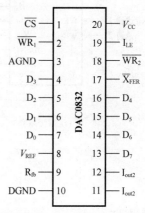

图 7.5　DAC0832 的外部引脚图

V_{REF}(8 脚)：基准电压，一般可在 $-10\sim+10V$ 范围内选取。

V_{CC}(20 脚)：供电电压，可在 $+5\sim+15V$ 范围内选取。

DGND(10 脚)：数字电路接地端。

AGND(3 脚)：模拟电路接地端。

DAC0832 的功能表如表 7.2 所示。

表 7.2　　　　　　　　　　　　　　**DAC 0832 功能表**

功　　能	控 制 条 件					功能说明
	$\overline{CS}$	I_{LE}	$\overline{WR_1}$	$\overline{X_{FER}}$	$\overline{WR_2}$	
数据 $D_0\sim D_7$ 输入到寄存器 1	0	1	0	0	1	存入数据
	0	1	1	0	1	锁定
数据由寄存器 1 转送到寄存器 2	0	1	1	0	0	存入数据
	0	1	1	0	1	锁定
从输出端取出模拟信号	×	×	×	×	×	无控制信号随时可取

2. DAC0832 的应用

DAC0832 在应用中有 3 种方式：双缓冲型、单缓冲型和直通型，如图 7.6 所示。

从图 7.6(a)中可以看出，首先将 $\overline{WR_1}$ 接低电平，将输入数据先锁存在输入寄存器中，当需要转换时，再将 $\overline{WR_2}$ 接低电平，将锁存器中的数据送入 DAC 寄存器中，并进行转换。这种工作方式称为双缓冲型方式。

从图 7.6(b)中可以看出，DAC 寄存器处于常通状态，当需要转换时，将 $\overline{WR_1}$ 接低电平，使输入数据经过输入寄存器直接存入 DAC 寄存器中，并进行转换。这种工作方式通过控制 DAC 寄存器的锁存,达到两个寄存器同时选通及锁存的效果,因此被称为单缓冲型工作方式。

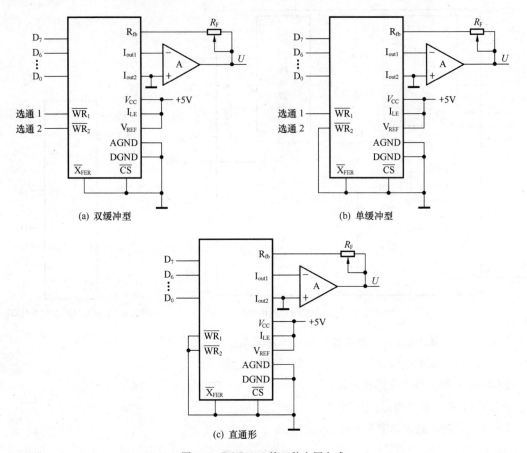

图 7.6 DAC0832 的 3 种应用方式

从图 7.6(c)中可以看出,两个寄存器均处于常通状态,输入数据直接经两个寄存器到达 DAC 进行转换,称为直通型工作方式。

7.2 A/D 转换器

7.2.1 概述

1. A/D 转换的基本原理

A/D 转换器的工作原理如图 7.7 所示。图中,模拟电子开关 S 在采样脉冲 CP_S 的控制下重复接通、断开。S 接通时,$u_i(t)$ 对 C 充电,为采样过程;S 断开时,C 上的电压保持不变,为保持过程。在保持过程中,采样的模拟电压经数字化编码电路转换成一组 n 位的二进制数输出。

2. 采样-保持原理

采样-保持原理可用图 7.8 来说明。若 S 在 t_0 时刻闭合,C_H 被迅速充电,电路处于采样阶段。由于两个放大器的增益都为 1,因此这一阶段 u_o 跟随 u_i 变化,即 $u_o = u_i$。t_1 时刻 S 断开,采样阶段结束,电路处于保持阶段。若 A_2 的输入阻抗为无穷大,S 为理想开关,则 C_H 没有放电回路,两端保持充电时的最终电压值不变,从而保证电路输出端的电压 u_o 维持不变。

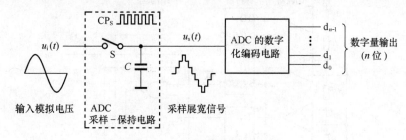

图 7.7　A/D 转换器的工作原理

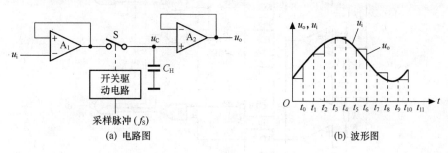

图 7.8　采样保持原理

3. A/D 转换器的主要技术指标

(1) 分辨率

A/D 转换器的分辨率用输出二进制数的位数表示,位数越多,误差越小,转换精度越高。例如,输入模拟电压的变化范围为 $0\sim5\mathrm{V}$,输出 8 位二进制数可以分辨的最小模拟电压为 $5\mathrm{V}\times2^{-8}=20\mathrm{mV}$;而输出 12 位二进制数可以分辨的最小模拟电压为 $5\mathrm{V}\times2^{-12}\approx1.22\mathrm{mV}$。

(2) 相对精度

在理想情况下,所有的转换点应当在一条直线上。相对精度是指实际的各个转换点偏离理想特性的误差。

(3) 转换速度

转换速度是指完成一次转换所需的时间。转换时间是指从接到转换控制信号开始,到输出端得到稳定的数字输出信号所经过的这段时间。

7.2.2　常用的 A/D 转换器类型

1. 并联比较型 A/D 转换器

并联比较型 A/D 转换的电路如图 7.9 所示。其工作原理叙述如下。

当 $0\leqslant u_i<V_{REF}/14$ 时,7 个比较器输出全为 0,CP 到来后,7 个触发器都置 0。经编码器编码

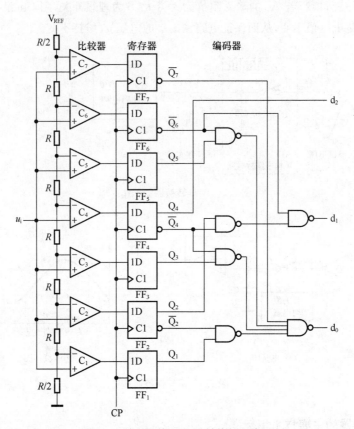

图 7.9　并联比较型 A/D 转换的电路图

后输出的二进制代码为 $d_2 d_1 d_0 = 000$。

当 $V_{REF}/14 \leqslant u_i < 3V_{REF}/14$ 时,7 个比较器中只有 C_1 输出为 1,CP 到来后,只有触发器 FF_1 置 1,其余触发器仍为 0。经编码器编码后输出的二进制代码为 $d_2 d_1 d_0 = 001$。

当 $3V_{REF}/14 \leqslant u_i < 5V_{REF}/14$ 时,比较器 C_2、C_2 输出为 1,CP 到来后,触发器 FF_1、FF_2 置 1。经编码器编码后输出的二进制代码为 $d_2 d_1 d_0 = 010$。

当 $5V_{REF}/14 \leqslant u_i < 7V_{REF}/14$ 时,比较器 C_1、C_2、C_3 输出为 1,CP 到来后,触发器 FF_1、FF_2、FF_3 置 1。经编码器编码后输出的二进制代码为 $d_2 d_1 d_0 = 011$。

依此类推,可列出 u_i 为不同等级时的寄存器状态及相应的输出二进制数,如表 7.3 所示。这样,就把输入的模拟电压转换成了对应的数字量。

表 7.3　　　　u_i 与输出数字量的对应关系

输入模拟电压	寄存器状态							输出二进制数		
u_i	Q_7	Q_6	Q_5	Q_4	Q_2	Q_2	Q_1	d_2	d_1	d_0
$\left(0 \sim \frac{1}{14}\right)V_{REF}$	0	0	0	0	0	0	0	0	0	0
$\left(\frac{1}{14} \sim \frac{3}{14}\right)V_{REF}$	0	0	0	0	0	0	1	0	0	1
$\left(\frac{3}{14} \sim \frac{5}{14}\right)V_{REF}$	0	0	0	0	0	1	1	0	1	0
$\left(\frac{5}{14} \sim \frac{7}{14}\right)V_{REF}$	0	0	0	0	1	1	1	0	1	1
$\left(\frac{7}{14} \sim \frac{9}{14}\right)V_{REF}$	0	0	0	1	1	1	1	1	0	0
$\left(\frac{9}{14} \sim \frac{11}{14}\right)V_{REF}$	0	0	1	1	1	1	1	1	0	1
$\left(\frac{11}{14} \sim \frac{13}{14}\right)V_{REF}$	0	1	1	1	1	1	1	1	1	0
$\left(\frac{13}{14} \sim 1\right)V_{REF}$	1	1	1	1	1	1	1	1	1	1

2. 逐次逼近型 A/D 转换器

逐次逼近型 A/D 转换器的原理框图如图 7.10 所示。其工作原理是,转换开始前先将所有寄存器清零。开始转换以后,时钟脉冲首先将寄存器最高位置成 1,使输出数字为 100 …0。这个数码被 D/A 转换器转换成相应的模拟电压 u_o,送到比较器中与 u_i 进行比较。若 $u_i < u_o$,说明数字过大了,故将最高位的 1 清除;若 $u_i > u_o$,说明数字还不够大,应将这一位保留。然后,再按同样的方式将次高位置成 1,并且经过比较以后确定这个 1 是否应该保留。这样逐位比较下去,一直进行到最低位为止。比较完毕后,寄存器中的状态就是输入模拟电压所对应的数字量。

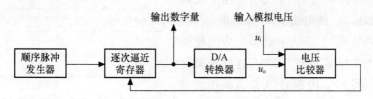

图 7.10 逐次逼近型 A/D 转换器的原理框图

现以 3 位 A/D 转换器为例,具体说明逐位逼近式 A/D 转换的转换过程。3 位 A/D 转换器的原理图如图 7.11 所示。

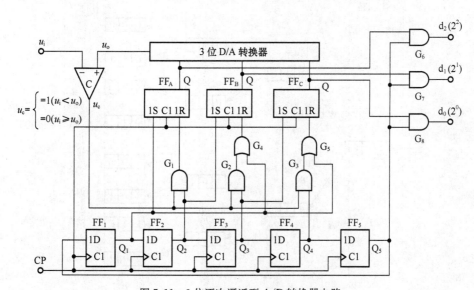

图 7.11 3 位逐次逼近型 A/D 转换器电路

转换开始前,先使 $Q_1 = Q_2 = Q_3 = Q_4 = 0$, $Q_5 = 1$,第一个 CP 到来后,$Q_1 = 1$,$Q_2 = Q_3 = Q_4 = Q_5 = 0$,于是 FF_A 被置 1,FF_B 和 FF_C 被置 0。这时加到 D/A 转换器输入端的代码为 100,并在 D/A 转换器的输出端得到相应的模拟电压输出 u_o。u_o 和 u_i 在比较器中比较,当若 $u_i < u_o$ 时,比较器输出 $u_c = 1$;当 $u_i \geqslant u_o$ 时, $u_c = 0$。

第二个 CP 到来后,环形计数器右移一位,变成 $Q_2 = 1$,$Q_1 = Q_3 = Q_4 = Q_5 = 0$,这时 G_1 门打开,若原来 $u_c = 1$,则 FF_A 被置 0,若原来 $u_c = 0$,则 FF_A 的 1 状态保留。与此同时,Q_2 的高电平将 FF_B 置 1。

第三个 CP 到来后,环形计数器又右移一位,一方面将 FF$_C$ 置 1,同时将门 G$_2$ 打开,并根据比较器的输出决定 FF$_B$ 的 1 状态是否应该保留。

第四个 CP 到来后,环形计数器 $Q_4 = 1$,$Q_1 = Q_2 = Q_3 = Q_5 = 0$,门 G$_3$ 打开,根据比较器的输出决定 FF$_C$ 的 1 状态是否应该保留。

第五个 CP 到来后,环形计数器 $Q_5 = 1$,$Q_1 = Q_2 = Q_3 = Q_4 = 0$,FF$_A$、FF$_B$、FF$_C$ 的状态作为转换结果,通过门 G$_6$、G$_7$、G$_8$ 送出。

3 位 A/D 转换器可以分辨 2^3 个二进制数。设量化单位为 0.25V,被转换的电压为 1.30V,则其逐位逼近转换的过程如图 7.12 所示。经 3 次预置、转换、比较和修改,就可得到转换结果为 101(转换路径如实线所示)。该数字量所对应的模拟电压为 1.25V,与实际值相差 0.05V,这属于量化误差,是转换误差之一。内部 D/A 输入输出关系如表 7.4 所示。

表 7.4　　　　内部 D/A 输入输出关系

数　字　量			V_N(V)
0	0	0	0
0	0	1	0.25
0	1	0	0.50
0	1	1	0.75
1	0	0	1.00
1	0	1	1.25
1	1	0	1.50
1	1	1	1.75

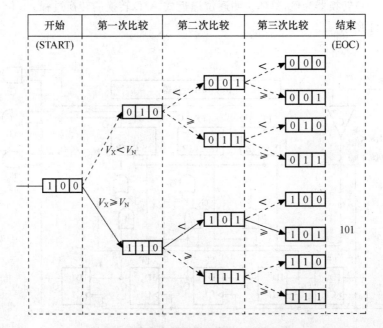

图 7.12　逐次逼近式 A/D 转换的逼近过程

由以上分析可知,一个 n 位逐次逼近型 A/D 转换器完成一次转换要进行 n 次比较,需要 $n+2$ 个时钟脉冲。其转换速度较慢,属于中速 A/D 转换器。但由于电路简单,成本低,因此,也被广泛使用。

【例 7.1】　一个 8 位的 A/D 转换器 CAD570,其基准电压 $U_{REF} = 10V$,输入模拟电压 $u_i = 6.84V$,求:ADC 输出的数字量是多少?

解:第一步,当 $V_N = \dfrac{1}{2}V_{REF} = \dfrac{10}{2} = 5V$ 时,因为 $V_N < V_X$,所以取 $d_7 = 1$,存储。

第二步，当 $V_N = \left(\dfrac{1}{2} + \dfrac{1}{4}\right)V_{REF} = 7.5\,\text{V}$ 时，因为 $V_N > V_X$，所以取 $d_6 = 0$，存储。

第三步，当 $V_N = \left(\dfrac{1}{2} + \dfrac{0}{4} + \dfrac{1}{8}\right)V_{REF} = 6.25\,\text{V}$ 时，因为 $V_N < V_X$，所以取 $d_5 = 1$，存储。

$$\cdots$$

如此重复比较下去，经过 8 个时钟脉冲周期，转换结束，最后得到 A/D 转换器的转换结果 $d_7 \sim d_0 = 10101111$，则该数字所对应的模拟输出电压为

$$V_N = \left(\frac{1}{2} + \frac{0}{4} + \frac{1}{8} + \frac{0}{16} + \cdots + \frac{1}{2^7}\right)V_{REF} = 6.83593759\text{V}$$

3. 双积分型 A/D 转换器

双积分型 A/D 转换器是一种间接型 A/D 转换器，它由基准电压 V_{REF}、积分器、比较器、计数器和定时触发器组成，如图 7.13 所示。

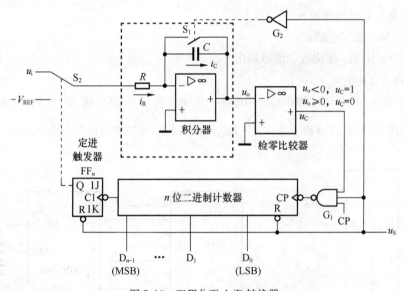

图 7.13　双积分型 A/D 转换器

双积分型 A/D 转换器的基本原理是对输入模拟电压 u_i 和参考电压 V_{REF} 分别进行积分，将两次电压平均值分别变换成与之成正比的时间间隔，然后，利用时钟脉冲和计数器测出此时间间隔，通过运算得到相应的数字量输出。

双积分型 A/D 转换器由于转换一次要进行两次积分，所以，转换时间长，工作速度慢，但它的电路结构简单，转换精度高，抗干扰能力强，因此，常用于低速场合。

7.2.3　集成 A/D 转换器及其应用

集成 A/D 转换器种类很多，如从使用角度上可分为两大类：一类在电子电路中使用，不带使能控制端；另一类带有使能端，可与计算机相连。

1. ADC0804A/D 转换器

ADC0804 是逐次逼近型单通道 CMOS 8 位 A/D 转换器,其转换时间小于 $100\mu s$,电源电压 $+5V$,输入输出都和 TTL 兼容,输入电压范围 $0\sim+5V$ 模拟信号,内部含有时钟电路,图 7.14 所示为 ADC0804 的管脚排列图。

ADC0804 芯片上各管脚的名称和功能说明如下。

$\overline{CS}$(1 脚):片选信号,输入低电平有效。

$\overline{RD}$(2 脚):输出数字信号,输入电平有效。

$\overline{WR}$(3 脚):输入选通信号,输入低电平有效。

CLKI(4 脚)、CLKR(19 脚):时钟脉冲输出。

$\overline{INTR}$(5 脚):中断信号输出(低电平)。

V_{IN+}(6 脚)、V_{IN-}(7 脚):模拟电压输入。

AGND(8 脚):模拟电路地。

$V_{REF/2}$(9 脚):基准电压输入。

$DGND$(10 脚):数字电路地。

$D_7\sim D_0$(11~18 脚):8 位数字信号输出。

V_{CC}(20 脚):直流电源 $+5V$。

图 7.15 所示为 ADC0804 的典型应用电路。图中 4 脚和 19 脚外接 RC 电路,与内部时钟电路共同形成电路的时钟,其时钟频率 $f = \dfrac{1}{1.1}RC = 640\text{kHz}$,对应转换时间约为 $100\mu s$。

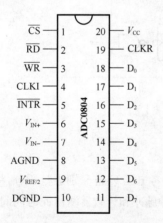

图 7.14　ADC0804 管脚排列图

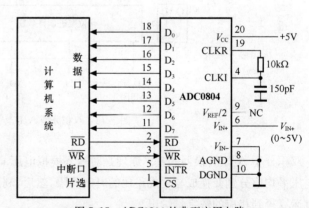

图 7.15　ADC0804 的典型应用电路

电路的工作过程是:计算机给出片选信号($\overline{CS}$低电平和选通信号$\overline{WR}$低电平),使 A/D 转换器启动工作,当转换数据完成,转换器的$\overline{INTR}$向计算机发出低电平中断信号,计算机接受后发出输出数字信号($\overline{RD}$低电平),则转换后的数字信号便出现在 $D_0\sim D_7$ 数据端口上。

2. A/D 转换芯片 ADC0809

ADC0809 是 CMOS 工艺、逐次逼近型的 8 位 A/D 转换芯片,双列直插式封装,28 个引脚。其内部结构框图如图 7.16 所示。它主要由模拟量输入多路转换器和逐位逼近式 A/D 转换器组成。

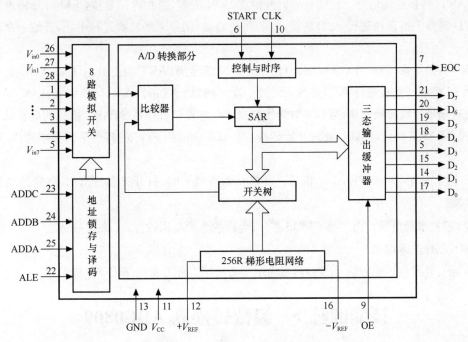

图 7.16　ADC0809 内部结构框图

多路转换器部分包括 8 个标准的 CMOS 模拟开关和 3 位地址锁存与译码电路。多路模拟开关有 8 路模拟量输入端,最多允许 8 路模拟量分时输入,共用一个 A/D 转换器进行转换。3 位地址通过 ADDA、ADDB、ADDC 端输入并锁存,译码后控制 8 个模拟开关中某一个接通,其余的断开,从而选择 8 路输入 $V_{in0} \sim V_{in7}$ 中某一路与逐位逼近式 ADC 接通,完成该路模拟信号的转换。ADDA、ADDB、ADDC 对 8 路输入的选择作用如表 7.5 所示。

逐次逼近式 ADC 的工作原理已在前面叙述。其中的 256R 梯形电阻网络和开关树完成 D/A 转换,可将 SAR 中的数据转换成反馈电压送比较器进行比较。

ADC0809 各引脚的功能如下。

$V_{in0} \sim V_{in7}$:8 路模拟量输入端。用于输入被转换的电压。它们通常来自被测对象传感器的输出。这说明 ADC0809 可以完成 8 路模拟信号的 A/D 转换,相当于 8 个单通道 ADC。

表 7.5　ADDA、ADDB、ADDC 对 8 路输入的选择

ADDC	ADDB	ADDA	选择的输入通道
0	0	0	V_{in0}
0	0	1	V_{in1}
0	1	0	V_{in2}
0	1	1	V_{in3}
1	0	0	V_{in4}
1	0	1	V_{in5}
1	1	0	V_{in6}
1	1	1	V_{in7}

$D_7 \sim D_0$:8 位数字量输出端,用于将模拟量转换结果输出。

ADDA、ADDB、ADDC:模拟量输入通道选择线。用于选择 8 路输入中哪一路进行 A/D 转换。

ALE:地址锁存允许(Address Latch Enable)信号。此信号的上升沿将 ADDA、ADDB、ADDC 端的信号存入地址锁存器。

CLK:A/D 转换时钟。用作 ADC0809 内部控制与时序逻辑的时钟信号,一般由外电路提供,典型值为 640kHz。

START:转换启动信号。此信号的上升沿将 SAR 清零,芯片内部复位,下降沿开始进行逐位逼近 A/D 转换。当正在进行 A/D 转换时,若再次启动,则原来的转换过程中止,开始一次新的转换过程。

EOC:转换结束(End of Conversion)信号。启动信号 START 的上升沿之后,EOC 变为低电平,表示 ADC0809 正在进行 A/D 转换。经过一段时间(约 $100\mu s$),A/D 转换完成,EOC 变为高电平,以此通知单片机转换完毕,可以来取转换数据了。它可以看作是 START 信号的应答信号。单片机通过 START 端启动 ADC0809 开始转换,而 ADC0809 用 EOC 的高电平回答单片机,转换已完成。

OE:输出允许(Output Enable)信号。此信号为高电平时,打开三态输出门,将转换结果送到 $D_7 \sim D_0$ 端。

V_{CC}:芯片电源电压。由于是 CMOS 芯片,允许的电源范围较宽,可从 5～15V。

GND:芯片电源地端。

$+V_{REF}$:参考电压正极端;$-V_{REF}$:参考电压负极端。此参考电压用于内部 DAC。

技能训练 1　模数转换器 ADC0809

1. 技能训练目的

① 了解模数转换芯片 ADC0809 的特性和使用方法。

② 学习 ADC0809 的典型应用。

2. 技能训练仪器及设备

① 数字逻辑实验台　　1 台。

② 双踪示波器　　　　1 台。

③NE555　　　　　　1 块。

④ 模数转换芯片 ADC0809　1 片。

⑤ 电阻、电容、导线若干。

3. 技能训练说明

模数转换器依它的转换方式的不同可分为双积分型和逐次逼近型,ADC0809 属于逐次逼近型,它从高位开始对 N 位数据进行试探性置数,经过 N 次比较后得到了待转换的数字量,这种模数转换器的转换速度比双积分型模数转换器的转换速度快。目前应用广泛的 0804、0808、0809 均属于逐次逼近型模数转换器。

4. 技能训练内容及步骤

① 按原理图接线(见图 7.17)。

② 调节 IN_0 端电位器,观察发光二极管的发光情况。

注意要选择频率合适的时钟信号,也可利用数字电路实验箱中提供的始终脉冲进行试验。

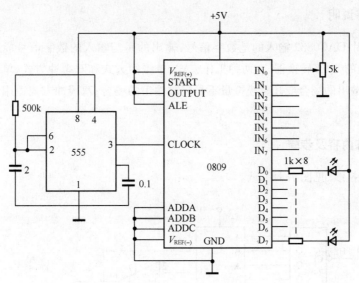

图 7.17　ADC0809 接线原理图

5. 技能训练报告

① 按实验内容各步要求整理实验数据。

② 总结 ADC0809 的基本工作原理及使用方法。

③ 思考两个问题：

· 为什么调节电位器,发光二极管的发光情况会发生变化?

· 如何改动才能使 ADC0809 对 IN_4 的输入模拟量进行转换? 如何改动使 ADC0809 对任

一路输入模拟量进行转换?

技能训练 2　数模转换器 DAC0832

1. 技能训练目的

① 了解数模转换芯片 DAC0832 双缓冲方式的使用方法。

② 理解 DAC0832 的工作原理。

③ 进一步理解 DAC0832 单缓冲工作方式和双缓冲工作方式的区别。

2. 技能训练仪器及设备

① 数字逻辑实验台　1 台。

② 双踪示波器　　　1 台。

③ 集成运算放大器 LM324　　2 片。

④ 数模转换芯片 DAC0832　　2 片。

⑤ 四位计数器 7493　　4 片。

⑥ 电阻、电容、导线若干。

3. 技能训练说明

数模转换芯片 DAC0832 输入的是数字信号,输出的是与输入的数字信号成正比的模拟电流量,它是一个 8 位的 D/A 转换器,有两种工作方式:单缓冲方式和双缓冲方式,单缓冲方式适用于只有一路模拟量输出的场合或几路模拟量不是同时输出的场合;双缓冲方式适用于几路模拟量同时输出的场合。

4. 技能训练内容及步骤

① 按原理图接线(见图 7.18)。

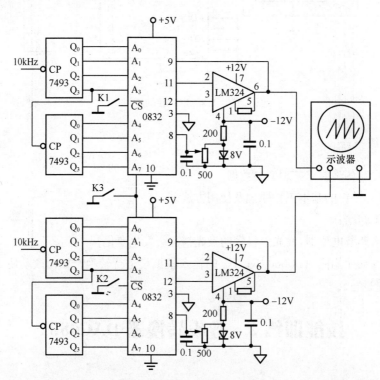

图 7.18 ADC0832 接线原理图

② 在两组 7493 的 CP 端输入不同的时钟脉冲信号,观察示波器上的波形。

③ 输入时钟脉冲时要注意开关 K1、K2 与 K3 的使用,当 K1 合上时 K2、K3 断开,当 K2 合上时 K1、K3 断开,当 K3 合上时 K1、K2 断开。

④ 注意要选择合适的输入频率范围,数字地和模拟地要分开来连接。

5. 技能训练报告

① 按实验内容各步要求整理实验数据。

② 总结 DAC0832 的基本工作原理及使用方法。

③ 思考两个问题:

- 为什么 K1、K2、K3 不能同时合上?
- 试分析单缓冲方式和双缓冲方式的区别。

读图练习　3 位半数字电压表

图 7.19 所示为 $3\frac{1}{2}$ 位双积分型数字电压表电路原理图,下面分析其工作原理与工作过程。

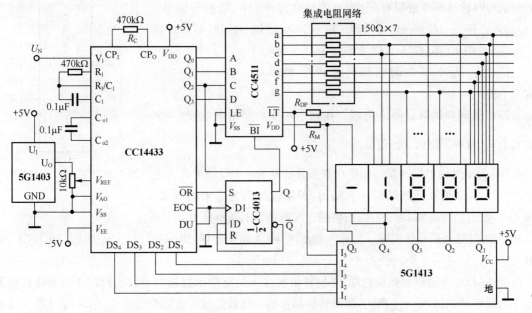

图 7.19　$3\frac{1}{2}$ 位双积分型数字电压表电路原理图

1. 了解电路的用途及功能

由原理图的图名可知,这是一个 $3\frac{1}{2}$ 位双积分型数字电压表,它能把被测的模拟电压通过双积分型 A/D 转换器转换成数字量,最后 4 位十进制数显示出来。因为显示器的低 3 位能表示 $0\sim9$ 十种状态,称为全位,而最高位只能表示 0 和 1 两种状态,称此位为 $\frac{1}{2}$ 位,整个为 $3\frac{1}{2}$ 位。电路的各部分都是为完成上述功能而设置的。

2. 查清每片集成电路的逻辑功能

图中共有 5 片集成芯片,可通过集成电路手册或其他资料查出它们的功能。

（1）CC14433

CC14433 是 $3\frac{1}{2}$ 位双积分型 A/D 转换器,它的引脚排列如图 7.20 所示。

CC14433 是 CMOS 工艺的大规模数字模拟混合集成电路。当参考电压取 2V 和 200mV 时,输入被测模拟电压的范围分别为 $0\sim1.999$V 和 $0\sim1.999$mV。转换速度为 $3\sim10$ 次/s。

CC14433 采用双电源供电,V_{DD} 为 $+5$V,V_{EE} 为 -5V,V_{SS} 为电源地,V_{REF} 为参考电压输入端。V_I 为被测模拟电压输入端,V_{AG} 为 V_{REF} 和 V_I 的地。

$Q_3\sim Q_0$ 为 BCD 数据输出端。

CP₁、CP₀ 为时钟信号输入与输出端,在其两端外接电阻 R_C,改变 R_C 阻值可调节芯片内部振荡器的振荡频率。若 R_C 取 470kΩ 时,时钟频率 $f_C=66$kHz。因 CC14433A/D 转换器完成一次转换约需 16400 个时钟脉冲,当时钟频率为 66kHz 时,每秒钟可转换 4 次。

R₁、R₁/C₁、C₁ 端为外接积分电阻、积分电容的接线端。R₁、C₁ 的取值与时钟频率和量程有关,当时钟频率为 66kHz、量程分别为 0 ~1.999V 和 0~1.999mV 时,若 C₁ 取 0.1μF,则 R₁ 分别取 470kΩ 和 270kΩ。此图 R₁ 取 470kΩ,故量程为 0~1.999V。

C₀₁、C₀₂ 为外接失调电压补偿电容接线端,一般补偿电容取 0.1μF。

EOC 为转换结束信号输出端。在每个转换周期结束,输出一个脉宽为 $\frac{1}{2}$ 时钟周期的 T_{CP} 正脉冲。

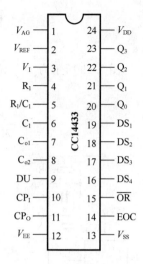

图 7.20　CC14433 引脚排列图

DU 为实时输出控制端。如果在双积分放电前从 DU 端加入一正脉冲,则转换结束时新的结果才能输出,否则输出仍为原来的结果。将 EOC 输出信号接到 DU 端,输出将是每次转换后的新型结果。

$\overline{OR}$ 为过量程信号输出端。当输入被测电压 U_x 超出量程,即 $|U_x|>|V_{REF}|$ 时,$\overline{OR}$ 输出为低电平。

DS₁~DS₄ 为输出数据位选端,它们可依次发出对应输出数据的千位、百位、十位和个位的高电平选通信号,当 $DS_1=1$ 期间,测量转换结果的千位数的数据送到输出端 Q₃~Q₀;在 $DS_2=1$ 期间,百位数的数据送到输出端;在 $DS_3=1$ 期间,十位数的数据送到输出端;在 $DS_4=1$ 期间,个位数的数据送到输出端。图 7.21 所示为 CC14433 的工作时序图,由图可知,在每个转换周期结束时,首先发出 EOC 正脉冲,它的宽度为 $\frac{1}{2}$ 时钟周期,随后依次发出 DS₁~DS₄ 正脉冲,每个 DS 脉宽为 18 个时钟周期,相互间隔 2 个时钟周期,因此,每经过 80 个时钟周期完成一次从千位到个位的循环显示。若时钟频率为 $f_C=66$kHz,则显示扫描频率为 $f_S=\dfrac{f_C}{80}=825$Hz。

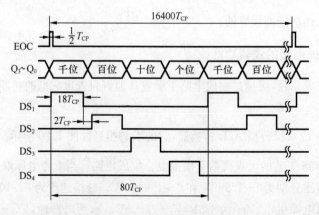

图 7.21　CC14433 的工作时序图

在对应 DS₂~DS₄ 选通期间,输出百位、十位、个位的 BCD 全位数据,即以 8421 码方式输出十

进制数的 $0\sim9$。而在 DS_1 期间，$Q_3\sim Q_0$ 除了输出最高位即千位的 0 或 1 之外，同时还输出过量程、欠量程和极性标志信号，其输出形式如表 7.6 所示。由表可知：在 DS_1 选通输出最高位期间，$Q_3\sim Q_0$ 中 Q_3 的状态表示为千位数的数值，当千位为 1 时，$Q_3=0$；当千位数为 0 时，$Q_3=1$。

表 7.6　　　　　　　　　　DS_1 期间 Q_3、Q_2、Q_1、Q_0 的编码表

最高位编码内容	Q_3	Q_2	Q_1	Q_0	外接 8421 七段字形译码器输出
$+0$	1	1	1	0	作误码处理，a~g 七段输出均为 0，不显示
-0	1	0	1	0	
$+0$ 欠量程	1	1	1	1	
-0 欠量程	1	0	1	1	
$+1$	0	1	0	0	4, 0, 7, 3 七段字形显示器只接 b、c 段使其只显示"1"
-1	0	0	0	0	
$+1$ 过量程	0	1	1	1	
-1 过量程	0	0	1	1	

Q_2 的状态表示被测电压极性，正极性时，$Q_2=1$，负极性时，$Q_2=0$。

Q_0 的状态表示是否超量程。超量程时，$Q_0=1$；正量程时 $Q_0=0$。在 $Q_0=1$ 超量程时，又分两种情况：若 $Q_3=1$ 时为欠量程，即在 1.999V 量程时，$U_x<0.199V$；若 $Q_3=0$ 时为过量程，即 $U_x>1.999V$，因此，可用 $Q_3Q_0=01$ 和 $Q_3Q_0=11$ 作为切换量程的控制信号（为了扩大电路的测量范围，一般在 V_1 端前接量程转换电路，然后用该信号自动控制量程转换，此电路没有画出）。

Q_1 的状态不表示任何意义，只是为了和其他 Q 端配合凑成适当的编码，便于显示，在千位为 0 时，$Q_3\sim Q_0$ 的 4 种编码为 1110、1010、1111、1011，均大于 1001，8421 七段字形译码器按误码处理，a~g 信号均为低电平，七段字形显示器不显示。千位数为 1 时，$Q_3\sim Q_0$ 的 4 种编码凑成 0100、0000、0111、0011，经 8421 七段字形译码器译码后，分别是如下字段为高电平：4、0、7、3，若只将 b、c 段接七段字形显示器，即可显示 "1"。

(2) 5G1403

5G1403 为基准电压源。它能够提供 2.5V 高稳定度输出电压，作精密电压源用，它的外部引线排列图和使用接线图如图 7.22 所示。

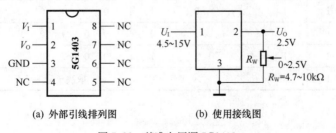

(a) 外部引线排列图　　　　　　(b) 使用接线图

图 7.22　基准电压源 5G1403

片脚 1、2、3 分别为输入、输出和公共接地端，其余为空脚，使用时在 1 脚接入 4.5~15V 电压就可以在 2 脚通过外接 4.7~10kΩ 电位器，获得向 CC14433 提供的 $V_{REF}=2V$ 的标准参考电压。

（3）CC4511

CC4511 是 BCD 七段显示译码器。内部设有锁存器和输出驱动器。它的引脚排列如图 7.23 所示。其中 A、B、C、D 为 BCD 码（4 位十进制代码）输入端，片脚 a，b，c，d，e，f，g 为译码输出驱动端，用来驱动七段数码管；LE 为锁存控制端，当 $LE=0$ 时，输出状态与输入状态对应；当 $LE=1$ 时，输入端被封锁，输出保持原状态不变。$\overline{BI}$ 为灭灯信号控制端，低电平有效，即当 $\overline{BI}=0$ 时，a～g 输出全为 0。$\overline{LT}$ 为测灯信号控制端，低电平有效，当 $\overline{LT}=0$ 时，a～g 输出全为 1。CC4511 的逻辑真值表如表 7.7 所示。

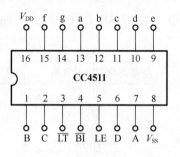

图 7.23　CC4511 引脚排列图

表 7.7　　　　　　　　　　　　CC4511 的逻辑真值表

输 入							输 出							
LE	$\overline{BI}$	$\overline{LT}$	D	C	B	A	a	b	c	d	e	f	g	显 示 字
×	×	0	×	×	×	×	1	1	1	1	1	1	1	8
×	0	1	×	×	×	×	0	0	0	0	0	0	0	暗
0	1	1	0	0	0	0	1	1	1	1	1	1	0	0
0	1	1	0	0	0	1	0	1	1	0	0	0	0	1
0	1	1	0	0	1	0	1	1	0	1	1	0	1	2
0	1	1	0	0	1	1	1	1	1	1	0	0	1	3
0	1	1	0	1	0	0	0	1	1	0	0	1	1	4
0	1	1	0	1	0	1	1	0	1	1	0	1	1	5
0	1	1	0	1	1	0	0	0	1	1	1	1	1	6
0	1	1	0	1	1	1	1	1	1	0	0	0	0	7
0	1	1	1	0	0	0	1	1	1	1	1	1	1	8
0	1	1	1	0	0	1	1	1	1	0	0	1	1	9
0	1	1	1	0	1	0	0	0	0	0	0	0	0	暗
0	1	1	1	0	1	1	0	0	0	0	0	0	0	暗
0	1	1	1	1	0	0	0	0	0	0	0	0	0	暗
0	1	1	1	1	0	1	0	0	0	0	0	0	0	暗
0	1	1	1	1	1	0	0	0	0	0	0	0	0	暗
0	1	1	1	1	1	1	0	0	0	0	0	0	0	暗
1	1	1	×	×	×	×	取决于原来 $LE=0$ 时的 BCD 码							

（4）5G1413

5G1413 为反相驱动器，内含 7 组达林顿结构驱动电路，其引脚图和单元驱动电路如图 7.24 所示，输出均为集电极开路结构。为了避免外接感性负载时产生瞬时高压将电路击穿，每个输出端均有起保护作用的续流二极管 VD，使用时公共阴极接电源端，当 I_i 为高电平时，VT_1，VT_2 导通，输出 O_i 为低电平，当 IT_i 为低电平时，VT_1，VT_2 截止，输出 O_i 为高电平。

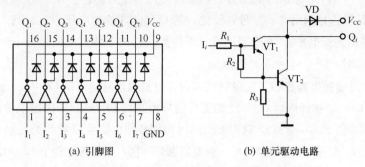

(a) 引脚图　　　　　　　　(b) 单元驱动电路

图 7.24　5G1413 引脚图和单元驱动电路

(5) CC4013

CC4013 为双 D 触发器，用来控制过量程报警。

(6) LED 数码管

LED 数码管为共阴极结构，当某管阴极为低电平且某段阳极加高电平时，该段点亮显示。

3. 将电路划分为若干个功能块

因本例中系统几乎都由中、大规模集成电路组成，功能块比较好分。各功能块框图如图 7.25 所示。主要有 5 部分组成，即基准电压源、A/D 转换、七段译码驱动、译码显示控制、译码显示，它们之间的关系如图 7.25 中箭头所示。

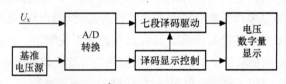

图 7.25　$3\frac{1}{2}$ 位数字电压表功能块框图

4. 分析电路的工作过程

将各功能块联系起来，结合电路原理图，分析电路整个的工作过程。

可以看出，$3\frac{1}{2}$ 位 A/D 转换器是 $3\frac{1}{2}$ 位数字电压表的核心芯片，它把输入模拟电压转换为 $3\frac{1}{2}$ 位数字信号，从 $Q_3 \sim Q_0$ 端按先高位后低位依次输出 BCD 码，同时对应依次输出 DS_1，DS_2，DS_3，DS_4 选通信号。

5G1403 通过调整可变电阻 R_W 的阻值，将 +5V 电压转换为高精度和高稳定度的 2V 电压，接入 CC14433 的 V_{REF} 端，为 CC1433 提供积分参考电压。

CC4511 接收 CC1433 输出的 BCD 代码，并把它译成七段字形信号 a～g，通过限流电阻网络接入 4 个 LED 七段数码管，接法应是低位 3 个数码管的各段阳极对应并接 a～g 信号，以得到全位显示，而最高位（千位）数码管只接 b、c 两段阳极，以显示 1 或不显示。

5G1413 的 4 个输出端 $Q_4 \sim Q_1$ 分别接到 4 个数码管的阴极，它接收 CC14433 发出的选通脉冲信号 $DS_1 \sim DS_4$，使其输出 $Q_4 \sim Q_1$ 轮流为低电平，从而控制数码管轮流导通，实现逐位扫描显示。显示符号的数码管的阴极也接到 Q_4 端，而其 g 段阳极接到反映被测电压极性 Q_2 经过反

相的 Q_5 端。如果 CC14433 输出的电压为负，则当 $DS_1 = 1$ 时，$Q_2 = 0$，Q_4 输出低电平，而 Q_5 输出为高电平，符号管显示出"－"号，反之，若 CC14433 输出电压为正，则 $DS_1 = 1$ 时，$Q_2 = 1$，Q_4、Q_5 输出为低电平，"－"号不亮。千位数码管的小数点阳极经 R_{DP} 电阻与＋5V 电源连接，使扫描千位时，即 $DS_1 = 1$ 时被点亮。

CC4013 用于过量程报警控制。在量程范围内，过量程信号输出端 $\overline{OR} = 1$，这时 D 触发器的 $S = 1$，$R = 0$，则 $Q = 1$，使译码器 CC4511 的灭灯信号控制端 $\overline{BI} = 1$，译码器正常译码；当过量程时，$\overline{OR} = 0$，则触发器 $S = 0$，$R = 0$，这时 CC14433 的转换结束信号 EOC 作为 D 触发器的 CP 脉冲，由于 $\overline{Q}$ 和 D 端相连，来一个转换结束信号，触发器翻转一次，在翻转过程中 $\overline{BI} = Q = 0$ 时，数码管不亮，在 $\overline{BI} = Q = 1$ 时数码管显示。这样，数码管以 EOC 二分频的频率闪烁，作为过量程报警。

本章小结

1. D/A 转换器的功能是将输入的二进制数字信号转换成相对应的模拟信号输出。A/D 转换器的功能是将输入的模拟信号转换成一组多位的二进制数字输出。

2. D/A 转换器根据工作原理基本上可分为二进制权电阻网络 D/A 转换器和 R-2RT 型电阻网络 D/A 转换器两大类。由于 T 型电阻网络 D/A 转换器只要求两种阻值的电阻，因此最适合于集成工艺，集成 D/A 转换器普遍采用这种电路结构。D/A 转换器的分辨率和转换精度都与 D/A 转换器的位数有关，位数越多，分辨率和精度越高。

3. 不同的 A/D 转换方式具有各自的特点。并联比较型 A/D 转换器转换速度快，主要缺点是要使用的比较器和触发器很多，随着分辨率的提高，所需元件数目按几何级数增加。双积分型 A/D 转换器的性能比较稳定，转换精度高，具有很高的抗干扰能力，电路结构简单，其缺点是工作速度较低，因此在对转换精度要求较高，而对转换速度要求较低的场合，如数字万用表等检测仪器中，得到了广泛的应用。逐次逼近型 A/D 转换器的分辨率较高、误差较低、转换速度较快，在一定程度上兼顾了以上两种转换器的优点，因此得到普遍应用。

4. 不论是 D/A 转换还是 A/D 转换，基准电压 V_{REF} 都是一个很重要的应用参数。要理解基准电压的作用，尤其是在 A/D 转换中，它的值对量化误差、分辨率都有影响。一般应按器件手册给出的电压范围取用，并保证输入的模拟电压最大值不能大于基准电压值。

自我检测题

一、选择题

1. 一个无符号 8 位数字量输入的 DAC，其分辨率为_____位。

    A. 1   B. 3   C. 4   D. 8

2. 一个无符号 10 位数字输入的 DAC，其输出电平的级数为_____。

    A. 4   B. 10   C. 1024   D. 2^{10}

3. 一个无符号 4 位权电阻 DAC，最低位处的电阻为 $40\text{k}\Omega$，则最高位处电阻为_____。

    A. $4\text{k}\Omega$ B. $5\text{k}\Omega$ C. $10\text{k}\Omega$ D. $20\text{k}\Omega$

4. 4 位倒 T 型电阻网络 DAC 的电阻网络的电阻取值有_____种。

    A. 1   B. 2   C. 4   D. 8

5. 为使采样输出信号不失真地代表输入模拟信号，采样频率 f_s 和输入模拟信号的最高频率 f_{Imax} 的关系是_____。

  A. $f_s \geqslant f_{Imax}$ B. $f_s \leqslant f_{Imax}$ C. $f_s \geqslant 2 f_{Imax}$ D. $f_s \leqslant 2 f_{Imax}$

6. 将一个时间上连续变化的模拟量转换为时间上断续（离散）的模拟量的过程称为_____。

  A. 采样   B. 量化   C. 保持   D. 编码

7. 用二进制码表示指定离散电平的过程称为_____。

  A. 采样   B. 量化   C. 保持   D. 编码

8. 将幅值上、时间上离散的阶梯电平统一归并到最邻近的指定电平的过程称为_____。

  A. 采样   B. 量化   C. 保持   D. 编码

9. 若某 ADC 取量化单位 $\Delta = \frac{1}{8} V_{REF}$，并规定对于输入电压 u_i，在 $0 \leqslant u_i < \frac{1}{8} V_{REF}$ 时，认为输入的模拟电压为 0V，输出的二进制数为 000，则 $\frac{5}{8} V_{REF} \leqslant u_i < \frac{6}{8}$ V 时，输出的二进制数为_____。

  A. 001   B. 101   C. 110   D. 111

10. 以下四种转换器，   是 A/D 转换器且转换速度最高。

  A. 并联比较型   B. 逐次逼近型   C. 双积分型   D. 施密特触发器

二、判断题（正确打 √，错误的打 ×）

1. 权电阻网络 D/A 转换器的电路简单且便于集成工艺制造，因此被广泛使用。（ ）

2. D/A 转换器的最大输出电压的绝对值可达到基准电压 V_{REF}。（ ）

3. D/A 转换器的位数越多，能够分辨的最小输出电压变化量就越小。（ ）

4. D/A 转换器的位数越多，转换精度越高。（ ）

5. A/D 转换器的二进制数的位数越多，量化单位 Δ 越小。（ ）

6. A/D 转换过程中，必然会出现量化误差。（ ）

7. A/D 转换器的二进制数的位数越多，量化级分得越多，量化误差就可以减小到 0。（ ）

8. 一个 N 位逐次逼近型 A/D 转换器完成一次转换要进行 N 次比较，需要 $N+2$ 个时钟脉冲。（ ）

9. 双积分型 A/D 转换器的转换精度高、抗干扰能力强，因此常用于数字式仪表中。（ ）

10. 采样定理的规定，是为了能不失真地恢复原模拟信号，而又不使电路过于复杂。（ ）

三、填空题

将模拟信号转换为数字信号，需要经过_____、_____、_____、_____四个过程。

习　题

1. 电阻网络 D/A 转换器实现 D/A 转换的原理是什么？

2. D/A 转换器的位数有什么意义？它与分辨率、转换精度有什么关系？

3. 说明 R-2RT 形电阻网络实现 D/A 转换的原理？

4. A/D 转换包括哪些过程？

5. 设 D/A 转换器的输出电压为 0~5V,对于 12 位 D/A 转换器,试求它的分辨率。

6. 什么是量化单位和量化误差? 减小量化误差可以从哪几个方面考虑?

7. 逐次逼近型 A/D 转换有哪些优点?

8. 已知某 DAC 电路最小分辨率为 5mV,最大输出电压为 5V,试求该电路输入数字量的位数和基准电压各是多少?

9. 在双积分型 A/D 转换器中对基准电压 V_{REF} 有什么要求?

10. 如 A/D 转换器输入的模拟电压不超过 10V,问基准电压 V_{REF} 应取多大? 如转换成 8 位二进制数时,它能分辨的最小模拟电压是多少? 如转换成 16 位二进制数时,它能分辨的最小模拟电压又是多少?

11. 根据逐次逼近型 A/D 转换器的工作原理,一个 8 位 A/D 转换器完成一次转换需几个时钟脉冲? 如时钟脉冲频率为 1MHz,则完成一次转换需多少时间?

12. 8 位 A/D 输入满量程为 10V,当输入下列电压时,数字量的输出分别为多少?

(1) 3.5V;　　　　　　　(2) 7.08V;　　　　　　　(3) 59.7V

13. 一个逐次逼近型 ADC,满值输入电压为 10V,时钟频率约为 2.5MHz,试求

(1) 转换时间是多少?

(2) $U_I = 8.5V$,输出数字量是多少?

(3) $U_I = 2.4V$,输出数字量是多少?

14. 根据双积分型 A/D 转换器的工作原理,如果内部的二进制计数器是 12 位,外部时钟脉冲的频率为 1MHz,则完成一次转换的最长时间是多少?

第8章

半导体存储器及可编程逻辑器件

半导体存储器与可编程逻辑器件都属于大规模集成电路器件。半导体存储器因其存储容量大、速度快、体积小、成本低、可靠性高、省电等一系列优点而成为存储器中不可缺少的主导品种。可编程逻辑器件是一种可由使用者按一定方法自主设计其逻辑功能，从而实现复杂数字系统的新型集成器件。本章首先介绍随机存取存储器和只读存储器的电路结构、工作原理和扩展方法，然后简单介绍可编程逻辑器件的电路结构和工作原理。

8.1 随机存取存储器(RAM)

存储器(Memory)是用来存放信息的，根据存储器使用介质的不同，存储器可分为磁介质存储器、半导体介质存储器和光介质存储器。根据存储功能的不同，半导体存储器又分为随机存取存储器(Random Access Memory, RAM)和只读存储器(Read Only Memory, ROM)。本节先介绍 RAM，下一节再介绍 ROM。

随机存取存储器(RAM)用于存放数据或指令，工作时能够随时在任意指定单元存入或取出数据，但断电后所存信息便会丢失，是易失性存储器。

RAM 有双极型和 MOS 型两种。双极型 RAM 工作速度高，但制造工艺复杂、成本高、功耗大、集成度低，主要用于高速工作场合。MOS 型 RAM 集成度高、功耗低、价格便宜，因而应用十分广泛。MOS 型 RAM 按其工作方式不同又分为静态 RAM(SRAM)和动态 RAM(DRAM)两类。

8.1.1 RAM 的结构和工作原理

RAM 的基本结构如图 8.1 所示，它由存储矩阵、地址译码器和读写控制电路 3 部分组成；进出 RAM 的信号线有 3 类，即地址线、数据线和控制线。

1. 存储矩阵

存储矩阵由大量存储单元构成,通常排列成矩阵形式,每个存储单元存放1位二进制数据。存储器一般以字为单位组织内部结构,一个字含有若干个存储单元,存储单元的个数称为字长。字数和字长的乘积叫做存储器的容量。存储器的容量越大,意味着能够存储的数据就越多。

RAM有多字1位和多字多位两种结构形式。在多字1位结构中,每个寄存器都只有1位,例如一个容量为1024×1位的RAM,就是一个有1024个1位寄存器的RAM。在多字多位结构中,每个寄存器都有多位,例如一个容量为256×4位的RAM,就是一个有

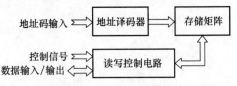

图8.1 RAM的基本结构图

1024个存储单元的RAM,这些单元排成32行×32列的矩阵形式,如图8.2所示。图中每行有32个存储单元,每4列存储单元连接在相同的列地址译码线上,组成一个字列,每行可存储8个字,每个字列可存储32个字。每根行地址选择线选择一行,每根列地址选择线选中一个字列。

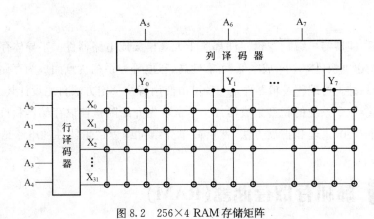

图8.2 256×4 RAM存储矩阵

2. 地址译码器

地址译码器用以决定访问哪个字单元,它将外部给出的地址进行译码,找到唯一对应的字单元。一般RAM都采用两级译码,即行译码器和列译码器。行、列译码器的输出即为行、列选择线,由它们共同确定欲选择的地址单元。例如,容量为256个字的RAM需要8根地址线$A_0 \sim A_7$,把低5位进行行译码产生32位行选择线,把高3位进行列译码产生8位列字线,被行选择线和列字线同时选中的单元,才能被访问,即进行写入或读出的操作。

3. 读写控制电路

读写控制电路对电路工作状态进行控制,一般包含片选和读写控制两种作用,片选信号($\overline{CS}$)用以决定芯片是否工作,当片选信号有效时,芯片被选中,RAM可以正常工作,否则芯片不工作。读写控制信号($R/\overline{W}$)用以决定对被选中的单元是读还是写,$R/\overline{W}$为高电平时进行读操作,低电平时进行写操作。片选、读写控制电路如图8.3所示,读者可自行分析其工作原理。

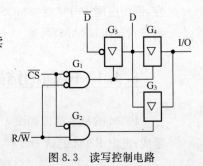

图8.3 读写控制电路

8.1.2　RAM 的存储元

存储元是存储器的基本存储细胞，RAM 的存储元按其工作原理可分为静态存储单元和动态存储单元，现各选择一例介绍如下。

1. 六管静态存储单元

六管静态存储单元电路如图 8.4 所示。其中 MOS 管为 NMOS，$VT_1 \sim VT_4$ 组成的两个反相器交叉耦合构成一个基本 RS 触发器，用于存储一位二进制信息，VT_5、VT_6 为门控管，由行译码器输出的字线 X_i 控制其导通或截止；VT_7、VT_8 也是门控管，由列译码器输出 Y_j 控制其导通或截止，也是数据写入或读出的控制电路。

读写操作时，$X_i = 1$，$Y_j = 1$，VT_5、VT_6、VT_7、VT_8 均导通，触发器的状态与位线上的数据一致。

当 $X_i = 0$ 时，VT_5、VT_6 管截止，触发器的输出端与位线断开，状态保持不变。

当 $Y_j = 0$ 时，VT_7、VT_8 截止，不能进行读写操作。

由于静态存储单元的数据是由触发器记忆的，因此，只要不断电，信息就会一直保持。

采用六管 NMOS 静态存储单元的静态 RAM 有 2114(1K×4 位)、2128(2K×8 位)等。

采用六管结构的还有 CMOS 静态 RAM，常用的芯片有 6116(2K×8 位)、6264(8K×8 位)、62256(32K×8 位)等。这些芯片由于采用了 CMOS，使动态功耗极小，当它们的片选端加入无效电平时，立即进入微功耗保持数据状态，这时只需 2V 的电源电压，5～40μA 的电流，就可保持原数据不丢失。因此在交流电源断电时，可用小型锂电池供电，以长期保存信息，从而弥补了其他半导体存储器断电后信息消失的缺点。

2. 单管动态存储单元

静态 RAM 存储单元所用管子数目多，功耗较大，为了克服这一缺点，研制了动态 RAM。

动态 RAM 的存储单元有四管、三管、单管几种结构形式。下面主要对单管动态存储单元简略介绍。

单管动态存储单元电路如图 8.5 所示。MOS 电容 C_s 用于存储二进制信息，若电容 C_s 充有足够的电荷，表示存储信息为 1，否则为 0。

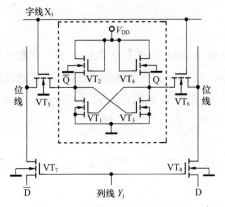

图 8.4　六管静态存储单元电路

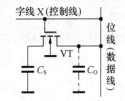

图 8.5　单管动态存储单元电路

NMOS 管 VT 是读写控制门,以控制信息的进出。字线控制该单元的读写,位线控制数据的输入或输出。在进行读写操作时,字线 $X = 1$,使 MOS 电容 C_s 与位线相连。写入时,数据从位线存入 C_s 中,写 1 充电,写 0 放电。读出时,数据从 C_s 中传至位线。

DRAM 利用 MOS 存储单元分布电容上的电荷来存储一个数据位。由于电容存在漏电流,电容上存储的电荷(信息)不能保持很久,因此必须定时给电容补充电荷,以避免存储信息的丢失,这种操作称为"刷新"。但由于 DRAM 存储元所用 MOS 管少,因此集成度高,功耗低。DRAM 常用于大于 64KB 的大系统。

8.1.3 RAM 的扩展

在数字系统和计算机中,所需要的存储容量往往比单片 RAM 的存储量大得多,这就需要把若干个单片 RAM 芯片适当地连接在一起进行容量的扩展,以满足系统对存储容量的需求。扩展存储容量可以通过扩展位数和字数来实现。

1. 位扩展

RAM 芯片的字长通常设计成 1 位、4 位、8 位等,当实际需要的字长超过芯片的字长时,需要进行位扩展。扩展的方法是,将各片 RAM 的地址线、片选线、读写线对应并接在一起,而使各片 RAM 的数据端各自独立,作为存储器字的各条位线。用 8 个 1024×1 位 RAM 构成的 1024×8 位的存储器如图 8.6 所示。

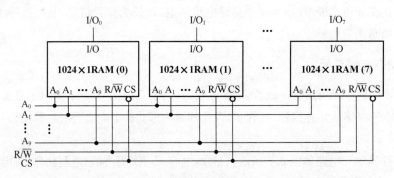

图 8.6 用 8 个 1024×1 位 RAM 构成 1024×8 位的存储器

2. 字扩展

当 RAM 芯片的位数能满足系统位数的要求,而字数不够时,可进行字数的扩展。字数扩展的方法是,将各芯片的地址线、数据线、读写线并接在一起,把存储器扩展所要增加的高位地址线与译码器的输入相连,译码器的输出端分别接至各片 RAM 的片选控制端。这样,当输入一组地址时,由于译码器的作用,只有一片 RAM 被选中工作,从而实现了字的扩展。用 8 个 1K×4 位的 RAM 芯片构成的 8K×4 位存储器的接线原理图如图 8.7 所示。

在实际应用中,为达到系统存储容量的要求,也可以将位扩展和字扩展结合起来使用,相应的扩展方法可查阅相关资料。

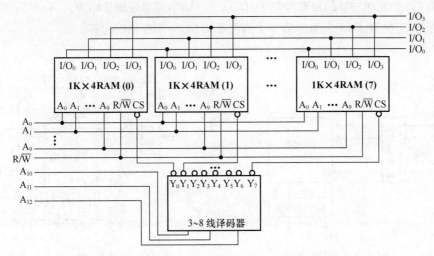

图 8.7　用 8 个 1K×4 位的 RAM 芯片构成 8K×4 位存储器

8.2　只读存储器(ROM)

与 RAM 不同,只读存储器(ROM)是用来存放固定不变的信息的,如常数表、数据转换表和固定的程序等。ROM 中的数据由专用装置写入,在正常工作时只能从中读出信息,而不能随时改写信息。在切断电源之后,ROM 中所存的信息仍能保持,不会丢失,即具有非易失性。

ROM 器件的种类很多,从制造工艺上看,有二极管 ROM、双极型 ROM 和 MOS 型 ROM 3 种。根据编程方法不同,ROM 又可以分成固定 ROM 和可编程 ROM。可编程 ROM 又可以细分为一次可编程的 PROM、光可擦除可编程的 EPROM、电可擦除可编程的 E^2PROM 和闪速存储器 SRAM 等。其中固定 ROM 又可称为掩模 ROM,其内容是在芯片制造过程中确定的,用户不能编程改写。PROM 的存储内容可由用户自己写入,但一经写入,就不能再改动。EPROM 和 E^2PROM 则可分别用紫外光和电擦除掉原来的内容,然后再编程,这种擦除和编程的过程可以重复多次。

8.2.1　ROM 的结构和工作原理

ROM 的一般结构框图如图 8.8 所示。它由地址译码器、存储矩阵和输出缓冲电路 3 部分组成,它有 n 条地址输入线,m 位数据输出线。存储矩阵共有 2^n 个字,每个字有 m 位。当地址译码器选中某一个字时,该字的若干位同时读出。输出缓冲电路通常由三态门或 OC 门组成。

1. 固定 ROM

固定 ROM 中的存储单元有二极管和 MOS 管两种类型。$2^2 \times 4$ 位的二极管固定 ROM 如图 8.9 所示。图中 2 条地址线 $A_1 A_0$ 决定它有 $2^2 = 4$ 个地址单元,每一地址单元存放一个 4 位二进制数 $D_3 D_2 D_1 D_0$。该存储矩阵由 4 条字线($W_3 W_2 W_1 W_0$)及 4 条位线($Y_3 Y_2 Y_1 Y_0$)组成。位线与字线交叉处表示一个存储单元。交叉处有二极管的表示存储数据为"1",交叉处没有二极管的表示存储数据为"0"。例如,当地址码 $A_1 A_0 = 11$ 时,字线 $W_3 = 1$,而字线 $W_2 = W_1 = W_0 = 0$,在字线 W_3 上所接的二极管导通,与之相连的位线 $Y_3 = Y_2 = Y_1 = 1$,而在 W_3 没挂二极管的位线 $Y_0 = 0$,此时数据经由 4 个输出缓冲器的输出为 $D_3 D_2 D_1 D_0 = 1110$,即对应地址码为 $A_1 A_0 = 11$ 的地址单元存放的数据为 $D_3 D_2 D_1 D_0 = 1110$。表 8.1 列出了此 ROM 所存储的内容。

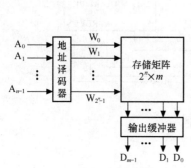

图 8.8　ROM 的一般结构框图

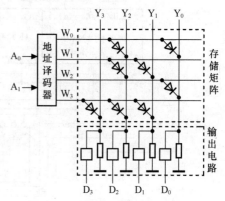

图 8.9　$2^2 \times 4$ 位的二极管固定 ROM

表 8.1　　　　　　　　　　　　　图 8.8 所示 ROM 存储的内容

地　　　址		数　据　内　容			
A_1	A_0	D_3	D_2	D_1	D_0
0	0	0	1	0	1
A_1	A_0	D_3	D_2	D_1	D_0
0	1	0	1	1	0
1	0	0	0	0	1
1	1	1	1	1	0

上述存储矩阵中的二极管也可用 MOS 管或双极型三极管来代替。$2^2 \times 4$ 位的 MOS 管固定 ROM 如图 8.10 所示。

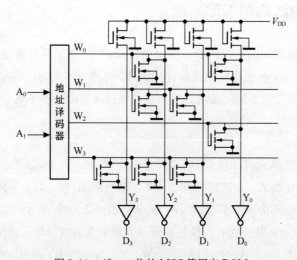

图 8.10　$2^2 \times 4$ 位的 MOS 管固定 ROM

图 8.10 中第一行管子为负载管,各管的栅极与漏极接 V_{DD},总是处于导通状态,等效为一个电阻。在存储单元中,有 MOS 管的表示存储信息为"1",没有 MOS 管的表示存储信息为"0"。如当 $A_1A_0 = 01$ 时,字线 $W_1 = 1$,在字线 W_1 上所接的 MOS 导通,与之相连的位线 $Y_2 = Y_1 = 0$,而其他位线均为 1。经反相驱动器使输出数据 $D_3D_2D_1D_0 = 0110$,其存储内容与表 8.1 相同。

2. PROM

PROM 的存储单元如图 8.11 所示,它由双极型三极管和熔丝组成。存储矩阵内所有存储单元都按此制作。PROM 在出厂时全部的熔丝都是通的,存储内容全为 1,用户可以根据自己的需要,利用通用或专用的编程器,将某些单元一次性改写为 0。例如,要将 W_i 和 Y_j 决定的存储单元写为 0,只要选中该单元,并在 V_{CC} 端加上高电平脉冲,使熔丝通过足够大的电流,把它烧断即可。熔丝烧断后不能恢复,因此,只能一次编程。

3. EPROM 和 E^2PROM

可擦除可编程的 EPROM 与 PROM 不同,它能把已经写入的内容擦除掉,使其恢复如初,然后再重新写入。擦除方法有紫外线擦除和电擦除两种,用紫外线擦除的称为 UVEPROM,简称为 EPROM,用电擦除的称为 E^2PROM。

EPROM 的存储单元多采用迭层栅 MOS 管,如图 8.12 所示。其结构剖面示意图如图 8.13 所示。

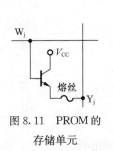

图 8.11　PROM 的
存储单元

图 8.12　EPROM
迭层栅存储单元

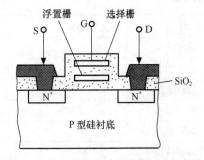

图 8.13　迭层栅 MOS 管结构剖面示意图

迭层栅 MOS 管有两个栅极,上面的栅极称为选择栅,其作用和普通 MOS 管的栅极类似,下面的栅极埋于二氧化硅绝缘层内,处于电"悬浮"状态,称为浮置栅。出厂时片内所有迭层栅 MOS 管的浮置栅均无电荷,因而和普通 NMOS 管一样,存储单元全为"1"。

用户编程时(即写"0"时),可在迭层栅 MOS 管的选择栅极(与字线 W_i 连接)和漏极(与位线 Y_j 连接)同时加上 25V 的高电压(正常工作电源电压只有 5V),使漏极和源极之间导电沟道内的电子获得足够的动能,在选择栅正电场的作用下,部分电子穿过二氧化硅薄层进入并聚集在浮置栅上。

当 25V 的高电压去掉后,被二氧化硅包围的浮置栅上的电子很难泄漏掉,故可长期保留。浮置栅带上负电荷(电子)后,必须在选择栅上加入较高的电压,才能抵消浮置栅上负电荷的影响而形成导电沟道,因此它的开启电压将比未注入负电荷时大为提高。正常使用时,选择栅上即使加上高电平为 5V 电压,也不足以使该管开启导通,因而该存储单元被长期写入"0"了。

若要擦去所写入的内容,可用 EPROM 擦洗器产生的强紫外线,对 EPROM 芯片的石英玻璃窗口照射 20min 左右,使聚集在悬浮栅上的电子获得足够的能量,穿过二氧化硅薄层返回衬底中。这样该芯片就又恢复到初始状态,即全部的存储单元都为"1"。这个擦洗干净的芯片又可重新使用。

写入信息内容的芯片要用不透明的不干胶纸封住石英玻璃窗口,以防止其他光线的照射而产生误擦。

4. ROM 的集成芯片

目前使用最广泛的只读存储器是 EPROM,常用的 EPROM 芯片型号有 2716(2K×8 位)、2732(4K×8 位)、2764(8K×8 位)、27128(16K×8 位)和 27256(32K×8 位)。它们除了存储容量和编程高压等参数不同外,其他都基本相同,均采用迭层栅 MOS 管存储单元,双列直插式封装,芯片上方有透明的石英玻璃窗口,可供擦除时紫外线照射用。

EPROM 2716 引脚图如图 8.14 所示,该芯片有 24 脚。$A_0 \sim A_{10}$ 为地址线;$D_0 \sim D_7$ 为数据线;$\overline{CE}$/PGM 为片选/编程控制线;$\overline{OE}$ 为输出允许控制线;V_{DD}、V_{PP} 为电源线;GND 为地线。

EPROM 2716 的主要参数:电源电压 $V_{DD} = 5V$,编程高电压 $V_{PP} = 25V$,最大工作电流 $I_M = 105mA$,待机维持电流 $I_S = 27mA$,读取时间 $t_{RM} = 350ns$。存储容量为 2K×8 位。

EPROM 2716 的工作方式如表 8.2 所示。

图 8.14　EPROM 2716 引脚图

表 8.2　　　　　　　　　　　　　　EPROM 2716 的工作方式

工作方式	$\overline{CE}$/PGM	$\overline{OE}$	V_{PP}	V_{DD}	$D_7 \sim D_0$
读出操作	0	0	+5V	+5V	输出
禁止读出	0	1	+5V	+5V	高阻
待机维持	1	×	+5V	+5V	高阻
编程写入	50ms 正脉冲	1	+25V	+5V	输入
编程禁止	0	1	+25V	+5V	高阻
编程检验	0	0	+25V	+5V	输出

EPROM 27256 芯片的引脚图如图 8.15 所示,该芯片有 28 引脚。正常使用时,$V_{CC} = 5V$,$V_{PP} = 5V$。编程时,$V_{PP} = 25V$。OE 为输出使能端,$OE = 0$ 时允许输出;$OE = 1$ 时,输出被禁止,ROM 输出端为高阻态。CS 为片选端,$CS = 0$ 时,ROM 工作;$CS = 1$ 时,ROM 停止工作,且输出为高阻态(不论 OE 为何值)。

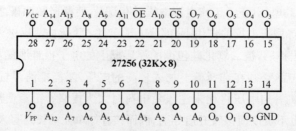

图 8.15　EPROM 27256 芯片的引脚图

E^2PROM 芯片由于内部设置了升压电路,读、写、擦都在 5V 电源下进行,可在线进行擦除和编程写入,擦除和写入时不需要专用设备。但芯片的价格高于 EPROM。目前常用的 E^2PROM 的型号有 2816($2K \times 8$)、2816A($2K \times 8$ 位)、2817($2K \times 8$ 位)、2817A($2K \times 8$ 位)、2864($8K \times 8$ 位)、2864A($8K \times 8$ 位)等。

8.2.2　ROM 的扩展

ROM 与 RAM 一样,在使用中可根据需要进行存储量的扩展,下面简单举例说明。

1. 位扩展(字长的扩展)

用两片 27256 扩展成 $32K \times 16$ 位 EPROM 的连接方式如图 8.16 所示。图中地址线及控制线分别并联,两片的数据输出分别作为 16 位数据总线的高 8 位和低 8 位。

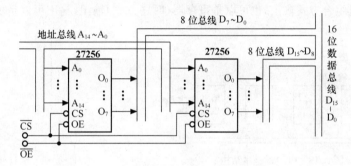

图 8.16　用两片 27256 扩展成 $32K \times 16$ 位 EPROM

2. 字扩展(字数扩展,地址码扩展)

用 4 片 27256 扩展成 $4 \times 32K \times 8$ 位 EPROM 如图 8.17 所示。图中高位地址 A_{15}、A_{16} 作为 2 线－4 线译码器的输入信号,经译码后产生的 4 个输出信号分别接到 4 个芯片的 CS 端;OE 端、输出线及地址线分别并联。

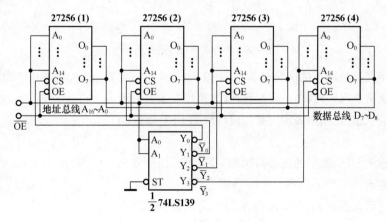

图 8.17　用 4 片 27256 扩展成 $4 \times 32K \times 8$ 位 EPROM

8.3 可编程逻辑器件(PLD)

8.3.1 概述

1. PLD 的基本结构

可编程逻辑器件(Programmable Logic Device,PLD)是一种可由用户通过自己编程来配置各种逻辑功能的新型逻辑器件。由于各种逻辑关系都可以用与或逻辑表达式来表示,因此数字系统可由与门、或门来实现。简单 PLD 的基本结构如图 8.18 所示,其主体正是由门构成的"与阵列"和"或阵列",逻辑函数由它们实现。与阵列的每个输入端都有输入缓冲电路,如图 8.19 所示,用于降低对输入信号的要求,使之具有足够的驱动能力,并产生原变量和反变量两个互补的信号。PLD的输出电路可以是组合方式输出,也可以是寄存器(时序方式)输出,输出可以是低电平有效,也可以是高电平有效。

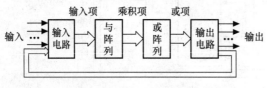

图 8.18　PLD 的基本结构

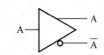

图 8.19　PLD 输入缓冲电路

2. PLD 的逻辑符号画法和约定

PLD 大都为国外产品,描述 PLD 内部基本结构的逻辑符号一般采用国外传统的画法,如图 8.20所示。

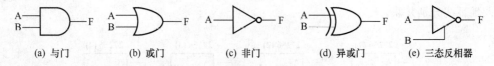

| (a) 与门 | (b) 或门 | (c) 非门 | (d) 异或门 | (e) 三态反相器 |

图 8.20　国外逻辑符号的惯用画法

阵列中十字交叉处的连接情况有 3 种,如图 8.21 所示。交叉点有实心黑点时为固定的硬线连接,不能编程;交叉点有×时,表示可编程连接;跨线交叉点表示编程后已断开的状态,也用来表示完整的没编程的 PLD 器件的阵列交叉点。

为了使多输入与门、或门的图形易画和易读,可采用简便画法,如图 8.22 所示。

编程与门还可以采用如图 8.23 所示的方式来表示。图中

未连接　固定连接　可编程连接

图 8.21　交叉点的连接方式

输出为 C 的与门输入端已全部被编程连接,$C = \overline{A}A\overline{B}B = 0$,可简化成输出为 D 的与门表示方法。输出端为 E 的与门表示其输入端与输入信号全处于断开状态。而输出端为 F 的与门表示 $F = A\overline{B}$。

(a) 与门的常规画法   (b) 与门的简便画法   (c) 或门的简便画法

图 8.22   PLD 与门、或门的画法

3. PLD 的分类

PLD 器件种类很多,命名各异。PLD 按集成度一般分为两大类,一类是芯片集成度较低、每片的可用逻辑门在 500 门以下的,称为简单 PLD。如早期的熔丝编程的 PROM(Programmable Read Only Memory)、可编程逻辑阵列(Programmable Logic Array,PLA)、可编程阵列逻辑(Programmable Array Logic,PAL)和通用阵列逻辑(Generic Array Logic,GAL)。另一类是芯片集成度较高的,称为复杂 PLD 或高密度 PLD,如现在大量使用的 CPLD(Complex PLD)和现场可编程门阵列(Field Programmable Gate Array,FPGA)器件,如图 8.24 所示。

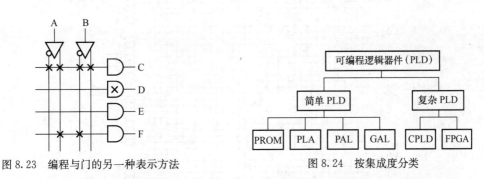

图 8.23   编程与门的另一种表示方法   图 8.24   按集成度分类

如果按 PLD 器件的内部结构分类,可分为两大类,乘积项结构器件和查找表结构器件。大部分简单 PLD 和 CPLD 都是乘积项结构器件,FPGA 是查找表结构器件。

如果按编程工艺来分类,PLD 有熔丝(Fuse)和反熔丝(Anti-fuse)结构型,有 EPROM 型、E^2PROM 型和 SRAM 型。

8.3.2   PAL 和 GAL

在简单 PLD 中,PROM 主要用于存放数据和微程序,若用来实现逻辑函数很不经济,而 PLA 虽然其与、或阵列均可编程,使用比较灵活,但由于缺少高质量的支撑软件和编程工具,实际中很少使用,故本节仅介绍 PLD 中的 PAL 和 GAL。

1. PAL

PAL 的品种很多,PAL16L8 和 PAL16R8 是典型的两种,PAL16L8 的逻辑图如图 8.25 所示。图中,可编程的与阵列按阵列形式画出,固定的或阵列用传统的或门来表示。阵列中的每条纵线代表一个输入信号,每条横线相应于一个与门,代表一个乘积项。该阵列共有 64 个乘积项,分成 8 组,各通过一个或门形成一个输出函数。这些输出函数都经过三态倒相器引至输出端,因而电路共有 8 个输出端,且是低电平有效。即当或门输出为 1 时,输出端得到的是低电平。该电路的型号

正是描述了上述几个参数,即

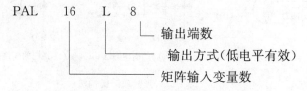

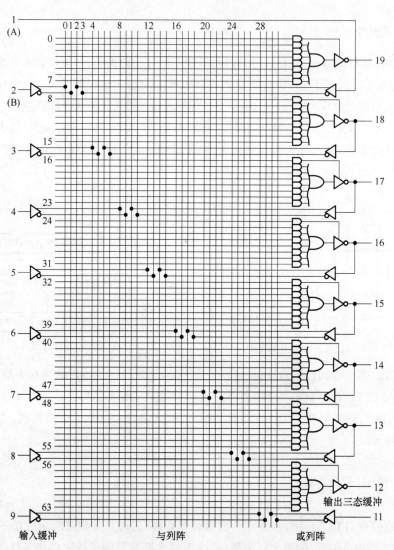

图 8.25　PAL16L8 逻辑图

PAL16L8 属于组合型 PAL,其每个输出相应于图 8.26 所示结构。每个输出函数最多可包含 7 个积项。最上面的一个与门是用来控制三态倒相器输出的,当该与门输出为 1 时,相应的输出函数才能通过三态倒相器输出,因而整个阵列的 8 个逻辑函数的输出时间便有可能不一致,称为"异步"。另一方面,当某个三态倒相器处于使能状态时,相应的或门输出不仅可以送到相应的引脚,还可以通过右边的缓冲电路反馈到与阵列,而当该三态倒相器处于禁止状态时,或门与引脚间联系隔断,此时可由该引脚通过缓冲器向与阵列输入外信号,因而该引脚既可作为输出用,又可作为输入用,是一个 I/O 端口,图 8.26 因此被称为异步 I/O(组合)输出结构。另有一类 PAL 的输出没有三态输出电路和反馈缓冲器,它只能作为输出端使用,称为专用(组合)输出结构。

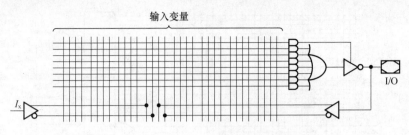

图 8.26 异步 I/O(组合)输出结构

图 8.27 所示为另一类 PAL 的输出结构,或门后面是一个上升沿触发的 D 触发器,触发器的反相输出端通过缓冲电路反馈到与阵列。该结构可以用来实现同步时序逻辑电路,因而称为时序输出结构或寄存器输出结构。

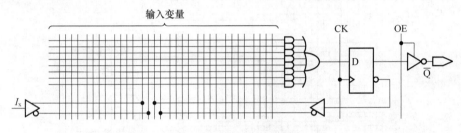

图 8.27 寄存器输出结构

PAL16R8 就是 8 个图 8.27 结构构成的 PAL。型号中的 R 表示该电路的输出是寄存器(Register)型的。其逻辑图与图 8.25 类似,只不过输出结构由图 8.26 变为图 8.27 的形式。它的 8 个输出端(12~19)都没有向与阵列反馈的通道,8 个三态门又是受同一使能信号(由 11 脚输入)控制的,因而不具有异步 I/O 特性。因为 8 个触发器的时钟是共用的(由引脚 1 送入),因而可用来实现同步时序逻辑电路。但因 PAL16R8 中不含组合型输出,因而此时序逻辑电路只能是摩尔型的,即不含即刻输出信号。如果要实现米里型时序逻辑电路,必须采用其他型号的 PAL,如 PAL16R4 中含 4 个寄存器输出、4 个异步 I/O 输出,PAL16R6 中含 6 个寄存器输出、2 个异步 I/O 输出等。

2. GAL

通用阵列逻辑(GAL)的输出电路与 PAL 不同,它用一个可编程的输出逻辑宏单元(Output Logic Macro Cell,OLMC)来取代 PAL 器件的各种输出反馈结构,因而输出可以组态。GAL 的许多优点正是源自于 OLMC。以 GAL16V8 为例,其逻辑图如图 8.28 所示,型号中的 V 是输出方式可以改变的意思。

OLMC 的结构如图 8.29 所示,它主要由一个 8 输入或门、一个异或门、4 个多路选择器和一个 D 触发器构成。

每个 OLMC 中包含或阵列中的一个或门,或门的每一个输入是与阵列中相应的一个乘积项,因此,或门的输出为相关乘积项之和。图中异或门用于控制输出信号的极性,当 XOR(n)端为 1 时,异或门起反相器作用,否则同相输出。这种输出极性可编程功能,使 GAL 器件能实现粗看起来似乎不能实现的功能,例如,要实现多于 8 个乘积项的功能

$$Y = A + B + C + D + E + F + G + H + I$$

213

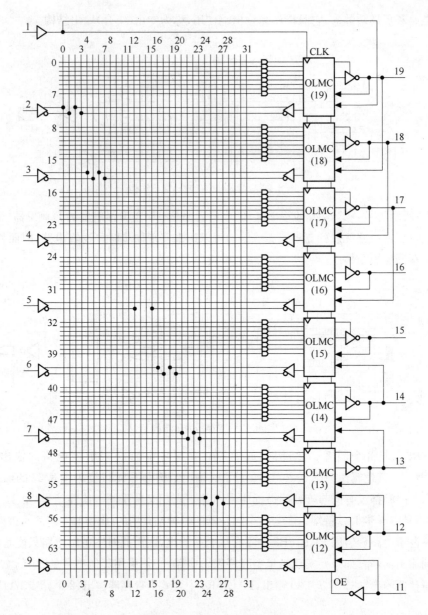

图 8.28　GAL16V8 的逻辑图

式中有 9 个乘积项,而或门只有 8 个输入端,如果采用摩根定理,则

$$\overline{Y} = \overline{A} \cdot \overline{B} \cdot \overline{C} \cdot \overline{D} \cdot \overline{E} \cdot \overline{F} \cdot \overline{G} \cdot \overline{H} \cdot \overline{I}$$

输出只有一个乘积项,只需要通过编程使其输出极性取反即可。

OLMC 中的 D 触发器可对或门输出起记忆作用,使 GAL 器件能用于时序逻辑电路。

每个 OLMC 中有 4 个多路选择开关。其中二选一的极性多路开关 PTMUX 用于控制第一乘积项,由控制字中的 AC_0、$AC_{1(n)}$ 经与非门控制其状态,从而决定或门的第一个输入是来自与阵列中的第一乘积项还是地。只要 AC_0、$AC_{1(n)}$ 中有一个为 0,与非后得 1,则选中第一乘积项为或门的一个输入,否则,地电平被送到或门。二选一的输出数据选择器 OMUX 用于选择输出方式是组合输出方式,还是寄存器输出方式。它也受控制字中的 AC_0、$AC_{1(n)}$ 控制,当 $AC_0 = 1$,$AC_{1(n)} = 0$ 时,选择 Q 为输出,可实现时序逻辑电路;否则,OMUX 将异或门的输出与输出三态缓冲器的输入接通,可实现组合逻辑电路。三态数据选择器 TSMUX 是四选一的,它用于选择输出三态缓冲器的选通信号。在控制字的控制下,从 4 路信号中选出一路信号控制三态缓冲器。控制方式如表 8.3 所示。

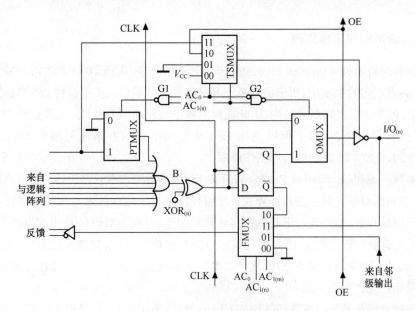

图 8.29　OLMC 的内部结构

反馈数据选择器 FMUX 用于决定反馈信号的来源,其输入分别为地,相邻单元引脚输出,D 触发器反相端输出和本级对应引脚输出。它的控制信号有 3 个:AC_0、$AC_{1(n)}$、$AC_{1(m)}$,实际上,当 $AC_0 = 1$ 时,只有 $AC_{1(n)}$ 起作用,$AC_{1(m)}$ 不起作用;相反,当 $AC_0 = 0$ 时,只有 $AC_{1(m)}$ 起作用,$AC_{1(n)}$ 不起作用。所以仍是两个信号同时起作用,控制字如表 8.4 所示。

表 8.3　三态数据选择器控制字

AC_0	$AC_{1(n)}$	$TSMUX$
0	0	V_{CC}开三态门
0	1	高阻输出
1	0	允许输出
1	1	第一乘积项

表 8.4　FMUX 的控制字

AC_0	$AC_{1(n)}$	$AC_{1(m)}$	$FMUX$
0	Φ	0	0
0	Φ	1	相邻 OLMC 输入
1	1	Φ	反馈或输入
1	0	Φ	$\overline{Q}$

GAL 器件的结构控制字不受任何外部引脚的控制,而是在对 GAL 编程写入过程中,由软件翻译用户源程序后自动设置的。

综上所述,GAL 器件通过设置结构控制字可以灵活地设置输出方式:可以设置为组合输出,也可以设置为寄存器输出;可以高电平有效,也可以低电平有效;可以使引脚为输出,也可以使其为输入;输出使能信号也可多项选择,使用十分灵活。此外,GAL 器件可反复编程,具有可测试性。这是 GAL 的突出优点,所以 GAL 器件曾被认为是最理想的器件。

但它和 PAL 器件一样都属于低密度器件,因此规模小,远达不到 LSI 和 VLSI 专用集成电路的要求。GAL 的各宏单元中各触发器时钟信号是公用的,且只能外加,因此只能作为同步时序电路使用;各宏单元的同步预置端也连在一起,大大限制了 GAL 的使用。另外,每个宏单元只有一条向与阵列反馈的通道,所以 OLMC 利用率很低。这些不足之处,在复杂可编程器件中都可得到解决。

* 8.3.3   CPLD/FPGA 简介

1. CPLD 的结构和工作原理

复杂可编程逻辑器件(Complex Programmable Logic Device,CPLD)对简单 PLD 的结构和功能进行了扩展,具有更多的乘积项、更多的宏单元和更多的 I/O 端口。由于这种 CPLD 的逻辑单元沿用了简单 PLD 的乘积项逻辑单元结构,因此被称为基于乘积项的 CPLD。生产这种 CPLD 的公司有很多,产品型号也多种多样,下面以美国 Lattice 公司生产的在系统可编程大规模逻辑器件 ispLSI1016 为例,介绍 CPLD 的结构和工作原理。

所谓在系统可编程(In System Programmable,ISP),是指用户在自己设计的目标系统中或线路板上,为重构逻辑而对逻辑器件进行编程或重复编程。在系统编程技术与传统编程技术的最大区别在于它不使用编程器,而是通过下载电缆与计算机相连,可随时对硬件功能进行修改,如同修改软件一样容易。这就打破了使用 PLD 必先编程后装配的惯例,可以先装配后编程,成为产品后还可反复编程,这是一种全新的设计方法,使产品维护和系统更新都发生了革命性的变化,开创了数字系统设计的新纪元。

ispLSI 系列器件是基于与或阵列结构的 CPLD 器件,采用电可擦 CMOS 工艺。ispLSI1016 芯片为 44 引脚的 PLCC 封装,如图 8.30 所示。其中 32 个 I/O 引脚,4 个专用输入引脚,集成密度为 2000 门。

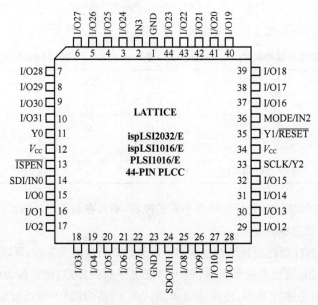

图 8.30   ispLSI1016 引脚图

图 8.31 所示为 ispLSI1016 的结构框图。整个器件包含 I/O 单元、全局布线区(GRP)、万能逻辑块(GLB)、输出布线区(ORP)和时钟分配网络(CDN)。外部信号通过 I/O 单元引到全局布线区,全局布线区用以完成任意 I/O 到任意 GLB 的互连,任意 GLB 之间的互连,以及各输入 I/O 信号到输出布线区的连接,器件的所有逻辑功能均在 GLB 中完成,可由一个 GLB 或多个 GLB 级联共同

完成。输入 I/O 单元的输出信号和 GLB 的输出信号,通过输出布线区将各输出信号连接到被定义为输出端的 I/O 单元的输入端。各部分功能分别介绍如下。

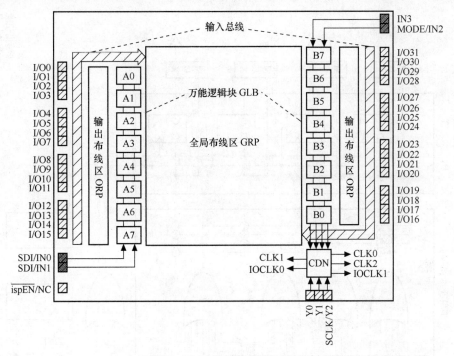

图 8.31　ispLSI1016 的功能框图

（1）全局布线区

全局布线区(Global Routing Pool,GRP)位于芯片的中央,它的作用是将所有片内逻辑联系在一起,使用者可以方便地实现各种复杂的设计。

（2）万能逻辑块

万能逻辑块(Generic Logic Block,GLB)是 ispLSI 器件的基本逻辑单元,在图 8.31 中显示为两边的小方块,每边 8 块,共 16 块。GLB 的结构如图 8.32 所示。每个 GLB 有 18 个输入端,16 个来自 GRP,2 个来自专用输入引脚,通过逻辑阵列中 20 个与门形成 20 个乘积项送给乘积项共享阵列(PTSA)。乘积项共享阵列将 20 个乘积项按 4、4、5、7 分配给 4 个或门,通过一个可编程与或/异或阵列,其输出则用来控制该单元中的 4 个触发器,控制哪一个触发器是不固定的,要靠编程来决定。一个或门输出可以同时送给几个触发器,一个触发器也可以同时接收几个或门的输出信息(相互是或的关系),有时为了提高速度,还可以直接将或门输出送至某个触发器。4 个或门输入的最上面一个乘积项(0、4、8、13)可以通过编程从相应的或门中游离出来,跟或门的输出构成异或逻辑。乘积项中的 12、17、18、19 也可以不加入相应的或门,此时 12 和 19 可作为控制逻辑的输入信号用。由此可见,由于 PTSA 的存在,使得 1016 在乘积项共享方面比 GAL 灵活得多。

（3）输出布线区

输出布线区(Output Routing Pool,ORP)是介于 GLB 和输入输出单元(IOC)之间的可编程互连阵列,如图 8.33 所示。阵列的输入是 A0～A7 共 8 个 GLB 的 32 个输出端,阵列有 16 个输出端,分别与同一侧的 16 个 IOC 相连。通过对 ORP 的编程,可以将任一个 GLB 输出灵活地送到 16 个 I/O 端的某一个,也就是说,GLB 与 IOC 之间并非一一对应关系。

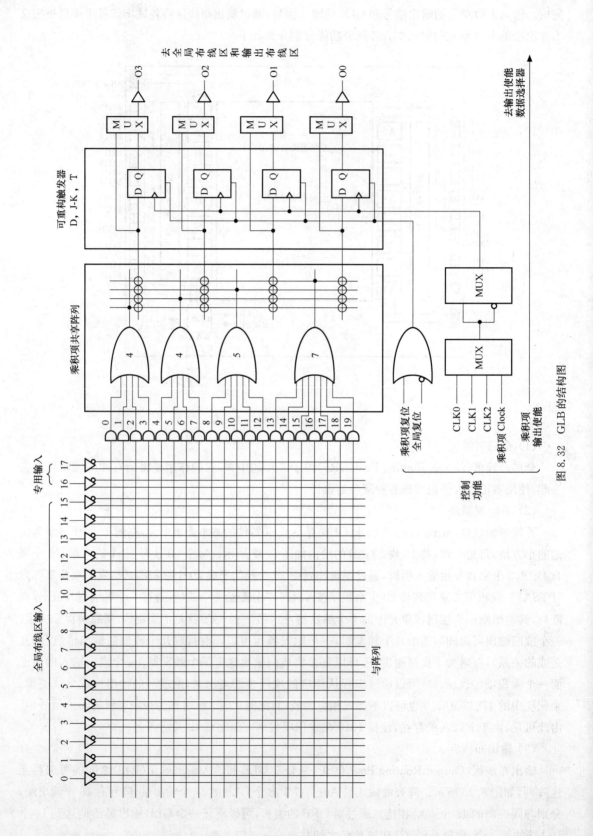

图 8.32 GLB 的结构图

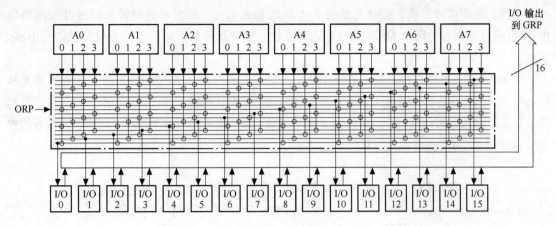

图 8.33　ORP 逻辑图

（4）输入输出单元

输入输出单元(Input Output Cell,IOC)是图 8.31 中最外层的小方块,共有 32 个,其结构如图 8.34 所示。图中最上面的多路选择器 MUX 用来控制引脚是输入、输出或三态双向 I/O 方式,MUX 的输入分别是电源、地和来自 GLB 中的 OE MUX,输出控制三态缓冲器的使能端,两个可编程的地址用来进行数据选择,图中所画为未编程状态,此时两地址输入端都接地,相当于 00 码,因而将高电平接至输出使能端,IOC 处于专用输出组态;若两地址输入中有一个与地断开,即地址码为 10 或 01,则将由 GLB 产生输出使能信号(通过 OE MUX 送入)来控制输出使能,处于 I/O 组态或具有三态缓冲电路的输出组态;若两地址与地连接皆断开,相当于 11,则将输出使能接地,处于专用输入组态。

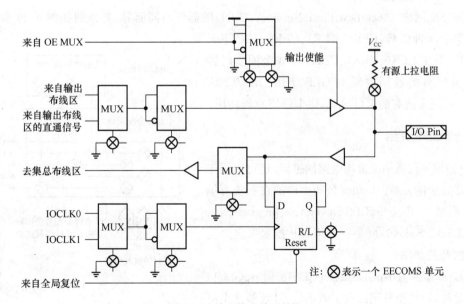

图 8.34　输入输出单元结构

图中第二行两个多路选择器 MUX 用来选择输出信号的极性和来源。第三行的 MUX 用来选择在输入组态时的输入方式。IOC 中的触发器是特殊的触发器,有两种工作方式:一是锁存方式,触发器在时钟信号为 0 电平期间锁存;二是寄存器方式,在时钟信号上升沿时将输入信号存入寄存器。采用哪种方式靠对触发器的 R/L 端编程来确定。触发器的时钟由时钟分配网络提供,并可通过第四行的两个 MUX 选择和调整极性。触发器的复位则由芯片全局复位信号 Reset 实现。

I/O 单元的各种工作组态如图 8.35 所示。I/O 单元既可作为输入单元,也可作为输出单元和双向单元。作为输入单元时有 3 种输入方式:输入缓冲、锁存器输入和寄存器输入。作为输出单元时也有 3 种输入方式:输出缓冲、反向输出缓冲和有三态使能的输出缓冲。用于双向单元时有两种方式:双向 I/O、有寄存器输入的双向 I/O。

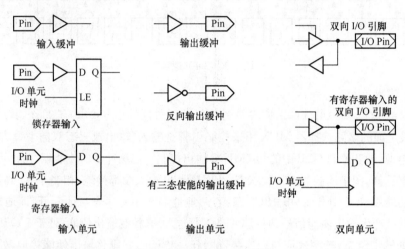

图 8.35 I/O 单元工作组态

(5) 时钟分配网络

时钟分配网络(Clock Distribute Network,CDN)随器件不同而异,其框图如图 8.36 所示。它能产生 5 个时钟信号:CLK0、CLK1、CLK2、IOCLK0、IOCLK1。其中 CLK0、CLK1、CLK2 这 3 个同步时钟信号可供所有的通用逻辑块 GLB 使用。IOCLK0、IOCLK1 可用于所有的 I/O 单元,供 I/O 寄存器使用。

2. ispGDS 介绍

ISP 技术不仅适用于重构电路的逻辑,还可以用于重构电路的互连关系。Lattice 公司生产的在系统可编程的通用数字开关 ispGDS(in system programmable Generic Digital Switch),就是一种用 ISP 技术来定义互连关系的开关器件。

ispGDS 器件有 ispGDS22、ispGDS18 和 ispGDS14 等 3 个品种,这些型号尾部数字表示该 GDS 器件中可供互连用的端口总数。ispGDS22 的原理图如图 8.37 所示,它有 22 个互连端口,分为两组(11 行和 11 列),构成一个可编程的开关矩阵。矩阵的每一个交点都可以通过编程而接通,因而 A 组的 11 个 I/O 端和 B 组的 11 个 I/O 端之间可以任意相互连接。这是 GDS 的主体。

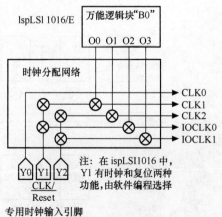

图 8.36 时钟分配网络

每个 GDS 的互连端口都是一个 I/O 单元,它的单元结构如图 8.38 所示。由结构图 8.38 可以看出,4 选 1 的多路选择器依靠对 C1、C2 的编程可以将高电平(V_{CC})、低电平(GND)或者由矩阵送来的信号(以同相或反相的形式)接到该 I/O 端,所以每个 I/O 端除了能与另一组的 I/O 端相连外,还可以加上某个固定的逻辑电平。C0 端用来控制信号的流向,当 C0=0 时,该 I/O 单元作为 GDS 的输出端,实现上述功能,当 C0=1 时,I/O 单元作为输入端使用。这样,每个 I/O 单元共有 5 种组态,如图 8.39 所示。

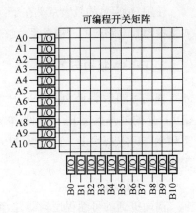

图 8.37 ispGDS22 原理图

ispGDS14 的引脚图如图 8.40 所示,除了 14 个 I/O 端口,还有 MODE、SDI、SDO 和 SCLK 等 4 个编程控制信号入口(因为没有 I/O 单元与编程控制信号共用引脚,所以不需要 $\overline{\text{ispEN}}$ 信号)。

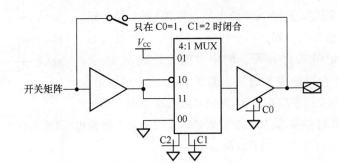

图 8.38 ispGDS 中 I/O 单元的结构

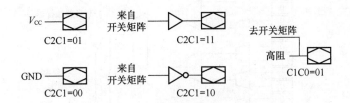

图 8.39 ispGDS 中 I/O 单元的组态

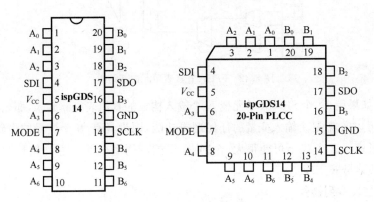

图 8.40 ispGDS14 引脚图

221

使用 ispGDS 的最大意义在于:可以在不拨动机械开关或不改变系统硬件的情况下,快速地改变或重构印制电路板的连接关系,实现对目标系统连接关系的重构和高性能地完成信号分配与布线。

3. FPGA 结构与工作原理

现场可编程门阵列(Field Programmable Gate Array,FPGA)是大规模可编程逻辑器件除 CPLD 外的另一大类 PLD 器件,它具有高密度、高速度、高可靠性和在线配置等特点。FPGA 的种类和生产厂家都很多。这里以 Altera 公司的 FLEX10K 系列器件为例,简单介绍 FPGA 的结构与工作原理。

(1) 查找表

前面提到的可编程逻辑器件,诸如 GAL、CPLD 之类都是基于乘积项的可编程结构,即由可编程的与阵列和固定的或阵列来完成功能。而下面将要介绍的 FPGA,使用了另一种可编程的逻辑形成方法,即可编程的查找表(Look Up Table,LUT)结构,LUT是可编程的最小逻辑构成单元。

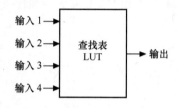

图 8.41　FPGA 查找表单元

大部分 FPGA 采用基于 SRAM 的查找表逻辑结构,就是用 SRAM 来构成逻辑函数发生器。一个四输入的 LUT 如图 8.41 所示,其内部结构如图 8.42 所示。图中左侧方块表示 16 个 SRAM 存储元,用于存储四变量逻辑函数的所有最小项的值。梯形方块都表示 2 选 1 的多路选择器,每列多路选择器用一个输入变量作为共同的选择控制端,如果变量取值为 1 时选取上路输出,则该查找表表示的逻辑函数为 $\overline{A}B\,\overline{C}D+A\,\overline{B}\,\overline{C}D+A\,\overline{B}\,C\,\overline{D}+\overline{A}\,\overline{B}\,C\,\overline{D}$ 。

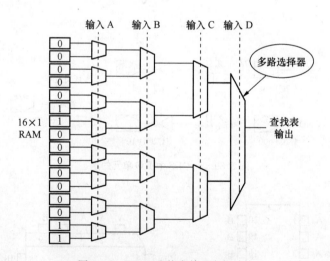

图 8.42　FPGA 查找表单元内部结构

由此可知,如果用 2^N 个 SRAM 单元把 N 个输入构成的真值表存储起来,那么,一个 N 输入的查找表(LUT)可以实现 N 个输入变量的任何逻辑功能,因为具有 N 个变量的逻辑函数总可以表达成最小项的形式。显然 N 不可能很大,否则 LUT 的利用率很低。输入多于 N 个的逻辑函数,必须用几个查找表分开实现。

(2) FLEX10K 系列器件

FLEX10K 系列器件的结构和工作原理在 Altera 的 FPGA 器件中具有典型性,其结构图如

图 8.43 所示,主要由嵌入式阵列块(EAB)、逻辑阵列块(LAB)、Fast Track 和 I/O 单元 4 部分组成。

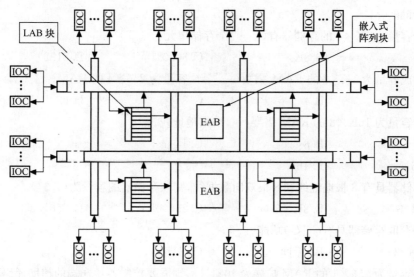

图 8.43　FLEX 10K 内部结构

本 章 小 结

1. 半导体存储器作为信息的存储器件是数字系统特别是计算机中的重要组成部分,它主要分为随机存取存储器(RAM)和只读存储器(ROM)两大类。

2. RAM 可随时读写,断电后信息即丢失,一般用于信息的暂存。RAM 分静态 RAM 和动态 RAM 两种,静态 RAM 靠触发器存储信息,而动态 RAM 靠管子电容来存储信息,动态 RAM 要定时刷新,它属于时序逻辑电路范畴。

3. ROM 用来存放固定不变的信息。ROM 中的数据由专用装置写入,工作时只能从中读出信息,掉电后,信息不会丢失,具有非易失性。ROM 有二极管 ROM、双极型 ROM 和 MOS 型 ROM 3 种。根据编程方法不同,ROM 又可以分成固定 ROM 和可编程 ROM。可编程 ROM 又可以细分为 PROM、EPROM、E^2PROM 和 SRAM 等。

4. 可编程逻辑器件(PLD)是一种可由用户通过自己编程配置各种逻辑功能的现场片。PLD 包括 PROM、PLA、PAL、GAL、CPLD 和 FPGA。

5. PLD 一般由输入缓冲电路、与阵列、或阵列和输出缓冲电路四部分组成。

6. 常规 PLD 在使用中通常是先编程后装配,而采用在系统编程(ISP)技术的 PLD,则是先装配后编程,且成为产品后还可反复编程。ispLSI1016 器件由 I/O 单元、全局布线区(GRP)、万能逻辑块(GLB)和输出布线区等部分组成。ispGDS 是在系统可编程的通用数字开关,它标志着 ISP 技术已从系统逻辑领域扩展到系统互连领域,即能实现在不拨动机械开关或不改变系统硬件的情况下,快速地改变或重构印制电路板的连接关系。

7. FPGA 是另一大类的 PLD 器件。具有高密度、高速度、高可靠性和灵活性等特点。目前已成为设计数字电路或系统的首选器件之一。

自我检测题

一、选择题

1. 一个容量为 $1K \times 8$ 的存储器有(　　)个存储单元。

    A. 8　　　　　　　B. 8K　　　　　　　C. 8000　　　　　　　D. 8192

2. 要构成容量为 $4K \times 8$ 的 RAM,需要(　　)片容量为 256×4 的 RAM。

    A. 2　　　　　　　B. 4　　　　　　　C. 8　　　　　　　D. 32

3. 寻址容量为 $16K \times 8$ 的 RAM 需要(　　)根地址线。

    A. 4　　　　　　　B. 8　　　　　　　C. 14

    D. 16　　　　　　E. 16K

4. 某存储器具有 8 根地址线和 8 根双向数据线,则该存储器的容量为(　　)。

    A. 8×3　　　　　B. $8K \times 8$　　　　　C. 256×8　　　　　D. 256×256

5. 随机存取存储器具有(　　)功能。

    A. 读/写　　　　　B. 无读/写　　　　　C. 只读　　　　　D. 只写

6. 欲将容量为 256×1 的 RAM 扩展为 1024×8,则需要控制各片选端的辅助译码器的输入端数为(　　)。

    A. 4　　　　　　　B. 2　　　　　　　C. 3　　　　　　　D. 8

7. 只读存储器在运行时具有(　　)功能。

    A. 读/无写　　　　B. 无读/写　　　　C. 读/写　　　　D. 无读/无写

8. 当电源断掉后又接通,只读存储器中的内容(　　)。

    A. 全部改变　　　　B. 全部为 0　　　　C. 不可预料　　　　D. 保持不变

9. 当电源断掉后又接通,随机存取存储器中的内容(　　)。

    A. 全部改变　　　　B. 全部为 1　　　　C. 不确定　　　　D. 保持不变

10. 一个容量为 512×1 的静态 RAM 具有(　　)。

    A. 地址线 9 根,数据线 1 根　　　　　B. 地址线 1 根,数据线 9 根

    C. 地址线 512 根,数据线 9 根　　　　D. 地址线 9 根,数据线 512 根

11. 用若干 RAM 实现位扩展时,其方法是将(　　)相应地并联在一起。

    A. 地址线　　　　B. 数据线　　　　C. 片选信号线　　　D. 读/写线

12. 当用专用输出结构的 PAL 设计时序逻辑电路时,必须还要具备有(　　)。

    A. 触发器　　　　B. 晶体管　　　　C. MOS 管　　　　D. 电容

13. PLD 器件的基本结构组成有(　　)。

    A. 与阵列　　　　B. 或阵列　　　　C. 输入缓冲电路　　D. 输出电路

14. GAL 的输出电路是(　　)。

    A. OLMC　　　　B. 固定的　　　　C. 只可一次编程　　D. 可重复编程

15. 只可进行一次编程的可编程器件有(　　)。

    A. PAL　　　　　B. GAL　　　　　C. PROM　　　　D. PLD

16. 可重复进行编程的可编程器件有(　　)。

    A. PAL　　　　　B. GAL　　　　　C. PROM　　　　D. ISP-PLD

二、判断题(正确打√,错误的打×)

1. 实际中,常以字数和位数的乘积表示存储容量。（　　）

2. 动态随机存取存储器需要不断地刷新,以防止电容上存储的信息丢失。（　　）

3. 用 2 片容量为 16K×8 的 RAM 构成容量为 32K×8 的 RAM 是位扩展。（　　）

4. 所有的半导体存储器在运行时都具有读和写的功能。（　　）

5. ROM 和 RAM 中存入的信息在电源断掉后都不会丢失。（　　）

6. 存储器字数的扩展可以利用外加译码器控制数个芯片的片选输入端来实现。（　　）

7. PAL 的每个与项都一定是最小项。（　　）

8. PAL 和 GAL 都是与阵列可编程、或阵列固定。（　　）

9. PAL 可重复编程。（　　）

10. PAL 的输出电路是固定的,不可编程,所以它的型号很多。（　　）

11. GAL 的型号虽然很少,但却能取代大多数 PAL 芯片。（　　）

12. GAL 不需专用编程器就可以对它进行反复编程。（　　）

13. 在系统可编程逻辑器件 ISP-PLD 不需编程器就可以高速而反复地编程,则它与 RAM 随机存取存储器的功能相同。（　　）

习　题

1. 有一存储器,其地址线有 12 根为 $A_{11} \sim A_0$,数据线有 8 根为 $D_7 \sim D_0$,它的存储容量为多大?

2. RAM 的存储元有哪几种类型? 它们是如何存储信息的?

3. ROM 有哪几种主要类型? 它们之间有何异同点?

4. ROM 和 RAM 在电路结构和工作原理上有何不同?

5. 存储容量为 1024×8 位的 RAM 有多少根地址线? 多少根位线?

6. 用 516×4 的 RAM 扩展组成一个 2K×8 位的存储器。问需要几片 RAM,试画出它们的连接图。

7. 用 6264RAM 组成一个 16K×8 位的存储器。

8. 试用 1K×4 位的 2114 静态 RAM 构成 4K×8 位的存储器,画出其连接图和外加地址译码器的电路图。

9. PLD 的含义是什么? PLD 可以分为哪几大类? 分类的依据是什么?

10. PAL 器件有何特点? 它的输出结构有哪些?

11. GAL 器件有哪些组态方式?

12. FPGA 与 CPLD 之间有何区别?

13. 在系统编程技术有哪些特点? 它与传统的 PLD 编程方法相比,有何优点?

14. ispLSI1016 的结构主要有哪几部分组成? 它们之间有何联系?

第 9 章

数字电路 EDA 简介

EDA 是电子设计自动化(Electronic Design Automation)的缩写,它是以计算机为基本工作平台,以硬件描述语言或逻辑图来描述系统的逻辑功能,以 EDA 工具软件为开发环境,以大规模可编程逻辑器件为设计载体,以电子系统设计为应用方向的电子产品自动化设计过程。在此过程中,设计者只需利用硬件描述语言(Hardware Description Language, HDL),在 EDA 工具软件中完成对系统硬件功能的描述,EDA 工具便会自动地完成逻辑编译、逻辑化简、逻辑分割、逻辑综合及优化、逻辑布局布线、逻辑仿真,直至对于特定目标芯片的适配编译、逻辑映射和编程下载等工作,设计者就可以得到最终形成的集成电子系统或专用集成芯片。尽管目标系统是硬件,但整个设计和修改过程如同完成软件设计一样方便和高效。

EDA 技术内容丰富,涉及面广。从应用角度出发,应了解和掌握可编程逻辑器件 PLD、硬件描述语言 HDL(如 VHDL)和 EDA 工具软件(如 MAX+plus II)。PLD 在第 8 章已经介绍过了,本章要通过一些简单实例了解 VHDL 语言和 MAX+plus II 的使用方法,从而对 EDA 技术有一个简单了解。

9.1 VHDL 入门

硬件描述语言 HDL 的种类很多,如 VHDL、Verilog-HDL 和 ABEL-HDL 等。VHDL 的英文全名是 Very High Speed Integrated Circuit Hardware Description Language,它是 IEEE 和美国国防部确认的标准硬件描述语言。在电子工程领域,VHDL 已成为事实上的通用硬件描述语言。本节以典型数字电路为例,介绍 VHDL 的表达方法,由此引出语言现象和语句规则,使读者对 VHDL 能够基本入门。

9.1.1 组合逻辑电路设计举例

1. 2输入与非门

（1）2 输入与非门的 VHDL 描述

【例 9.1】

LIBRARY IEEE；	__打开 IEEE 库
USE IEEE. std_logic_1164. ALL；	__调用 IEEE 库中的 std_logic_1164 程序包的所有内容
ENTITY nand2 IS	__将设计实体命名为 nand2
PORT（a，b：IN std_logic；	__进行端口定义，nand2 的 a，b 端为输入方式
	__数据类型是 std_logic 类型
c：OUT std_logic）；	__ nand2 的 c 端为输出方式，数据类型也是 std_logic 类型
END nand2；	__实体 nand2 的端口描述结束
ARCHITECTURE nand2behv1 OF nand2 IS	__结构体描述，nand2 的结构体名为 nand2behv1
BEGIN	__结构体描述开始
c<=a NAND b；	__将输入信号 a,b 与非以后赋给输出信号 c
END nand2behv1；	__结构体描述结束

（2）VHDL 程序结构及相关说明

VHDL 程序通常包含实体（Entity）、结构体（Architecture）、库（Library）和程序包（Package）等组成部分。对一个电路系统而言，实体主要是描述系统的外部接口，相当于把整个设计看成一个封装好的元器件，用实体来说明输入、输出信号。结构体用来描述实体的内部结构、元件之间的互连关系、实体所完成的逻辑功能以及数据的传输变换等内容。如果实体代表一个电路的符号，则结构体描述了这个符号的内部行为。此例的实体和结构体的示意图如图 9.1 所示，也就是说，实体部分仅说明方框的外部信号情况，而结构体则具体说明内部的电路功能。

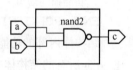

图 9.1 nand2 对应的
原理图符号

实体说明部分必须按照下面的语句结构来编写。

ENTITY 实体名 IS

　　［GENERIC（ 类属类 ）；］

　　PORT（ 端口表 ）；

END［ENTITY］实体名；

实体中端口表的书写格式为

PORT（端口名［,端口名］:端口模式　数据类型；

　　　…

　　　端口名［,端口名］:端口模式　数据类型）；

其中的端口名是设计者为实体的每一个对外通道所取的名字；端口模式用来说明信号的流动方向，有 IN，OUT，BUFFER，INOUT 4 种，它们对应的引脚符号如图 9.2 所示，含义如表 9.1 所示。

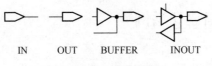

IN　　OUT　　BUFFER　　INOUT

图 9.2　端口模式符号图

表 9.1　　　　　　　　　　　　　　　　端口模式说明

端　口　模　式	端口模式说明（以设计实体为准）
IN	输入，只读型
OUT	输出，仅在实体内部向其赋值
BUFFER	缓冲输出，可以赋值也可以读，但读到的值是其内部对它的赋值
INOUT	双向，可以读或向其赋值

　　数据类型是指端口上数据的表达格式。常用的数据类型有位(BIT)、位矢量(BIT_VECTOR)、整数(INTEGER)、实数(REAL)、布尔(BOOLEAN)数据类型等。使用位矢量必须注明位宽，即数组中的元素个数和排列方式，如：

SIGNAL a:BIT_VECTOR (7 DOWNTO 0);

说明：信号 a 被定义为一个具有 8 位位宽的矢量，它最左边的位是 a(7)，最右边的位是 a(0)。

　　结构体的书写格式如下：

ARCHITECTURE 结构体名 OF 实体名 IS

　　［说明语句；］

BEGIN

　　功能描述语句；

END［ARCHITECTURE］结构体名；

　　结构体内部的功能描述词句和内容如图 9.3 所示，它只是对结构体的内部构造作了一般的描述，并非所有的结构体必须同时具有如图 9.3 所示所有的说明语句结构。例 9.1 中就只包含了信号赋值语句。

　　库和程序包是为存放已有内容，便于实现数据共享而设置的。

　　库(LIBRARY)的语句格式如下：

LIBRARY 库名；

　　这一语句的作用是为其后的设计实体打开以"库名"来命名的库，以便设计实体可以利用其中的程序包，如语句"LIBRARY IEEE;"表示打开 IEEE 库。IEEE 库是被 IEEE 国际标准化组织认可的最常用的资源库，包含多个程序包。其中，STD_LOGIC_1164 程序包内定义了 STD_LOGIC、STD_LOGIC_VECTOR 等常用的数据类型和函数。所以在例 9.1 中首先打开 IEEE 库，并调用 STD_LOGIC_1164 程序包，因为在端口描述中用到的数据类型是 STD_LOGIC。

　　库语句一般必须与 USE 语句共同使用。库语句用关键词 LIBRARY 后的库名指出所使用的库。USE 语句指明库中的程序包。USE 语句的使用有两种常用格式：

结构体 (ARCHITECTURE)

说明语句

功能描述语句结构

块语句 (BLOCK)

进程语句 (PROCESS)

信号赋值语句

子程序调用语句

元件例化语句

图 9.3　结构体构造图

USE 库名. 程序包名. 项目名；

USE 库名. 程序包名. ALL；

第一语句格式的作用是向本设计实体开放指定库中的特定程序包内所选定的项目。

第二语句格式的作用是向本设计实体开放指定库中的特定程序包内所有的内容。

（3）VHDL 的文字规则

与其他计算机高级语言一样，VHDL 也有自己的文字规则，在编程中需认真遵循。VHDL 文字（Literal）主要包括数值型文字和标识符。数值型文字所描述的值主要有数值型、字符串型、位串型。

数值型文字可用整数、实数或以数制基数的形式来表示。

整数文字都是十进制的数，如：

$$5,678,0,156E2 (= 156 \times 10^2 = 15600), 45\_234\_287 (= 45234287)$$

实数文字也都是十进制的数，但必须带有小数点，如：

$$188.993, 86\_670.453\_909\_ (= 88670.453909), 1.0$$

以数制基数表示的文字由 5 个部分组成。举例如下：

10♯170♯   （十进制表示，等于 170）

2♯1111_1110♯   （二进制表示，等于 254）

8♯376♯   （八进制表示，等于 254）

16♯E♯E1   （十六进制表示，等于 2♯1110000♯，等于 224）

字符是用单引号引起来的 ASCII 字符，可以是数值，也可以是符号或字母，如：

'R','a','*','Z','U','0','1','-','L',…

字符串则是一维的字符数组，需放在双引号中。如：

"ERROR"，"Both S and Q equal to 1"，"BB$ CC"，B"1_1101_1110"，X"AD0"，O"15"，…

例 9.1 中的 nand2、a、b、c、nand2behv1 都是标识符，所谓标识符（Identifers）就是编程人员给常数、变量、信号、端口、子程序或参数等定义的名字。标识符必须遵守以下规则：

① 必须以英文字母打头；

② 字符可以是大、小写的 26 个英文字母、数字（0～9）和下划线（_）；

③ 下划线前后都必须有英文字母或数字；

④ 保留字或关键词不能用作标识符。

EDA 工具在综合、仿真时不区分短标识符的大小写。

（4）VHDL 的运算符

VHDL 语言的操作符有逻辑运算符、关系运算符、算术运算符和并置运算符等。逻辑运算符共有 7 种，分别是 NOT（非）、AND（与）、OR（或）、NAND（与非）、NOR（或非）、XOR（异或）、XNOR（同或）；算术运算符共有 10 多种，其中常用的有＋（加）、－（减）；＊（乘）、/（除）等；关系运算符是将两个操作数作比较运算时所使用的符号，共有 6 种，分别是＝（等于）、/＝（不等于）、＜（小于）、＜＝（小于等于）、＞（大于）、＞＝（大于等于）；并置运算符"&"用于位的连接。

VHDL 的对象有不同类型，逻辑类型的变量要用逻辑操作符，整数、实数类型的变量要用算术操作符，运算操作符和变量类型必须匹配。

2. 8 线-3 线优先编码器

（1）8 线-3 线优先编码器的 VHDL 描述

【例9.2】

```
LIBRARY IEEE;
USE IEEE. STD_LOGIC_1164. ALL;
ENTITY coder IS
    PORT (input：IN STD_LOGIC_VECTOR (0 TO 7);
          output：OUT STD_LOGIC_VECTOR (0 TO 2));
END coder;
ARCHITECTURE behav OF coder IS
BEGIN
 PROCESS (input)
 BEGIN
  IF   (input(7)='0') THEN
      output<="000";      --(input (7)= '0')
  ELSIF (input(6)='0') THEN
      output<="100";      --(input(7)='1') AND(input(6)= '0')
  ELSIF (input(5)='0') THEN
      output<="010";      --(input(7)= '1') AND(input(6)= '1') AND(input(5)= '0')
  ELSIF (input(4)='0') THEN
      output <="110";
  ELSIF (input(3)='0') THEN
      output<="001";
  ELSIF (input(2)='0') THEN
      output<="101";
  ELSIF (input(1)='0') THEN
      output<="011";
  ELSE
      output<="111";
  END IF;
 END PROCESS;
END behav;
```

(2) 相关语法说明

例9.2的8线-3线优先编码器的VHDL描述与例9.1的结构是大体相同的,只是结构体的功能描述语句与例9.1不同。例9.1中只用了信号赋值语句"c<=a NAND b;",而例9.2中用到了进程语句和流程控制语句中的IF语句。

VHDL描述语句分为顺序语句和并行语句两大类型。顺序语句的特点是,它的执行(指仿真执行)顺序与它们的书写顺序基本一致。顺序语句只能出现在进程(Process)和子程序中。并行语句在结构体中的执行是同步进行的,或者说是并行运行的,其执行方式与书写的顺序无关。并行语句是最具VHDL特色的,它们直接构成结构体,能充分表达硬件电路真实的运行情况。有的语句既是顺序语句,又是并行语句,这由所在的语句块决定。

① 进程语句。进程(PROCESS)语句使用频繁,它具有并行和顺序双重性。进程语句本身是并行的,但其内部只能由顺序语句组成。进程语句PROCESS后面紧跟的是敏感信号表,如果表中任何一

个信号发生改变,都将启动进程,并执行进程内相应的顺序语句。PROCESS 语句的表达格式如下:

[进程标号:]PROCESS[(敏感信号表)][IS]

　　[进程说明语句]

BEGIN

　　顺序语句

END PROCESS[进程标号];

② IF 语句。IF 语句是一种条件语句,它根据语句中所设置的一种或多种条件,有选择地执行指定的顺序语句。IF 语句的语句结构有以下 3 种:

IF 条件句 THEN　　　　　—第一种 IF 语句,用于门闩控制

　　顺序语句;

END IF;

IF 条件句 THEN　　　　　—第二种 IF 语句,用于二选一控制

　　顺序语句;

ELSE

　　顺序语句;

END IF;

IF 条件句 THEN　　　　　—第三种 IF 语句,用于多选择控制

　　顺序语句;

ELSIF 条件句 THEN

　　顺序语句;

　　...

ELSE

　　顺序语句;

END IF;

例 9.2 以十分简洁的描述完成了一个 8 线-3 线优选编码器的设计,此编码器的真值表如表 9.2 所示。最后一个赋值语句 output<="111"的执行条件是:(input(7)='1') AND (input(6)='1') AND (input(5)='1') AND (input(4)='1') AND (input(3)='1') AND (input(2)='1') AND (input(1)='1') AND (input(0)='0');这正好与表 9.2 最后一行吻合。

表 9.2　　　　　　　　　　　　　8 线-3 线优先编码器真值表

输　　　入								输　　出		
input0	input1	input2	input3	input4	input5	input6	input7	output0	output1	output2
×	×	×	×	×	×	×	0	0	0	0
×	×	×	×	×	×	0	1	1	0	0
×	×	×	×	×	0	1	1	0	1	0
×	×	×	×	0	1	1	1	1	1	0
×	×	×	0	1	1	1	1	0	0	1
×	×	0	1	1	1	1	1	1	0	1
×	0	1	1	1	1	1	1	0	1	1
0	1	1	1	1	1	1	1	1	1	1

3. 4 选 1 多路选择器

(1) 4 选 1 多路选择器的 VHDL 程序

【例 9.3】
```
LIBRARY IEEE;
USE IEEE. std_logic _1164. ALL;
ENTITY mux41 IS
    PORT (s1, s2: IN std_logic;
          a, b, c, d: IN std_logic;
                  z: OUT std_logic);
END ENTITY mux41;
ARCHITECTURE activ OF mux41 IS
    SIGNAL s: STD_LOGIC_VECTOR (1 DOWNTO 0);
BEGIN
        s<=s1&s2;
    PROCESS (s1 ,s2 ,a ,b ,c ,d)
    BEGIN
      CASE s IS
        WHEN "00 " => z<=a;
        WHEN "01 " =>z<=b;
        WHEN "10 " =>z<=c;
        WHEN "11 " =>z<=d;
        WHEN OTHERS =>z<='x';
      END CASE;
    END PROCESS;
    END activ;
```

(2) 相关说明

例 9.3 是用 CASE 语句描述的 4 选 1 多路选择器的 VHDL 程序。CASE 语句是以一个多值表达式为条件式,根据条件式的不同取值实现多路分支,适用于两路或多路分支判断结构。CASE 语句的结构如下:

[标号:] CASE 多值表达式 IS
    WHEN 选择值 => 顺序语句;
    WHEN 选择值 => 顺序语句;
    ...

END CASE[标号];

当执行到 CASE 语句时,首先计算表达式的值,然后根据条件句中与之相同的选择值,执行对应的顺序语句,最后结束 CASE 语句。表达式可以是一个整数类型或枚举类型的值,也可以是由这些数据类型的值构成的数组(请注意,条件句中的"=>"不是操作符,它只相当于"THEN"的作用)。

例 9.3 中的第五个条件句是必需的,因为对于定义为 STD_LOGIC_VECTOR 数据类型的 s,

在 VHDL 综合过程中,它可能的选择值除了 00、01、10 和 11 外,还可以有其他定义于 STD_LOGIC 的选择值。此例的逻辑图如图 9.4 所示。

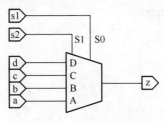

图 9.4 4 选 1 多路选择器

9.1.2 时序逻辑电路设计举例

时序逻辑电路的输出和当前的输入以及历史状态都有关系,即时序电路具有"记忆"功能,而记忆功能是由触发器构成的。下面主要介绍触发器、寄存器和计数器的 VHDL 描述。

1. 具有清零功能的 D 触发器

(1) D 触发器的 VHDL 描述

【例 9.4】

```
LIBRARY IEEE;
USE IEEE. std_logic_1164. ALL;
ENTITY dff IS
    PORT (d: IN std_logic;
          clk: IN std_logic;
          clr: IN std_logic;
          q: OUT std_logic);
END dff;
                                            —异步清零 D 触发器
ARCHITECTURE behav1 OF dff IS
BEGIN
    PROCESS (clk, clr, d)
    BEGIN
        IF clr ='1' THEN
            q<='0';
        ELSIF clk'EVENT AND clk='1' THEN
            q<=d;
        END IF;
    END PROCESS;
END behav1;
                                            —同步清零 D 触发器
ARCHITECTURE behav2 OF dff IS
```

```
BEGIN
PROCESS (clk)
BEGIN
    IF clk'EVENT AND clk='1' THEN
        IF clr ='1' THEN
            q<='0';
        ELSE
            q<=d;
        END IF;
    END IF;
END PROCESS;
END behav2;
```

（2）相关说明

时序电路一般总是以时钟进程的形式来描述,例9.4就是把时钟信号作为进程的敏感信号出现在 PROCESS 语句后的括号中。信号边沿的到来作为时序电路语句执行的条件。

在时序逻辑电路中,复位信号和时钟信号是很重要的。复位信号保证了系统初始状态的确定性,时钟信号则是时序系统工作的必要条件。时序电路系统通常在复位信号到来时恢复初始状态;每个时钟到来时,内部状态都发生变化。

根据复位操作是否与时钟信号同步,复位可以分为同步和异步两种。同步复位就是当复位信号有效且在给定的时钟边沿到来时触发器才被复位;异步复位则是一旦复位信号有效,触发器就被复位。也就是说,"同步"或"异步"是相对于时钟信号而言的,是指与时钟信号"同步"或"异步"。例9.4中"同步"和"异步"D触发器的区别就在于判断时钟和清零信号的先后顺序不一样。

在对时钟边沿进行说明时,一定要指定是上升沿还是下降沿。时钟边沿最常用的描述方法如以下语句表示,其中 clk 是信号名,可以是任意信号名,clk 在这里没有特殊含义。检测上升沿的语句是:

    IF clk'EVENT AND clk='1' THEN

含义为当 clk 的值发生变化且 clk 的值为高电平时(即为一个上升沿)。检测下降沿的语句是:

    IF clk'EVENT AND clk='0' THEN

含义为当 clk 的值发生变化且 clk 的值为低电平时(即为一个下降沿)。

2. 8 位串行输入、串行输出移位寄存器

（1）8 位串行输入、串行输出移位寄存器的 VHDL 描述

【例 9.5】

```
LIBRARY IEEE;
USE IEEE. STD_LOGIC_1164. ALL;
ENTITY shift8 IS
    PORT (a, clk: IN STD_LOGIC;
                b: OUT STD_LOGIC);
END shift8;
```

```
ARCHITECTURE rtl OF shift8 IS
    SIGNAL dfo_1, dfo_2, dfo_3, dfo_4, dfo_5, dfo_6, dfo_7: STD_LOGIC;
BEGIN
    PROCESS (clk)
    BEGIN
        IF clk'EVENT AND clk='1' THEN
            dfo_1<=a;
            dfo_2<=dfo_1;
            dfo_3<=dfo_2;
            dfo_4<=dfo_3;
            dfo_5<=dfo_4;
            dfo_6<=dfo_5;
            dfo_7<=dfo_6;
                b<=dfo_7;
        END IF;
    END PROCESS;
END rtl;
```

（2）相关说明

在例 9.5 的结构体内，用语句"SIGNAL dfo_1，dfo_2，dfo_3，dfo_4，dfo_5，dfo_6，dfo_7：STD_LOGIC;"定义了 7 个内部信号，每当有一个时钟上升沿到来时，信号便依次向左或向右移动一次，正好完成移位寄存器的功能。

3. 具有清零端的 4 位二进制计数器

（1）具有清零端的 4 位二进制计数器的 VHDL 描述

【例 9.6】

```
LIBRARY IEEE;
USE IEEE. STD _ LOGIC _ 1164. ALL;
USE IEEE. STD _ LOGIC _ UNSIGNED. ALL;
ENTITY cnt4 IS
    PORT (clk: IN STD _ LOGIC;
          clr: IN STD _ LOGIC;
            q: BUFFER STD _ LOGIC _ VECTOR (3 DOWNTO 0));
END cnt4;
ARCHITECTURE behav OF cnt4 IS
BEGIN
    PROCESS (clk, clr)
    BEGIN
        IF clr ='1' THEN
            q<= "0000 ";
        ELSIF clk'EVENT AND clk ='1' THEN
```

```
    END IF;
  END PROCESS;
END behav;
```

（2）相关说明

例 9.6 中语句"q<=q+1;"的含义是，将端口中定义的数据类型为 STD_LOGIC_VECTOR 的 4 位宽的信号 q 加 1 以后再送给 q。在这里，q 既是输出信号，同时又要向内部回送，因此定义为 BUFFER 方式。另外，要做"q+1;"运算，就要用到程序包"STD_LOGIC_UNSIGNED"，因此，使用了"USE IEEE. STD_LOGIC_UNSIGNED. ALL;"语句。

9.2 EDA 工具软件 MAX+plus Ⅱ 使用入门

MAX+plus Ⅱ是美国 Altera 公司开发的针对其公司生产的 FPGA/CPLD 的设计、仿真、编程的工具软件，是 EDA 应用软件中比较典型和常见的一种工具，在我国应用较为普遍。

MAX+plus Ⅱ可接受对一个电路的图形描述（电路图）或文本描述（硬件描述语言）；通过编辑、编译、仿真、综合、编程下载等一系列过程，将用户所设计的电路原理图或电路描述转变为 FPGA/CPLD 内部的基本逻辑单元，写入 FPGA/CPLD 中，从而在硬件上实现用户所设计的电路。下面通过实例简单介绍 MAX+plus Ⅱ的原理图输入设计方法和 VHDL 文本输入设计方法。

9.2.1 原理图输入设计方法

下面以 1 位全加器为例说明原理图的输入设计方法。全加器的真值表如表 9.3 所示。

表 9.3   全加器真值表

输 入			输 出	
Ci	A	B	S	Co
0	0	0	0	0
0	0	1	1	0
0	1	0	1	0
0	1	1	0	1
1	0	0	1	0
1	0	1	0	1
1	1	0	0	1
1	1	1	1	1

由真值表不难得出

$$S = A \oplus B \oplus Ci$$
$$Co = AB + BC + CA$$

可见，要实现全加器功能，需要 2 个异或门 xor、3 个二输入与门 and2 和 1 个 3 输入或门 or3。这些基本逻辑门在 MAX+ plus Ⅱ的元件库中均可找到。假设 MAX+ plus Ⅱ已经安装完毕，那么用原理图输入法在 MAX+ plus Ⅱ中完成全加器设计的方法步骤如下。

1. 为本项工程设计建立文件夹

任何一项设计都可以看成一项工程（Project），首先要为此工程建立一个文件夹，用于放置与此工程相关的所有文件。本项设计的文件夹取名为 example，路径为 e:\example，要注意的是，文件夹名不能用中文，且不可含有空格。

2. 输入设计项目原理图并存盘

（1）打开 MAX＋plus Ⅱ，选择菜单 File｜New...，或单击工具栏中的 ⬜，出现如图 9.5 所示的 New 对话框，选中 Graphic Editor file 选项，单击 OK 按钮，进入图形编辑器（Graphic Editor）。

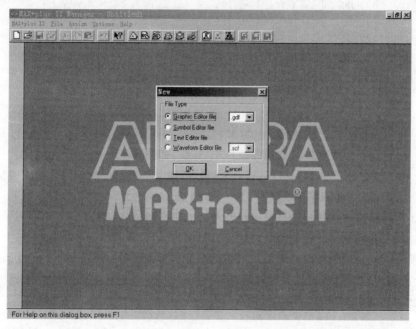

图 9.5　新建一个图形设计文件

（2）保存。选取菜单 File｜Save，或单击工具栏中的 💾，在弹出的对话框中输入文件名 adder.gdf，并选取 e:\example 路径，如图 9.6 所示，然后单击 OK 按钮即可。

图 9.6　存盘视窗

（3）调用元件。在图形编辑器中欲放置元件的位置单击鼠标右键，在弹出的菜单中选取 Enter Symbol…；或在图形编辑器中直接双击鼠标左键，均可进入元件输入即 Enter Symbol 对话框，如图 9.7 所示。

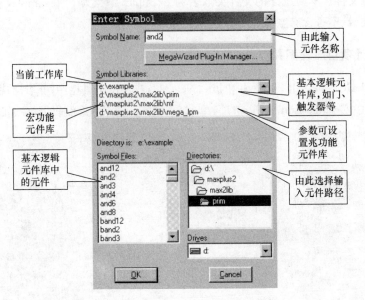

图 9.7　元件输入对话框

用鼠标双击元件库中的 d：\maxplus2\max2lib\prim 项，在 Symbol Files 列表框中即可看到基本逻辑元件库 prim 中的所有元件，其中大部分是 74 系列器件。从中找到元件 and2，单击 OK，and2 便进入原理图编辑窗口中。再用同样的方法将设计全加器需要用到的 xor、or3、input 和 output 全部调入原理图编辑器，排列好位置并正确连线，最后更改输入和输出的引脚名称，得到如图 9.8 所示的电路图。

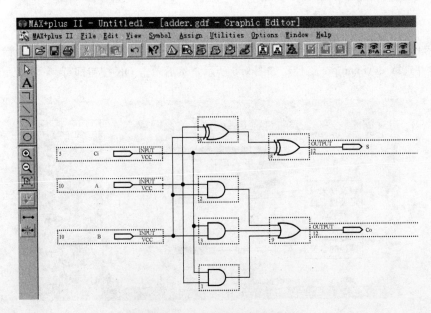

图 9.8　全加器的电路原理图

3. 将设计项目设置成工程文件（PROJECT）

为了使 MAX+ plus Ⅱ能对输入的设计项目进行编译、仿真、编程下载等各项处理，必须将设计文件设置成 Project。为此，可通过两种途径来实现。

① 如图 9.9 所示，选择菜单 File | Project | Set Project to Current File 命令，即将当前设计文件设置成 Project。选择此项后可以看到标题栏显示出所设文件的路径，如图 9.10 所示。

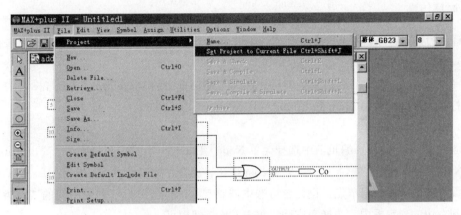

图 9.9　将当前设计文件设置成 Project

图 9.10　标题栏显示出所设文件的路径

② 如果设计文件未打开，可如图 9.9 所示，选择 File | Project | Name…命令，然后在弹出的 Project Name 对话框中找到 e：\example 目录，在其 File 小窗中双击 adder.gdf 文件，此时就选定此文件为本次设计的工程文件了。

4. 选择目标器件并编译

首先在 Assign 菜单中选择器件 Device 项，其对话框如图 9.11 所示。在下拉列表框 Device Family 中选择器件系列，首先应该在此框中选定目标器件对应的系列名，然后再选择器件。完成选择后，单击 OK 按钮。

最后启动编译器。选择主菜单 Max+ plus Ⅱ | Compiler，弹出如图 9.12 所示的编译器 Compiler 窗口，本编译器的功能包括网表文件提取、设计文件排错、逻辑综合、逻辑分割、适配、时序仿真文件提取、编程下载文件装配等。单击 Start 开始编译。如果发现有错，排除错误后再次编译。

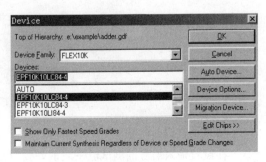

图 9.11　选择器件的 Device 对话框

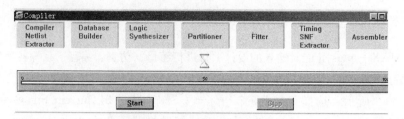

图 9.12　编译器（Compiler）窗口

5. 时序仿真

编译通过的设计项目是否能完成预期的逻辑功能，可以通过逻辑仿真来验证，具体步骤如下。

（1）建立波形测试文件

选择菜单 File｜New，再选择图 9.5 中的 New 对话框中的 Waveform Editor file 项，单击 OK 按钮，打开波形编辑窗 Waveform Editor。

（2）输入信号节点

在图 9.13 所示的波形编辑窗中选择菜单 Node｜Enter Nodes from SNF，会弹出 Enter Nodes from SNF 对话框，如图 9.14 所示。单击 List 按钮，会在左列表框 Available Nodes & Groups 中列出本设计中的所有信号节点。设计者可选中需要观察的信号波形，利用中间的"＝＞"按钮，将它选到右边的列表框中，选择完毕后，单击 OK 按钮即可。

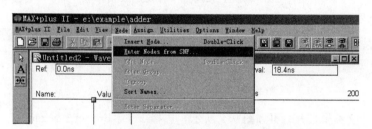

图 9.13　打开波形编辑器并从 SNF 文件中输入信号节点

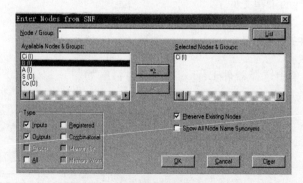

图 9.14　选择需要观察的信号节点

（3）设置仿真参数

在设置输入信号的测试电平之前，要设定相关的仿真参数。首先选择菜单 Option｜Snap to Grid 以消去前面的"√"，如图 9.15 所示，目的是能够任意设置输入电平位置，或设置输入时钟信号的周期。

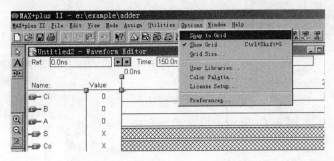

图 9.15 取消 Snap to Grid 前面的 "√"

（4）设定仿真时间

如图 9.16 所示，选择菜单 File｜End Time，在弹出的对话框中输入适当的仿真时间，例如可选择 $30\mu s$，以便有足够长的观察时间。

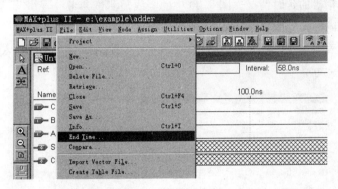

图 9.16 设定仿真时间

（5）设置输入信号波形

如图 9.17 所示，利用功能键为设计项目的输入信号添加上适当的波形，以便仿真后能观察和测试输出信号。

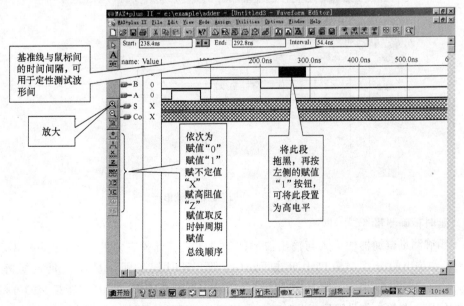

图 9.17 为设计项目的输入信号添加适当波形

（6）波形文件存储

选择菜单 File | Save，由于图 9.18 所示保存窗口中的波形文件名是默认的，可以直接单击 OK 按钮。

（7）运行仿真器

选择主菜单 Max+ plus Ⅱ | Simulator，在弹出的仿真器对话框中单击 Start 按钮，如图 9.19 所示，仿真运行完成后会弹出一个信息窗口，单击"确定"按钮后再单击 Open SCF 按钮，可以看仿真后的时序波形如图 9.20 所示。为了观察初始波形，应将最下方的滑块拖向最左侧。

（8）观察分析波形

对照表 9.3，分析图 9.20 所示的全加器的仿真波形是否正确。还可以进一步了解信号的延时情况。图 9.20 中的竖线是测试参考线，左上方 Ref 框内标出的数字 29.7ns 是此线所在的位置，它与鼠标箭头间的时间差显示在窗口右上方的 Interval 小方框中。由图可见，输入与输出波形间有一个小的延时量约 10.5ns。

图 9.18　保存仿真波形文件

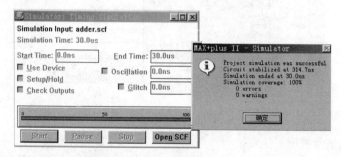

图 9.19　运行仿真器

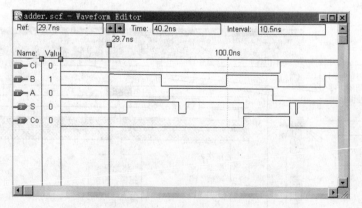

图 9.20　全加器的仿真波形

（9）延时精确测量

为了精确测量全加器的输入与输出波形间的延时，可选择主菜单 Max+ plus Ⅱ | Timing Analyzer，在弹出的分析器窗口中单击 Start 按钮，延时信息即刻显示在延迟矩阵（Delay Matrix）中，如图 9.21 所示，其中左列是输入信号，上排是输出信号，二者相交的方格内显示的就是相应输入与输出信号间的延迟时间。本例显示的延时量是针对 EPF10K10LC84-3 的。

（10）元件包装入库

选择菜单 File｜Open，在 Open 对话框中选择 Graphic Editor File 选项，然后选择 adder.gdf，重新打开全加器设计文件，然后选择 File｜Create Default Symbol，便将当前文件变成了一个包装好的单一元件（Symbol），并存放在工程路径指定的目录中以备后用。这时如果在原理图编辑器中输入元件，便会看到 adder 这个元件了，如图 9.22 所示。

图 9.21　延时时序分析窗

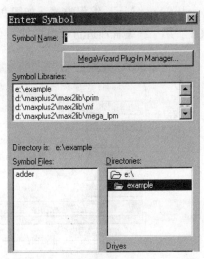

图 9.22　在工程路径中有了 adder 元件

6. 引脚锁定

设计项目经仿真测试后如果正确无误，就可以编程下载到选定的目标器件，为了能够进一步做硬件测试，最终了解设计项目的正确性，必须根据评估板、开发电路系统或 EDA 实验板的要求对设计项目输入输出引脚锁定到确定的器件引脚端。这里根据杭州康芯电子有限公司开发的 GW48-CK 型 EDA 实验系统进行硬件验证，将全加器的 5 个信号 Ci、A、B、S、Co 分别与目标器件 EPF10K10LC84-3 的 16、10、9、24、25 引脚相连，实验时选择实验电路结构图 No.3，用键 8、键 7、键 6 分别作为 Ci、A、B 的输入，从发光二极管 D8、D7 来观察输出 Co、S。引脚锁定的方法如下。

① 选择菜单 Assign｜Pin/Location/Chip，在弹出的对话框的 Node Name 框中输入一个全加器的端口名，如 S，如果输入正确，在右侧的 Pin Type 栏将显示信号的属性，如图 9.23 所示。

② 在图 9.23 中部左侧的下拉列表中输入每个信号对应的引脚编号，单击 Add 按钮，该信号便被锁定在相应的引脚并显示在下面的 Existing Pin/Location/Chip Assignments 列表框中。重复以上两步，直到所有信号均被锁定，单击 OK 按钮结束。

③ 在引脚锁定后再通过 Max＋plusⅡ的编译器"Complier"对文件重新进行编译以便将引脚信息编

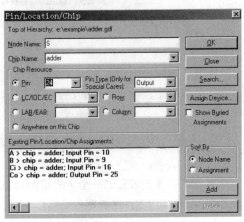

图 9.23　引脚锁定窗口

入下载文件中。

7. 编程下载

① 首先用下载电缆线把计算机打印口与目标板（实验板）连接起来，打开电源。

② 设定下载方式。选择主菜单 Max+ plus Ⅱ | Programmer，弹出 Programmer 编程器，再选择菜单 Options | Hardware Setup，弹出 Hardware Setup 对话框，在 Hardware Type 下拉菜单中选 ByteBlaster（MV）编程方式，如图 9.24 所示，再单击 OK 按钮即可。此项设置只需在初次安装软件后第一次编程前进行，以后就不必重复设置了。

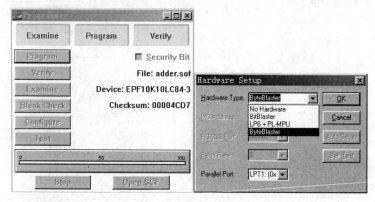

图 9.24　设置编程下载方式

③ 编程下载。在编程器中单击 Configure 按钮，向目标器件下载配置文件，如果没有什么故障，应该出现图 9.25 所示的报告配置完成的信息提示。

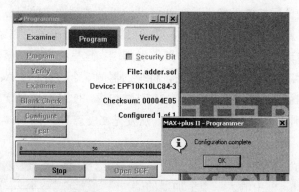

图 9.25　编程下载及提示信息

至此，用原理图输入方法实现的数字电路 EDA 设计就完成了，之后可以通过实验箱验证所设计的电路是否达到了预期的功能，这里就不再详述。

9.2.2　文本编辑——VHDL 设计

本节将引导读者完成一个十六进制计数译码器的工程设计。本设计示例由一个 4 位二进制计数器和一个 7 段 LED 译码器作为底层文件，二者共同形成顶层文件后，再进行引脚锁定和下载。与原理图输入方法一样，首先应该为此工程建立好工作库目录，以便工程存储。在此可建立文件夹 e: \ myname\guide 为工作库。

1. 创建源程序 cnt4.vhd

（1）文本输入并保存

程序 cnt4.vhd 是 4 位二进制计数器的 VHDL 源程序。选择菜单 File | New …，出现如图 9.5 所示的 New 对话框，选取文本编辑方式，即选中 Text Editor file 选项，单击 OK 按钮。在出现的 Untitled1-Text Editor 文本编辑窗口中输入例 9.7 给出的 4 位二进制计数器的程序。

【例 9.7】 文件名：CNT4.VHD

```
LIBRARY IEEE;
USE IEEE. STD _ LOGIC _ 1164. ALL;
USE IEEE. STD _ LOGIC _ UNSIGNED. ALL;
ENTITY cnt4 IS
    PORT (CLK: IN STD _ LOGIC;
                Q: BUFFER STD _ LOGIC _ VECTOR (3 DOWNTO 0));
END;
ARCHITECTURE one OF cnt4 IS
BEGIN
    PROCESS (CLK)
    BEGIN
        IF CLK'EVENT AND CLK ='1' THEN
            Q<= Q+1;
        END IF;
    END PROCESS;
END;
```

输入完毕后，选择菜单 File | Save，即出现如图 9.26 所示的对话框。首先在 Directories 目录框中选择存放文件的目录 e:\myname\guide，在 File Name 框中输入文件名 cnt4.vhd，然后单击 OK 按钮，即把输入的文件放在目录 e:\myname\guide 中了。当然，为了防止输入文件的意外丢失，也可随时进行存盘操作。

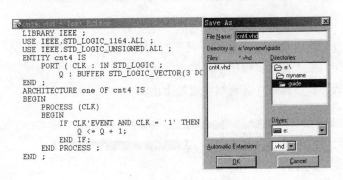

图 9.26 保存 cnt4.vhd

（2）将当前设计设定为工程

选择菜单 File | Project | Set Project to Current File，当前设计即可被指定为工程。也可以通

过选择 File | Project | Name，在弹出的 Project | Name 框中指定 e：\myname\guide 下的 cnt4.vhd 为当前工程。由图 9.27 可以看到，选定的工程会出现在 MAX＋pus Ⅱ 主窗口的左上方，这个路径指向很重要，在对工程进行编译下载等操作时，一定要注意指示出的当前工程是否正确。

图 9.27　设置当前设计为工程

（3）编译、选择 VHDL 版本号和排错

选择主菜单 MAX＋plus Ⅱ | Compiler，出现编译窗口后，可以根据自己输入的 VHDL 程序规范选择 VHDL 的版本号，在图 9.28 所示的界面中选 Interfaces | VHDL Netlist Reader Settings，在弹出的窗口中选择 VHDL 1987 或 VHDL 1993，再单击 OK 按钮即可。选定的版本号在以后编译时是默认的，可省略这一步。

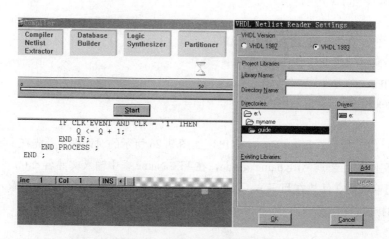

图 9.28　选择 VHDL 编译版本号

单击图 9.28 中的 Start 按钮，启动编译器进行编译。如果程序中有错误，编译运行将被打断，在弹出的信息窗口中，会显示程序中的错误和警告信息，如图 9.29 所示。单击"确定"按钮，对错误信息进行分析、排错，直到编译通过为止。

图 9.29　编译器的错误信息

例如，本例中的错误是实体结束语句没有加分号"；"，双击错误信息或者选中它再单击窗口

左下方的 Locate 按钮，光标便会自动定位在 VHDL 程序中的错误之处，纠正后要再次编译。

如果错将设计文件存在了根目录下，并将其设定成工程，由于没有了工作库，报告的错误信息是 Can't open VHDL " WORK"。

（4）时序仿真

选择菜单 File｜New，再选择图 9.5 中的 Waveform Editor file 项，单击 OK 按钮，打开波形编辑窗 Waveform Editor，再选择菜单 Node｜Enter Nodes from SNF…，在弹出的 Enter Nodes from SNF 对话框中，单击 List 按钮，左边的列表框将立即列出所有可以选择的信号节点，其中有单信号形式的，也有总线形式的，设计者可选中需要观察的信号波形，单击"＝＞"按钮，将它们选到右边的列表框中，如图 9.30 所示。选择完毕后，单击 OK 按钮，即可看到选中的信号出现在波形编辑器中。

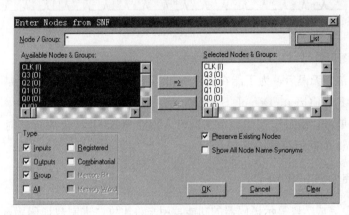

图 9.30 选择信号节点

选择菜单 Option｜Snap to Grid，将前面的"√"去掉，以便改变时钟信号的周期。选择菜单 File｜End Time…，设定仿真时间，例如 1μs。接着设置 CLK 时钟信号。用鼠标单击 CLK 信号的 Value 区域，可以将 CLK 选中，这时 CLK 的波形区域全部变成黑色。单击集成环境窗左边的时钟按钮 （倒数第 4 个），出现如图 9.31 所示的对话框，用于设置时钟信号，本例中可选取时钟周期为 50.0nm，单击 OK 按钮，在波形编辑窗口中即可看到设置好的时钟信号。用集成环境窗左边上的缩小显示按钮能够浏览波形全貌。

图 9.31 置 CLK 时钟信号

通过菜单 File｜Save 将波形文件存在以上的同一目录中，文件取名默认为 CNT4.SCF（以上出现的 SNF 是仿真外表文件，只有在编译综合后才会产生）。

注意：波形观察窗左排按钮是用于设置输入信号的，十分方便。使用时先用鼠标在输入波形上拖出一个需要改变的黑色区域，然后单击左排按钮，其中 **0**、**1**、**X** 和 **Z** 分别用于赋值低电平"0"、赋值高电平"1"、赋值任意值"X"和高阻值"Z"，**INV**、**X0**、**XC**、**XC** 和 分别用于赋值取反、设置时钟周期、总线顺序赋值、总线赋值和 FSM 状态赋值。

再选择主菜单 Max＋plus Ⅱ｜Simulator，单击 Start 按钮，即可进行仿真运算（注意，在启动仿真时，波形文件必须已经具备有效的文件名，即必须已经存盘)。仿真运行完成后会弹出一个信息窗口，显示"0 errors，0 warnings"，表示仿真运算结束。按"确定"按钮后再按 Open SCF 按钮，可以看到仿真后的时序波形如图 9.32 所示，容易看出，该计数器的功能是正确的。为了观察初始波形，应将最下方的滑块拖向最左侧。以上时序仿真的详细过程与用原理图仿真的过程一样，读者可参阅本章第 2 节 MAX＋plus Ⅱ 的原理图输入设计示例中的仿真过程。

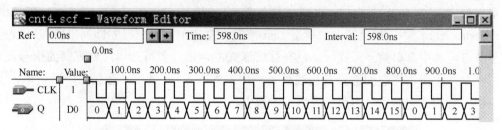

图 9.32　cnt4 的仿真波形

(5) 创建元件图形符号

文件编译仿真正确无误后，为了能在图形编辑器中调用 cnt4，需要为 cnt4 创建一个元件图形符号。选择菜单 File｜Create Default Symbol，MAX＋plus Ⅱ 出现一个对话框，询问是否将当前工程设为 cnt4，单击"确定"按钮即可。这时 MAX＋plus Ⅱ 调出编译器对 cnt4.vhd 进行编译，编译后生成 cnt4 的图形符号。

2. 创建源程序 DECL7S. VHD

DECL7S.VHD 完成 7 段显示译码器的功能，用来将 4 位二进制数译码为驱动 7 段数码管的显示信号。DECL7S.VHD 输入、编译、仿真及其元件符号的创建过程同上，即重复上面创建源程序 cnt4.vhd 的全过程即可，文件放在同一目录 e：\myname\guide 内，其源程序如下。

【例 9.8】　文件名：DECL7S. VHD

```
LIBRARY IEEE;
USE IEEE. STD_LOGIC_1164. ALL;
ENTITY DECL7S IS
    PORT (A: IN STD_LOGIC_VECTOR (3 DOWNTO 0);
        LED7S: OUT STD_LOGIC_VECTOR (7 DOWNTO 0));
END;
ARCHITECTURE one OF DECL7S IS
BEGIN
    PROCESS (A)
    BEGIN
        CASE A (3 DOWNTO 0) IS
        WHEN "0000" => LED7S <= "00111111" ;—X" 3F" →0
        WHEN "0001" => LED7S <= "00000110" ;—X" 06" →1
        WHEN "0010" => LED7S <= "01011011" ;—X" 5B" →2
        WHEN "0011" => LED7S <= "01001111" ;—X" 4F" →3
        WHEN "0100" => LED7S <= "01100110" ;—X" 66" →4
```

```
            WHEN "0101" => LED7S <= "01101101" ; --X" 6D" →5
            WHEN "0110" => LED7S <= "01111101" ; --X" 7D" →6
            WHEN "0111" => LED7S <= "00000111" ; --X" 07" →7
            WHEN "1000" => LED7S <= "01111111" ; --X" 7F" →8
            WHEN "1001" => LED7S <= "01101111" ; --X" 6F" →9
            WHEN "1010" => LED7S <= "01110111" ; --X" 77" →10
            WHEN "1011" => LED7S <= "01111100" ; --X" 7C" →11
            WHEN "1100" => LED7S <= "00111001" ; --X" 39" →12
            WHEN "1101" => LED7S <= "01011110" ; --X" 5E" →13
            WHEN "1110" => LED7S <= "01111001" ; --X" 79" →14
            WHEN "1111" => LED7S <= "01110001" ; --X" 71" →15
            WHEN OTHERS => NULL;
            END CASE;
        END PROCESS;
    END;
```

3. 完成顶层文件设计

顶层文件可以采用文本方式或者原理图方式来创建，这两种方式只用选择其一。相比之下，用原理图方式创建的顶层文件更直观，也更易于理解。

TOP. GDF 是本项示例最顶层的图形设计文件，调用了前面 1、2 段创建的两个功能元件，将 Cnt4. vhd 和 DECL7S. VHD 两个模块组装起来，成为一个完整的设计。顶层文件采用原理图方式较文本方式直观，结构清晰。

选择菜单 File | New，在如图 9.5 所示的对话框中选择 Graphic Editor File，单击 OK 按钮，出现图形编辑器窗口 Graphic Editor。现按照以下给出的步骤在 Graphic Editor 中绘出如图 9.33 所示的原理图。

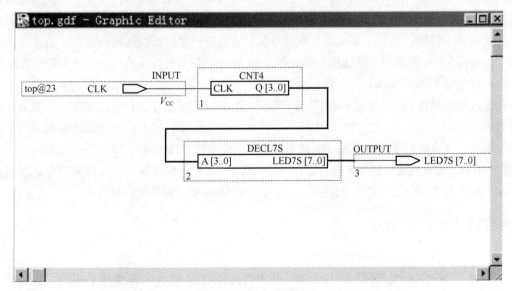

图 9.33　顶层设计原理图

（1）往图中添加元件

先在图形编辑器 Graphic Editor 中的任何位置双击鼠标，将出现如图 9.34 所示的 Enter Symbol 对话框。通过鼠标选择一个元件符号，或直接在 Symbol Name 框中输入元件符号名（已设计的元件符号名与原 VHDL 文件名相同）。单击 OK 按钮，选中的元件符号立即出现在图形编辑器中双击鼠标的位置上。如果在调出的元件上双击鼠标，就能看到元件内部的逻辑结构或逻辑描述。

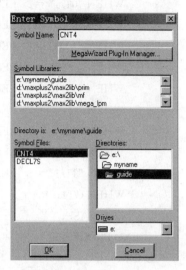

图 9.34　输入元件

现在，Symbol Files 窗中已有两个元件符号 CNT4 和 DECL7S，这就是刚才输入的两个 VHDL 文件所对应的元件符号，元件名与对应的 VHDL 文件名是一样的。如果没有，可用鼠标双击 Symbol Libraries 窗口内的 e：\myname\guide 目录，因为刚才输入并编译过的两个 VHDL 文件都在此目录中。用鼠标选择其中一个元件，再按下 OK 按钮，此元件即进入原理图编辑器，然后重复此过程，将第二个元件调入原理图编辑器。用鼠标按在元件上拖动，即可移动元件，排好它们的位置，如图 9.33 所示。

接着可为元件 CNT4 和 DECL7S 接上输入/输出接口。输入/输出接口的符号名分别为 INPUT 和 OUTPUT，在 prim 库中，即在如图 9.34 所示的 d：\maxplus2\max2lib\prim 的目录内，双击它，即可在 Symbol Files 子窗口中出现许多元件符号，选择 INPUT 和 OUTPUT 元件进入原理图编辑器。当然也可以直接在 Symbol Name 文本框中输入 INPUT 或 OUPUT，MAX＋plus Ⅱ 会自动搜索所有的库，找到 INPUT 和 OUTPUT 元件符号。

（2）在符号之间进行连线

先按图 9.33 的方式，放好输入/输出元件符号，再将鼠标箭头移动到符号的输入/输出引脚上，鼠标箭头的形状会变成“＋”字形，然后可以按着鼠标左键并拖动鼠标，绘出一条线，松开鼠标按键完成一次操作。将鼠标箭头放在连线的一端，鼠标光标也会变成“＋”字，此时可以接着画这条线。细线表示单根线，粗线表示总线，它的根数可从元件符号的标示看出，例如图 9.33 所示的 LED7S [7．.0] 表示有 8 根信号线。通过选择可以改变连线的性质。方法是先单击该线，使其变红，然后选菜单选项 Options | Line Style，即可在弹出的窗口中选所需的线段。

（3）设置输入/输出引脚名

在输入输出引脚上的符号名 INPUT 或 OUTPUT 上双击鼠标左键，可以在端口上输入自己的引脚名。LED7S [7..0] 在 VHDL 中是一个数组，表示由信号 LED7S7～LED7S0 组成的总线信号（这里，如分量 LED7S7 是 AHDL 的表示方法，它对应 VHDL 的 LED7S7）。实际上这里有 8 个输出引脚。完成的顶层原理图设计如图 9.33 所示。最后选择 File | Save 菜单，将此顶层原理图文件取名为 TOP. GDF 或其他名字，并写入 File Name 中，存入同一目录中。

4. 顶层工程文件的处理

（1）编译 TOP. VHD 或 TOP. GDF

在编译 TOP. GDF 或 TOP. VHD 之前，需要设置相应文件为工程文件 Project。选择菜单 File | Project | Set Project to Current File，当前的工程即被设为 TOP。然后选择用于编程的目

标芯片。选择菜单 Assign | Device…，弹出一个对话框，在 Device Family 下拉栏中选择 FLEX10K，然后在 Devices 列表框中选芯片型号 EPF10K10LC84-3，单击 OK 按钮。接着是编译顶层文件，方法是选择菜单 MAX＋ plus Ⅱ | Compiler，在弹出的编译器中按 Start 按钮，编译器开始运行，如果程序中有错误，编译运行将被打断，在弹出的信息窗口中会显示程序中的错误和警告信息，单击"确定"按钮，对错误信息进行分析、排错，直到编译通过为止。

（2）顶层文件的时序仿真

MAX＋ plus Ⅱ 支持功能仿真和时序仿真两种仿真形式。功能仿真用于大型设计编译适配之前的仿真，而时序仿真则是在编译适配生成时序信息文件之后进行的仿真。仿真首先要建立波形文件。选择菜单 File | New，在 New 对话框中选择 Waveform Editor File，单击 OK 按钮出现波形编辑器窗口，再选择菜单 Node | Enter Nodes from SNF…，出现选择信号节点对话框。单击 List 按钮，从左边的列表框中选取输入信号 CLK、4 位二进制计数输出信号 | cnt4：U1 | Q 和 7 段译码器输出信号 LED7S，按下 OK 按钮。再按上面 cnt4.vhd 的仿真方法，设置 CLK 时钟信号，最后通过菜单 File | Save 将仿真文件存盘为 top.scf。然后运行仿真器 Simulator，观察时序仿真波形结果如图 9.35 所示。观察波形后，可以确定设计正确。

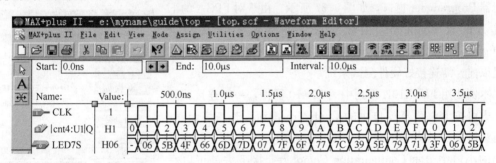

图 9.35　顶层设计的仿真结果

（3）锁定引脚

接着是具体锁定引脚。选择菜单 Assign | Pin/Location/Chip…，在弹出的对话框 Node Name 右边的文本框中输入引脚名；也可以单击 Search…按钮，从弹出的 Search Node Database 对话框中选取 Input、Output、Bidirectional 选项，再单击 List 按钮，相应的信号名便出现在 Names in Database 列表框中，如图 9.36 所示。选中需要的信号单击 OK 按钮，该信号便会自动进入 Node Name 右边的文本框中，这种方式可有效避免人工输入信号名而易产生错误的问题。接着在 Pin：右边的下拉栏中选择或输入芯片引脚号，然后单击 Add 按钮，就会在下面的子窗口中出现引脚设定说明句，当前的一个引脚设置即加到了列表中。注意，引脚必须一个一个地确定。如果是总线形式的引脚名，也应当分别写出总线中的每个信号。例如，LED7S [7..0]就应当分别写成 LED7S7、LED7S6、…、LED7S0 共 8 个引脚名。引脚号设定可按照表 9.4 的方式来定义。

全部设定结束后，按下 OK 按钮。假定最后将设计下载进 GW48 系统，并选择实验电路结构图 No.6，设定 CLK 信号由"键 8"产生，即每按两次键，产生一个完整的计数脉冲；LED7S7 输出接"D8"；LED7S6～LED7S0 分别接 PIO46～PIO40，它们分别接数码管 8 的 7 个段。

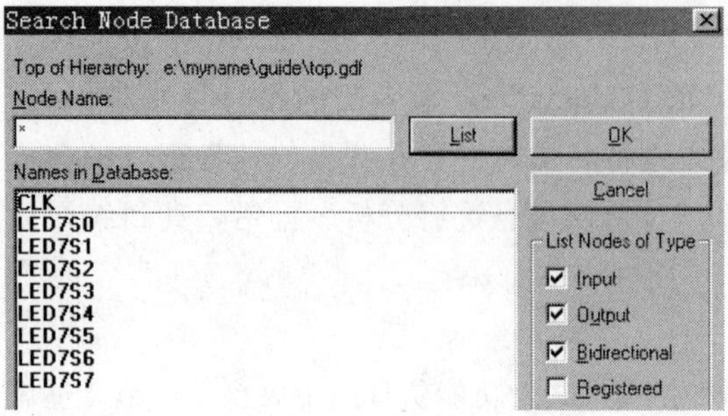

图 9.36　搜索信号引脚

表 9.4		引脚锁定对照表
CLK	PIN 23	—>PIO13 —> 键 8
LED7S7	PIN 38	—>PIO23 —> D8
LED7S6	PIN 78	—>PIO46 —> g 段
LED7S5	PIN 73	—>PIO45 —> f 段
LED7S4	PIN 72	—>PIO44 —> e 段
LED7S3	PIN 71	—>PIO43 —> d 段
LED7S2	PIN 70	—>PIO42 —> c 段
LED7S1	PIN 67	—>PIO41 —> b 段
LED7S0	PIN 66	—>PIO40 —> a 段

在引脚锁定后再通过 Max＋ plus Ⅱ 的编译器 Complier 对文件重新进行编译以便将引脚信息编入下载文件中。

(4) 将设计文件 TOP 编程下载到芯片中去

用鼠标双击编译器窗口中的图标🖱，或者选择 MAX＋ plus Ⅱ｜ Programmer 菜单，可调出编辑器 Programmer 窗口，如图 9.37 所示。由于对 FPGA 的下载称为配置 Configure，因此窗口中的编程/配置按钮是 Configure，而非 Program。在将设计文件编程/配置到硬件芯片里以前，需连接好硬件测试系统。

本例使用 FLEX10K 系列中的 10K10 器件，一切连接就绪后，方可按下编程器窗口中的 Configure 按钮，若一切无误，即可将所设计的内容下载到 10K10 芯片中。下载成功后将在弹出的小窗中显示 Configuration Complete。接下去就可以在 GW48 实验系统上进行实验验证了。按"模式选择键"，使"模式指示"显示"6"，表明此时实验系统已进入第 6 种电路结构。然后按"键 8"，每按两次（一次高电平，一次低电

图 9.37　编程器窗口

平），在"数码 8"上显示的数将递增 1，从 0～F 循环显示，所有结果与仿真的情况完全一致，表明计数器和 7 段译码器设计都是成功的。

注意：在图 9.37 中，对 FPGA 器件的下载按钮是 Configure，而目标器件若选为 CPLD（如 EPM7128S）时，下载的按钮则是 Program，这时 Configure 变为灰色。如果希望改变某引脚，如欲将 CLK 改接为 42 脚，可以这样操作：选择 File｜Open，在 Open 窗中选中 Text Editor 以打开 TOP.VHD 或选中 Graphic Editor 打开 top.gdf；选菜单 Assign｜Pin/Location/Pin，在左下栏中单击需要改变引脚的项目，如 CLK，然后在 Pin 的下拉菜单中选定引脚号，如 42，再单击 Change｜OK 即完成。然后再选 MAX＋ plus Ⅱ｜ Compiler｜Start 开始编译综合，最后进行下载测试。

本 章 小 结

1. 电子设计自动化 EDA 是一种现代化的电子设计方法，它涉及可编程逻辑器件（PLD）、

硬件描述语言（HDL）和 EDA 工具软件等多方面的知识。

2. VHDL 是通用性较强的国际标准化硬件描述语言。VHDL 程序由实体、结构体、库和程序包等部分组成。各部分都有它的书写格式和语言规则，编程时应遵循。

3. MAX＋plus Ⅱ是 EDA 比较典型和常见的一种应用软件，能针对 FPGA/CPLD 的设计、仿真、编程的工具软件，在我国应用较为普遍。

4. MAX＋plus Ⅱ可接受对一个电路的图形描述（电路图）或文本描述（硬件描述语言），通过编辑、编译、仿真、综合、编程下载等一系列过程，将用户所设计的电路原理图或电路描述转变为 FPGA/CPLD 内部的基本逻辑单元，写入 FPGA/CPLD 中，从而在硬件上实现用户所设计的电路。

习　　题

1. 简述在 Max＋plus Ⅱ中采用原理图输入法进行设计的方法步骤。

2. 试设计一个由 7 人参加的表决电路，同意为 1，不同意为 0。同意者过半则表决通过，绿指示灯亮；表决不通过则红指示灯亮。

3. 试采用原理图输入法设计一个 8 位全加器。

4. 利用 MAX＋plus Ⅱ的文本输入法进行 VHDL 设计的方法步骤是什么？

5. 在波形编辑窗口中，如何利用工具按钮添加输入信号的波形？每个工具按钮的作用是什么？

参 考 文 献

[1] 孙建三. 数字电子技术. 北京：机械工业出版社，1999.

[2] 康华光. 电子技术基础. 北京：高等教育出版社，2000.

[3] 阎石. 数字电子技术基础. 北京：高等教育出版社，1997.

[4] 白中英. 数字逻辑与数字系统. 北京：科学出版社，2001.

[5] 焦素敏. EDA 应用技术. 北京：清华大学出版社，2005.

[6] 郝波. 数字电路. 北京：电子工业出版社，2003.

[7] 张惠敏. 数字电子技术. 北京：化学工业出版社，2001.

[8] 郭永贞. 数字电子技术. 西安：西安电子科技大学出版社，2000.

[9] 陈大钦. 电子技术基础实验. 北京：高等教育出版社，2000.

[10] 孙肖子，杨颂华. 电子线路辅导. 西安：西安电子科技大学出版社，2001.